파이썬에 기반한
케라스 딥러닝 실전

씨에량(谢梁) · 루잉(鲁颖) · 라오훙란(劳虹岚) 지음

장우진 · 신종현 옮김

光文閣

www.kwangmoonkag.

KB015480

Keras快速上手：基于Python的深度学习实战（ISBN 978-7-121-31872-6） by 谢梁, 鲁颖, 劳虹岚
Copyright © 2017 by 谢梁, 鲁颖, 劳虹岚 All Rights Reserved. Korean copyright © 2017 by Kwangmoon kag Publishing Co. Korean language edition arranged with Publishing House of Electronics Industry

※ 드리는 말씀

- 주요 용어에 대한 번역은 일반적으로 사용되는 한글 용어가 있으면 그대로 사용하였고, 한글 용어가 적합하지 않은 경우에는 영어를 한글로 표기했습니다.
- 생소한 용어는 처음 사용될 때 한 번 영어를 병기하였으며, 프로그램 실행 코드의 예약어 등을 설명하고 있는 경우 그대로 영어를 사용했습니다.
- 이 책과 관련된 자료(5장~9장 소스 코드)는 광문각 홈페이지 자료실에서 다운로드할 수 있습니다.
  - http://www.kwangmoonkag.co.kr/

추천사 1

딥러닝은 음성 녹음, 스마트 스피커, 기계 번역 및 이미지 인식 등의 핵심 기술로써 우리 실생활에 녹아들고 있습니다. 이와 동시에 학술계 및 산업계의 막대한 투자가 이루어져 새로운 모델과 새로운 알고리즘이 끊임없이 발표되어 제품에 적용되고 있습니다. 그렇기에 딥러닝의 다양한 모델과 알고리즘을 파악하고 구현하는 것은 매우 어려운 일입니다.

다행히도 많은 기업과 학교가 딥러닝 툴킷의 소스 코드를 공개했는데, 이름으로 친숙한 CNTK, TensorFlow, Theano, Caffe, mxNet, Torch가 있습니다. 이들은 매우 유연하고 강력한 모델링 기능을 제공하여 딥러닝 기술 사용에 대한 장벽을 낮추고 딥러닝 연구에 크게 기여했습니다. 그러나 툴킷마다 장점과 인터페이스가 다르고 입문자에겐 너무 유연한 나머지 숙달하기란 녹록지 않습니다.

이러한 이유로 Keras가 등장했습니다. Keras는 사용하기 쉬우면서 더 높은 수준의 추상화를 지원하며 CNTK, TensorFlow, Theano 간의 백엔드 엔진을 자유롭게 전환할 수 있어 호환성과 유연성이 뛰어난 딥러닝 프레임워크로 자리매김했습니다. Keras의 등장으로 많은 초보자가 딥러닝의 여러 기술과 모델을 빠르게 익히고 이를 실무에 적용할 수 있게 되었습니다.

이 책 또한 이러한 배경으로 이제 막 딥러닝을 배우거나 경험이 많지 않은 학생 및 엔지니어를 대상으로 쓰였습니다. 이 책의 저자인 씨에량(谢梁), 루잉(鲁颖)과 라오훙란(劳虹岚)은 딥러닝 연구의 최전선에 있는 Microsoft와 Google에서 빅데이터와 딥러닝 기술의 연구개발을 맡아 비즈니스 및 엔지니어링 문제를 모델링해 평가하고 분석하는 경험을 지속해서 쌓아왔습니다. 이제 저자들은 이 책을 통해 그간 축적된 노하우를 전함으로써 독자들로 하여금 딥러닝을 신속하게 익히고 비즈니스 및 엔지니어링 실무에 효과적으로 적용하길 바랄 뿐입니다.

이 책은 딥러닝의 기본 지식, 모델링 과정 및 응용에 대해 체계적으로 설명하고 추천 시스템, 이미지 인식, 자연어 처리, 텍스트 생성 및 시계열의 구체적 응용 사례를 다루는 훌륭한 딥러닝 입문서입니다.

위둥(俞栋) 박사
Tencent AI Lab 부회장 겸 과학자
시애틀 AI Lab 책임자
2017년 6월 22일 미국 시애틀에서

추천사 2

빅데이터의 확산과 하드웨어의 연산 능력 향상으로 말미암아 딥러닝은 지난 5~6년 사이에 엄청난 발전을 이룰 수 있었습니다. 그리고 현재 딥러닝은 음성 인식, 기계 번역, 자연어 인식, 추천 시스템, 이미지 인식, 객체 탐지, 감정 분석, 자율 주행 등의 특정 분야에서 인간의 능력으로는 도달할 수 없는 수준에 이르렀습니다. 인공지능의 광범위한 응용 전망에 따라 Google, Microsoft, Amazon, Baidu, Tencent, Alibaba와 같은 대기업들의 거대한 투자가 이뤄져 한 걸음 더 발전하는 계기가 되었습니다. 오늘날 인공지능의 무한한 잠재력에 대한 의심은 사라졌지만, 어떻게 기계와 공존할지와 언젠간 인간을 대체할 것이란 막연한 두려움이 자리 잡았습니다.

물론 기계가 인류를 지배할 것이라 벌써부터 걱정하지 않아도 됩니다. 딥러닝은 현재 원시 데이터로부터 간단한 분석만을 진행하는 지각(Perception) 단계에 머물러 있으며, 사건에 대한 추론 및 인식 가능 단계인 인지(Cognition) 단계와는 아직 거리가 멉니다. 딥러닝 연구는 아직 현재진행형으로 여러 분야의 전문가들조차도 딥러닝이 왜 이렇게 효과적인지 제대로 밝혀내지 못하고 있습니다. 그러나 다행스럽게도 실제 문제를 해결할 때 우리는 이를 깊이 이해할 필요가 없습니다. 따라서 실용적인 측면에서 이 책은 딥러닝의 일부 기본 지식을 다루므로 읽을 가치가 있습니다.

이 책은 딥러닝 환경 조성을 시작으로 독자에게 데이터 마이닝을 가르치고 실무에 가장 많이 쓰이고 효과적이라 여겨지는 일부 딥러닝 알고리즘에 대해 자세히 설명합니다. 다루는 내용으론 추천 시스템, 이미지 인식, 자연어 감정 분석, 텍스트 생성, 시계열, 사물인터넷 등이 있습니다. 여타 딥러닝 관련 서적과는 달리, 이 책은 Keras를 딥러닝 프레임워크로 채택하여 간단하고 빠른 모델 설계가 가능하며, 고수준 API로 짜여진 코드는 독자들의 이해를 돕습니다. 설령 언젠가 여러분이 좀 더 복잡한 문제를 해결하기 위해 일일이 코딩해야 할지라도 Keras를 통해 배운 높은 수준의 추상화 관점에서 그 문제를 살펴본다면 해답이 나올 것이라 믿습니다.

딥러닝의 물결은 반드시 새로운 정보 혁명을 일으킬 것입니다. 그리고 거대한 변화가 있을 때마다 비효율적인 일자리는 사라지고 새로운 일자리가 생겨납니다. 저는 여러분이 이 책을 시작으로 변화의 중심에 서길 진심으로 희망합니다.

장차(张察) 박사
CNTK 공동 개발자, Microsoft 본사 수석 연구원
2017년 6월 미국 시에틀에서

추천사 3

많은 분야에서 딥러닝의 등장과 발전은 새로운 바람을 불러일으키고 있습니다. 이를 통해 데이터 마이닝 및 딥러닝은 현재 빅데이터 시대에서 가장 중요한 연구 대상이라 믿어 의심치 않습니다.

우선 이 책의 첫 번째 독자로서 Microsoft 및 Google의 세계 최고 데이터 과학자들로부터 딥러닝 분야의 귀중한 경험을 얻은 것은 행운입니다. 이 책은 실습 차원에서 내용이 알차고 자주 쓰이는 딥러닝 모듈을 비롯한 Keras 프레임워크를 통해 딥러닝과 관련된 기술을 체계적으로 설명하므로 추상적인 수학 이론에만 머물지 않습니다. 국내에 많지 않은 딥러닝 서적 중 실용성을 갖춘 역작이라 칭할 만합니다.

이에 따라 딥러닝 분야의 연구원, 알고리즘 엔지니어 및 데이터 과학자에게 이 책을 강력히 추천하는 바이고, 학식의 깊이와 상관없이 한 단계 더 도약하리라 믿습니다.

캉하오천(亢昊辰)
빈하이 국제 금융 연구소 빅데이터 센터 책임자

이 책은 소프트웨어 및 하드웨어 환경 설정부터 데이터 수집, 아울러 딥러닝 이론 소개에서 실제 사례 분석에 이르기까지 딥러닝의 중요한 측면을 낱낱이 다룹니다. 전반적으로 매우 실용적이며 어려운 내용을 알기 쉽게 전달해 딥러닝에 관심 있는 독자에게 더할 나위 없이 좋은 책입니다!

조우런셩(周仁生)
Airbnb 선임 데이터 과학자

저는 오랫동안 전문 서적을 읽는데 전념하지 않았습니다. 이번에 딥러닝에 관한 새로운 작품을 읽을 수 있었는데, 이는 제게 많은 도움이 되었습니다. 최근 몇 년 동안 딥러닝은 빠르게 성장했으며, 이에 관한 서적과 온라인 강좌는 너무 많아 열거할 수 없을 정도입니다. 그러나 수년간 데이터 과학 분야에 종사해온 연구원으로서 단기간 내에 이론과 실습을 병행할 수 있는 딥러닝 입문 서적을 찾기 매우 어려웠습니다.

그러나 이 책은 다양한 전공 배경을 가진 독자들을 대상으로 이해하기 쉬운 예제와 응용을 통해 실전에 대한 이정표를 제시합니다. 또한, 데이터 과학 및 딥러닝에 관한 여타 서적과 달리 이 책의 Python 코드는 완벽하고 상세하며 장과 절 간의 논리 관계가 분명합니다. 독자 여러분도 이 책을 통해 딥러닝과 관련된 이론 및 기법을 체계적으로 습득하고 데이터 과학 분야에서 끊임없이 발전해 나아가기를 바랍니다.

류송(刘松)
Google 데이터 과학 전문가

딥러닝과 인공지능은 현재 가장 큰 화제 중 하나이지만 많은 이들이 시작하는 데 있어 큰 어려움을 느낍니다. 이 책은 시중에 있는 많은 딥러닝 서적의 지나치게 이론적인 특성을 빼고 실용성과 운용성에 중점을 두어 현재 딥러닝의 응용 분야를 신속하게 이해하고 소스 코드를 통해 스스로 해결할 수 있도록 유도합니다.

이 책에 소개된 Keras 딥러닝 프레임워크는 높은 수준으로 추상화된 API를 제공해 신경망을 표현합니다. CNTK, Theano 및 TensorFlow 간의 백엔드 엔진을 자유롭게 전환할 수 있어 생산 환경의 딥러닝 모델을 신속하게 구축하는 데 이상적입니다.

뤄보(罗勃)
The University of Kansas, Associate Professor of ECS

이 책은 어려운 딥러닝을 쉽게 풀어쓴 보기 드문 입문서입니다. 이론과 실습을 오가며 현재 딥러닝 애플리케이션의 주요 프레임워크와 응용 방향을 실용적이고 알차게 설명합니다.

높은 수준의 추상화를 지원하는 Keras에 기반한 이 책은 딥러닝 모델의 빠른 구축과 실무에 대한 응용에 중점을 두기 때문에 입문자부터 경험자까지 모두를 아우를 수 있는 필수 참고서입니다.

궈옌둥(郭彦东)
Microsoft 연구원

이것은 데이터 마이닝과 딥러닝에 대한 입문서로, 현재 딥러닝 연구 중에 발전이 가장 빠른 몇 개의 분야에 대한 내용을 다루고 있으며 Keras와 실제 문제를 해결하기 위한 과정을 자세히 설명합니다. 저자는 딥러닝 분야에서 다년간의 연구 경험을 보유한 데이터 과학자로서 현재 가장 널리 사용되는 오픈소스 딥러닝 프레임워크의 사례와 장단점을 이 책에 담았습니다. 이 책의 이론 체계는 나무랄 데가 없고, 내용은 간결하며, 예제는 대표성이 높아 단기간에 데이터 마이닝 및 딥러닝에 대한 이론을 이해하고 실전에 응용코자 하는 독자들이 반드시 봐야할 교재입니다.

쏭솽(宋爽)
Twitter 선임 머신러닝 연구개발 엔지니어

딥러닝을 배우는 데 있어 실용적인 이 책은 딥러닝의 일부 이론과 개념에 얽매이지 않고 예제를 통해 딥러닝의 구체적인 응용을 구현합니다. 하드웨어 및 소프트웨어 구성부터 웹 크롤링, 자연어 처리, 이미지 인식 등의 중요한 분야에 대한 설명까지, 이 책은 여러 영역에 딥러닝을 적용하는 방법에 대해 자세히 서술합니다. 그뿐만 아니라 독자가 이 책을 읽고 스스로 딥러닝을 이용해 수많은 실제 문제를 해결하는 데 목표를 두고 있습니다.

딥러닝을 배우고 이해하고 싶은 독자, 특히 특정 문제에 딥러닝을 적용하고자 하는 사람들은 이 책을 통해 큰 수확을 거둘 수 있을 것입니다.

장지엔(张健)
Facebook 선임 데이터 과학자

딥러닝과 인공지능이 요즘 가장 핫한 기술 중 하나임에 의심할 여지가 없으며, 많은 사람이 이 기술을 배우고 싶어 하지만 진입 장벽이 높아 걱정부터 앞서곤 합니다.

이 책은 이들에게 단비 같은 존재로 훌륭한 학습 자료를 제공하고 현재 중국에 몇 안 되는 Keras 책 중 하나입니다. 딥러닝의 주요 응용 분야에 대한 내용뿐만 아니라 이와 관련된 시스템 탑재, 크롤링 및 사물인터넷까지 다루기 때문에 꼭 읽어 보시길 바랍니다.

천샤오린(陈绍林)
SMALL RAINDROP 소액 금융 네트워크 부사장 겸 수석 분석가

머리말

2006년 머신러닝 분야는 중요한 전환점을 맞이하였다. 캐나다 토론토대학교의 머신러닝 분야의 대가 Geoffrey Hinton 교수와 그의 학생 Ruslan Salakhutdinov 는 "Science"에서 Deep Belief Networks에 관한 논문을 발표하였다.

이 논문의 발표 이후부터 현재까지 딥러닝은 급속히 발전했다. 2009년 마이크로소프트 연구원의 음성 인식 전문가 위동(俞栋) 박사와 덩리(邓力) 박사는 딥러닝 전문가 Geoffery Hinton과 협력하였다. 2019년 미국 국방부 DARPA와 스탠퍼드대학, 뉴욕대학 및 NEC 미국 연구원은 딥러닝 프로젝트를 협력하여 진행하였다.

2011년 마이크로소프트는 딥 신경망 기반의 인식 시스템이 성과를 얻었음을 발표하고 제품을 출시함으로써 기존의 음성 인식 기술 프레임워크를 완전히 바꾸었다. 2012년부터 2015년까지 딥러닝 기술은 이미지 인식 분야에서 놀라운 성과를 달성하였ek. ImageNet 평가에서 오류율은 26%에서 5% 미만으로 줄었는데, 이는 인류의 수준과 유사 혹은 그 이상이다. 이러한 발전들은 시장에서 일련의 딥러닝 기술과 관련된 스마트 제품이 출현하도록 직접적으로 촉진하였으며, 이러한 스마트 제품으로는 마이크로소프트의 인지 서비스(Cognitive Services) 플랫폼, 구글의 스마트 메일 응답 및 구글 어시스턴트 등이 있다.

중국에서는 빅데이터 기반의 머신러닝 및 딥러닝 알고리즘의 대규모 응용이 인터넷 산업에 거대한 변화를 가져왔으며 타오바오(淘宝)의 추천 알고리즘, 마이크로소프트의 샤오빙(小冰) 채팅 로봇, 바이두(百度)의 DuerOS, 디디(滴滴)의 시간 및 요금 예측, 으어러머(饿了么)의 스마트 관리 등의 출현이 이러한 변화에 속한다. 미래에 사물인터넷, 무인 운전과 같은 분야에서 더욱 많은 딥러닝의 실용적인 시나리오가 발굴될 것이라고 믿는다.

많은 기술 산업의 실무자들은 여전히 딥러닝에 대해 어느 정도의 신비감을 가지고 있다. 비록 구글, 마이크로소프트와 같은 인터넷 거물들은 TensorFlow, CNTK 등의 딥러닝 플랫폼의 소스를 개방하여 실무자의 문턱을 크게 낮추었지만 실질적인 문제를 기반으로 적절한 알고리즘 및 모델을 선택하여 응용하는 것은 여전히 쉽지 않다.

이 책의 공저자인 우리 세 명은 미국의 구글 및 마이크로소프트 등의 최고의 인터넷 기술 회사에서 다년간 머신러닝 및 딥러닝 기반의 인공지능 프로젝트의 연구 및 개발에 참여한 풍부한 경험을 가지고 있다. 우리는 딥러닝에 대한 이해와 생각을 공유하고 동종 업계 종사자 및 관심 있는 친구들이 빠르게 배워 본인의 엔드 투 엔드의 딥러닝 모델을 만들어 빅데이터 및 딥러닝 분야에서 더 나은 직업 발전이 있도록 하기 위해 심오한 내용을 알기 쉽게 설명한 딥러닝 학습서를 쓸 필요가 있다고 느꼈다. 우리는 이 책의 내용이 독자의 고견을 끌어내는 효과를 내어 독자가 딥러닝에 대해 더 많은 흥미를 가지고 딥러닝을 필수의 분석 기술로 여기게 되길 희망한다.

이 책에서는 요즘 유행하는 딥러닝 모델링 플레임 워크 Keras를 사용하여 딥러닝 학습 주제를 설명한다. Keras를 사용하는 이유는 다음의 3가지 방면을 고려했기 때문이다. 첫째, Keras는 대부분의 업무 환경에 응용할 수 있는 다양한 자주 사용되는 딥러닝 모듈을 포함한다. 둘째, 원칙적으로 Keras는 고도의 추상적인 딥러닝 프로그래밍 환경으로 간단하며 배우기 쉽다. Keras의 하층은 CNTK, TensorFlow 혹은 Theano를 전용하여 계산을 진행한다. 세 번째, 응용 분야의 실무자로서 우리는 상업 혹은 공정 문제를 적절한 모델로 변환하는 방법 및 데이터를 준비하고, 모델의 장단점을 분석하고 모델의 결과를 해석하는 방법에 중점을 둬야 하며, 사용자가 구체적인 매트릭스 연산 및 미분에서 벗어나 업무 논리에 초점을 맞출 수 있도록 하는 Keras는 이러한 시나리오에 매우 적합하다.

이 책은 Keras 딥러닝 프레임워크를 사용하여 신경망 모델링을 진행하는 것을 체계적으로 설명한 현재 국내에 얼마 없는 실용서이다. 데이터 과학자, 머신러닝 엔지니어, 인공지능 응용 엔지니어 및 작업에서 예측 모델링 및 회귀 분석을 진행해야 하는 실무자에게 적합하다. 또한, 이 책은 딥러닝에 관심이 있는 다른 여러 배경의 실무자, 학생 및 교사들에게도 적합하다.

이 책은 10개의 챕터로 나누어져 있으며 딥러닝의 기본 지식과 Keras를 사용한 모델링 과정 및 응용을 체계적으로 설명하고 구체적인 코드를 제공하여 독자가 핵심 모델링 지식을 학습하는데 소요되는 시간을 최소화할 수 있도록 한다.

1장에서는 딥러닝 환경 구축을 소개한다. 이는 이 책의 가장 기초가 되는 부분이다.

2장에서는 웹 크롤러 기술을 사용하여 데이터를 수집하고 ElasticSearch를 사용하여 데이터를 저장하는 방법을 소개한다. 이는 많은 응용에서 독자가 직접 웹에서 데이터를 크롤링하고 처리 및 저장을 해야 하기 때문이다.

3장에서는 딥러닝 모델의 기본 개념을 소개한다. 4장에서는 딥러닝 프레임 워크 Keras의 사용법을 소개한다. 5~9장은 5개의 전형적인 딥러닝 응용이며 추천 시스템, 이미지 인식, 자연어 처리, 문자 생성 및 시계열에 대한 딥러닝의 구체적인 응용을 차례대로 소개한다.

이러한 응용을 소개하는 과정에서 각종 딥러닝 모델 및 코드를 삽입하였으며 독자들에게 이러한 모델의 원리 및 응용 시나리오에 대해 느낀 점을 공유하였다. 마지막으로 우리는 사물인터넷의 개념을 소개하였다. 우리는 사물인터넷과 딥러닝의 결합이 엄청난 에너지와 가치를 가져올 것이라고 믿는다.

지면의 제약으로 인해 딥러닝의 모든 측면을 다룰 수는 없으므로 가능한 한 많은 느낀 점, 경험 및 사용하기 쉬운 코드를 독자들에게 공유하기 위해 최선을 다하였다.

책을 쓰는 과정에서 우리는 많은 도움과 조언을 받았다. 마이크로소프트 CNTK의 창시자이자 세계 최고의 딥러닝 전문가 유동(俞栋) 박사와 장차(张察) 박사는 이 책의 서문을 작성하였으며 우리에게 많은 지지와 격려를 주었다. 마이크로소프트 연구소의 연구원 꾸오앤동(郭彦东) 박사와 탕청(汤成) 선임 엔지니어는 이 책의 일부 장을 검토하였다. 전자공업출판사의 장후 이민(张慧敏), 그어나(葛娜) 및 왕징(王静) 선생이 이 책의 출판과 편집을 위해 많은 노력을 기울여 주셨기에 이 책은 예정대로 출판될 수 있었다. 고생해 주신 모든 분께 감사드린다.

마지막으로, 우리 세 저자는 이 책이 중국의 딥러닝 및 인공지능의 보편화와 광범위한 실무자에게 가치 있는 실천 경험을 제공하고 실무자들이 빠르게 배워 응용하는 데 도움이 되기를 희망한다.

씨에량(谢梁), 미국 마이크로소프트 본사 수석 데이터 과학자
루잉(鲁颖), 구글 본사 데이터 과학 기술 전문가
라오홍웨이(劳虹岚), 미국 마이크로소프트 본사 마이크로소프트 연구원 연구 엔지니어
2017년 6월 미국 시애틀 및 실리콘밸리에서

목차

Chapter **10**

지능 사물인터넷

1

딥러닝 환경 구축

딥러닝 환경 구축

1.1 하드웨어 환경 구축

머신러닝을 제대로 공부하려면 하드웨어 환경을 합리적으로 구축해야 한다. 물론 비싼 하드웨어를 선택하는 것이 좋지만, 일반적으로 지출이 2배 증가할수록 성능이 10%밖에 향상되지 않는다. 딥러닝의 연산 환경은 부품에 따라 달라지므로 여기선 하드웨어의 합리적인 탑재를 목표로 토론해 볼 것이다.

그 밖에 여러 클라우드 서비스에서 GPU 인스턴스를 제공하지만 두 가지 제약을 받는다. 먼저 저렴한 가격의 GPU 인스턴스는 AWS의 G2 인스턴스가 오직 싱글 GPU 4GB를 지원하는 것과 같이 지원 메모리가 매우 작다. 비교적 큰 메모리를 지원하는 인스턴스는 가격이 높고 가성비가 좋지 않다. AWS의 P2 인스턴스는 12GB 메모리의 K80 GPU를 지원하는데 시간당 0.9달러에 달하지만, K80 GPU가 속한 Kepler 아키텍처는 2세대 이전의 기술이다.

딥러닝 장치를 탑재하고 하드웨어를 선택할 때, 통상 아래의 몇 가지 요소를 고려해야 한다.

① 예산. 이는 매우 중요하다. 만일 예산이 충분하다면 당연히 가장 비싼 것을 사는 게 좋다.

② 공간. 이는 특히 컴퓨터 케이스를 가리킨다. 대부분의 새 GPU는 더블 팬이므로 공간이 넓어야 좋다. 만일 이미 컴퓨터 케이스가 있다면 적당한 크기의 GPU를 선택하는 것이 최선이다. 새로 산다면 크기가 큰 컴퓨터 케이스를 사는 것이 바람직하다. 통풍도 잘될뿐더러 이후에 GPU를 추가할 수도 있기 때문이다. 또한, PCIe의 슬롯이 많아 여러 PCIe장치를 배치할 수 있는 장점이 있다. 요즘의 그래픽 카드는 두 개의 슬롯을 차지하므로 슬롯은 많으면 많을수록 좋다.

③ 전력 소모량. 성능이 우수한 GPU일수록 높은 전력을 요구한다. 만약 GPU를 하나 추가하여 실습용으로 만들고 싶다면 성능은 보통이지만 전력 소모량이 낮은 그래픽 카드를 고르는 것이 현명하다. 멀티 GPU 환경에서 고밀도 병렬 연산을 수행하면 엄청난 전력을 소모하게 된다. 일반적으로 말해서 4GPU 시스템은 적어도 1600W의 전력을 필요로 한다.

④ 메인보드. GPU의 포트와 관련이 있어 잘 선택해야 한다. 적어도 PCIe3.0을 지원하는 메인보드가 필요하다. 만일 이후에 멀티 GPU로 업그레이드하려면 8+16PCIe를 지원하는 메인보드가 있어야 최대 4개의 GPU를 SLI(Scalable Link Interface) 병렬 연결할 수 있다. 이 한계로 인해 현재 가장 좋은 메인보드는 최대 40 PCIe 레인(16x, 8x, 8x, 8x)만을 지원할 뿐이다. 멀티 GPU 병렬 가속은 아직 완벽하지 않으며 여전히 부하(overhead)가 존재한다. 이를테면 시스템은 특정 데이터 블록에 해당하는 연산 작업을 어떤 GPU에 할당할지 결정해야 한다. 뒤에서 언급할 CNTK 연산 엔진의 병렬 가속도는 뛰어나서 멀티 GPU를 사용할 때 고려할 만한 가치가 있다.

⑤ CPU. 딥러닝 연산에 있어서 CPU의 역할은 딥러닝 알고리즘의 연산을 제외하고는 뚜렷하지 않다. 그래서 이미 컴퓨터가 있으면 CPU 업그레이드를 고민하지 않아도

되지만, 새로운 시스템을 구축하고자 한다면 CPU 선택에 신중해야 한다. 그래야 GPU의 성능을 극대화시킬 수 있기 때문이다. 먼저 PCIe 40레인을 지원하는 CPU를 선택해야 한다. i5 haswell 시리즈의 CPU가 최대 32레인을 지원하는 것과 같이 모든 CPU가 이렇게 많은 PCIe레인 수를 지원하지 않는다. 다음으로는 클럭 수가 높은 CPU를 선택해야 한다. 비록 GPU가 핵심 연산을 담당하지만 모델을 준비하는 단계에서 CPU도 중요한 역할을 하므로, 예산 범위 안에서 클럭 수가 높고 속도가 빠른 CPU를 선택하는 것이 좋다. 또한, 일반적으로 코어마다 하나의 그래픽 카드를 지원하므로 CPU의 코어 수는 그다지 중요하지 않다. 요즘 대부분의 CPU는 모두 이 기준에 부합한다.

⑥ 메모리. 데이터 추출 시간을 줄이고 GPU와의 교환을 빠르게 하려면 메모리 용량이 클수록 좋다. 일반적인 원칙은 GPU 메모리의 최소 두 배에 달하는 메모리를 장착하는 것이다.

⑦ 저장 매체. 용량이 커야함은 물론이고 데이터를 읽고 추출해 GPU로 공급하는 과정에서 지연 현상이 없어야 한다. 이미지 방면의 딥러닝을 진행한다면 데이터량이 너무 많아 여러 번의 데이터 추출을 거쳐야 비로소 한 번의 연산이 완성된다. 이때 저장 매체의 읽기 능력이 전체 연산 속도에 큰 영향을 미친다. 그러므로 대용량의 SSD가 최선의 선택이다. 현재 SSD의 읽기 속도는 GPU가 PCIe로부터 데이터를 로드하는 속도를 이미 넘어섰다. RAID5 구성의 HDD도 나쁘지 않은 선택이다. 물론 데이터양이 많지 않으면 이를 고려할 필요가 없다.

⑧ GPU. GPU는 가장 중요한 선택으로 딥러닝 시스템 전반에 막대한 영향을 미친다. 알다시피 딥러닝 속도에 대해서 CPU보다 GPU가 월등히 빠른데, 통상 5배가량 차이나고 빅데이터에서는 10배에 이르기도 한다. 하지만 가격이 비싸 가성비를 고려해 적합한 GPU를 고르기란 쉽지 않은 일이다. 따라서 우리는 아래에서 GPU를 선택하는 방법에 대해 상세히 알아볼 것이다.

1.1.1 GPU상의 범용 연산

그래픽 카드를 소개하기 전에 우리는 먼저 GPU상의 범용 연산(GPGPU)에 대해 얘기해 보자. GPGPU는 일반적으로 그래픽 연산에만 쓰인다(이전에 이런 연산은 CPU가 담당했다). 본질적으로 말하면, GPGPU 파이프라인은 하나 이상의 GPU와 CPU 간의 병렬 처리로써 이미지나 이미지 형식과 같은 데이터를 분석한다. 비록 GPU 클럭이 CPU보다 낮지만 GPU의 코어 수가 훨씬 많아 이미지와 그래픽 데이터에 대해 더욱 빠르게 처리할 수 있다. 분석할 데이터를 그래픽 형식으로 변환한 후에 분석하면 더욱 뚜렷한 가속 효과를 볼 수 있다.

GPGPU 파이프라인은 초기에 일반적인 그래픽 처리를 위해 개발됐는데 과학 계산에 더 적합함을 발견하여 이 방향으로 개발이 진행됐다.

2001년, 프로그래밍이 가능한 셰이더(shader)와 GPU에 대해 부동 소수점 연산을 지원함으로써 GPU에서의 범용 연산이 유행하게 되었다. 인상적인 것은 배열과 벡터(특히 2, 3, 4차원 벡터)와 관련된 문제를 GPU에 적합한 연산으로 매우 쉽게 전환했단 점이다. 새로운 하드웨어에 대한 실험은 행렬 곱셈으로 시작됐다. CPU보다 GPU에서 더 빠르게 실행되는 유명한 문제로는 LU 분해가 있다.

초기에 GPU를 범용 프로세서로 사용하려면 그래픽 프로세서의 OpenGL과 DirectX 두 가지의 주요 API가 지원하는 그래픽 요소에 따라 계산 문제를 재구성해야 했다. 이 번거로운 작업은 범용 프로그래밍 언어와 API(Sh, RapidMind, Brook 및 Accelerator)의 등장으로 인해 필요 없게 되었다. 그리고 NVIDIA의 CUDA는 프로그래머가 고성능 연산에 적용되는 저수준의 그래픽 개념을 고려하지 않아도 되게 하였다. 동시에 Microsoft의 DirectCompute 및 Apple/Khronos Group의 OpenCL을 비롯한 하드웨어 공급 업체와 독립된 프로그래밍 아키텍처의 출현으로 멀티 코어 CPU 및 GPU를 손쉽게 병렬 처리할 수 있게 되었다. 즉 지금의 GPGPU 파이프라인은 데이터를 그래픽 형식으로 명시적으로 변환할 필요 없이 GPU의 속도를 이용할 수 있다.

DirectX 9 이전의 그래픽 카드는 정수 정밀도의 픽셀 데이터 처리만 가능했다. 현재 표현 가능한 색상은 모두 빨간색, 녹색 및 파란색 요소와 투명도를 나타내는 데 쓰이는 α값을 포함한다. 다음은 이미지의 최소 단위인 픽셀(pixel)이 갖는 비트 수에 따른 표현 색상이다.

- 8비트: 때로는 팔레트 모드로, 각 값은 테이블의 인덱스이며 다른 형식으로 정의된 실제 색상 값을 가리킨다. 때로는 빨간색과 녹색이 3비트를 갖고 파란색이 나머지 2비트를 갖는다.
- 16비트: 일반적으로 빨간색에 5비트, 녹색에 6비트, 파란색에 5비트가 할당된다.
- 24비트: 빨간색, 녹색, 파란색 모두 8비트씩 갖는다.
- 32비트: 빨간색, 녹색, 파란색 및 α값에 8비트씩 할당된다.

부동 소수점 표기 표준은 IEEE 754에서 정의되었으며 2008년에 마지막으로 개정되었다. David Goldberg는 논문 「*What Every Computer Scientist Should Know About Floating-Point Arithmetic*」에서 부동 소수점에 대해 자세히 설명했다.

【그림 1-1】과 같이 부동 소수점 표현은 세 부분으로 구성된다. 최상위 비트인 부호부는 부호를 표시하는 데 쓰이며 지수부(exponent)와 가수부(fraction)가 있다.

sign	exponent	fraction

【그림 1-1】 이진 부동 소수점 데이터 구조

플랫폼 간 일관성 있는 컴퓨팅과 부동 소수점 데이터 교환을 위해 IEEE 754 표준은 기본 형식과 교환 형식을 정의한다. 32비트 단정도(single-precision) 및 64비트 배정도(double-precision)의 기본 부동 소수점 형식은 C언어 자료형인 float 및 double에 해당하며 【그림 1-2】에 나타난 길이를 갖는다.

float	1	8	23
double	1	11	52

【그림 1-2】 IEEE 754 표준에서 정의된 32비트 및 64비트 이진 부동 소수점 형식

유한값을 나타내는 수치 데이터의 경우, 부호는 − 또는 +이고 지수부는 밑이 2인 지수이며 가수부는 유효숫자이다. 예를 들어 −192는 $(-1)^1 \times 2^7 \times 1.5$로 표현할 수 있다. 단정도의 편향치는 127이고 배정도의 편향치는 1023으로 지수를 음수에서 양수로 확장 가능하다. 위의 예에서 지수 7에 해당하는 지수부를 32비트 단정도로 표현하면 127을 더한 $134(10000110_{(2)})$가 되고, 64비트 배정도로 표현하면 1023을 더한 $1030(10000000110_{(2)})$이 된다. 가수부는 1.5의 정수 부분인 1에 남은 비트 수만큼 0으로 채운 수이다. 이 결과를 정리해서 표시하면【그림 1-3】과 같다.

float

| 1 | 10000110 | .10000000000000000000000 |

double

| 1 | 10000000110 | .10000000000000000...0000000 |

【그림 1-3】 유한값의 부동 소수점 형식

그 밖에 무한대와 NaN(Not a number)에 대한 설명은 생략한다. IEEE 754 표준은 모든 실수의 부동 소수점을 정의한다.

가수부에 유한 개의 비트가 쓰인다고 했을 때, 모든 실수가 정확하게 표현될 수 있는 것은 아니다. 예를 들어 2/3를 이진법으로 나타내면 0.10101010...이며 소수점 뒤에 무한 개의 비트를 갖는다. 2/3을 먼저 반올림해야 유한 개의 부동 소수점 수로 표현하기가 좋다. IEEE 754에서는 반올림에 관련된 표준을 정의하고 있다. 가장 일반적인 방법은 round-to-nearest로 2/3을【그림 1-4】의 형식으로 변환할 수 있다. 부호는 +이고 저장된 지수 값은 −1을 나타낸다.

float

| 1 | 01111110 | .01010101010101010101011 |

double

| 1 | 01111111110 | .01010101010101010...1010101 |

【그림 1-4】 IEEE 754 표준에서의 분수 표현

GPU상에서 대부분의 연산은 벡터화된 형태로 이루어지는데 한 번에 최대 4개의 값에 대해 수행할 수 있다. 예를 들어 한 가지 색상⟨R1, G1, B1⟩이 다른 색상⟨R2, G2, B2⟩과 배합된다면 GPU는 ⟨R1*R2, G1*G2, B1*B2⟩와 같이 벡터 연산을 통해 원하는 다른 색상을 만들어 낸다. 이 기능은 그래픽스에서 매우 유용한데 그 까닭은 거의 모든 기본 자료형이 2, 3, 4차원 벡터이기 때문이다.

CPU(중앙처리장치)는 흔히 PC의 두뇌라 불린다. 여기에 GPU(그래픽 처리 장치)가 추가되면서 더 많은 PC의 성능이 강력해지고 있다.

모든 PC에는 이미지를 디스플레이에 나타내는 칩이 있지만 모든 칩이 동일한 것은 아니다. 인텔의 통합 그래픽 컨트롤러는 Microsoft PowerPoint, 저해상도 비디오 및 기본 게임과 같은 생산성 응용 프로그램만 표현할 수 있는 기본 그래픽만을 제공한다.

GPU 자체는 기본 그래픽 컨트롤러 기능을 훨씬 뛰어넘는 프로그래밍이 가능하며 강력한 기능을 가진 컴퓨팅 장치이다.

GPU의 고급 기능은 주로 3D 렌더링에 쓰였다. 하지만 현재 이러한 기능은 금융 모델링, 첨단 과학 연구, 석유 및 가스 탐사와 같은 분야에서 널리 쓰이고 있다.

동시에 GPU 가속 컴퓨팅은 애플(OpenCL)과 마이크로소프트(DirectCompute)의 최신 운영 체제에서 지원하는 주류 작업이 되었다. 널리 받아들여진 이유는 GPU가 강력한 컴퓨팅 능력을 갖으며 x86으로 대표되는 전통적인 CPU보다 빠르게 성장하고 있기 때문이다.

오늘날의 PC에서 GPU는 Adobe Flash 동영상 가속, 다양한 형식의 동영상 변환, 이미지 인식, 바이러스 패턴 매칭 등과 같은 수많은 멀티미디어 작업을 수행할 수 있다. 이는 병렬 처리에 이상적이다. 따라서 CPU와 GPU의 조합은 최고의 시스템 성능, 비용, 전력 소비를 제공한다. 근본적으로 GPGPU는 하드웨어의 개념이 아닌 소프트웨어의 개념으로써 장치가 아닌 하나의 알고리즘이다. 그러나 장치 설계로 GPGPU 파이프라인의 효율성을 더욱 높일 수 있다. 많은 연산 장비는 더 많은 GPU에 대응하기 위해 여러 개의 CPU를 사용하기도 한다. 한 예로, 암호화폐 채굴에 이런 방식이 쓰인다.

1.1.2 그래픽 카드

브랜드 측면에서 봤을 때 세 가지 옵션이 있다. 우선 그래픽 카드계의 양대 산맥인 NVIDIA와 AMD가 있고 Intel의 Xeon Phi가 있다.

그래픽 카드를 구매하려면 NVIDIA를 추천한다. 첫째, NVIDIA의 표준 라이브러리를 사용하면 CUDA에서 딥러닝 패키지를 매우 쉽게 구축할 수 있지만, AMD의 OpenGL에는 이와 같이 강력한 표준 라이브러리가 없다. 앞으로 일부 OpenCL 라이브러리가 출시되더라도 CUDA의 커뮤니티가 워낙 커 오픈소스와 문서를 찾기가 더 수월할 것이다. 둘째, NVIDIA는 현재 딥러닝 분야에서 많은 발전을 이뤘다. 일찍이 2010년에 NVIDIA는 향후 10년 동안 딥러닝이 많은 인기를 얻게 될거라 예측해 연구 개발에 많은 자원을 투자했다. 이에 비해 AMD는 약간 뒤떨어져 있다.

Xeon Phi의 경우 C언어만 사용 가능한데 일부 코드만 지원하고 실행이 느리다는 단점이 있다. 또한, 지원 라이브러리도 적고 기능이 완벽하지 않다. 예를 들면, GCC의 벡터화 기능이 없고 Intel의 ICC 컴파일러는 C++ 11의 거의 모든 기능을 지원하지 않는다. 게다가 코드를 작성한 후에 단위 테스트를 수행할 수 없다. 이러한 문제들은 Xeon Phi가 아직 안정된 도구로 적합하지 않음을 보여준다.

따라서 NVIDIA의 다양한 GPU 그래픽 카드중에서 선택하는 것이 현재로서는 최상의 선택이다.

1.1.3 그래픽 카드 메모리

브랜드를 골랐으면 이제 올바른 GPU 모델을 선택하기 위해 딥러닝에 사용할 메모리 크기를 알아야 한다. 이때 합성곱 신경망(Convolutional Neural Network, CNN) 학습에 쓰이는 메모리가 매우 크기 때문에 이를 기준으로 GPU를 선택하는 것이 바람직하다. 이렇게 하면 최고급 그래픽 가속기에 돈을 들이지 않고도 적절한 메모리의 그래픽 카드를 구매할 수 있다.

합성곱 신경망의 메모리 요구 조건은 단순한 신경망과는 매우 다르다. 합성곱 신경망을 저장하는 경우 매개변수가 적기 때문에 필요한 메모리가 다소 작지만, 학습시킬 경우 메모리 소모가 매우 크다. 이는 각 합성곱 계층의 활성화 함수 개수와 오차량이 단순한 신경망에 비해 매우 많기 때문이다. 이들을 더하면 대략적인 메모리 크기를 결정할 수 있다. 하지만 이 신경망에서 특정 상태를 통해 활성화 함수 및 오차의 수를 확인하기란 여간 어려운 일이 아니다. 일반적으로 초기 계층에서 메모리를 많이 소비하므로 주 메모리는 입력 데이터의 크기에 따라 달라진다. 따라서 먼저 입력 데이터의 크기를 고려해야 한다.

예를 들어 이미지 인식 모델을 학습시키는 경우 각 이미지의 너비와 높이는 512픽셀이며 3개의 색상 채널을 갖는 512×512×3 크기의 3차원 배열이다. 여기에 크기가 3×3인 필터(filter)를 적용한다고 가정했을 때,【표 1-1】은 7층 합성곱 신경망에 필요한 뉴런 개수와 뉴런의 가중치를 나타낸다.

【표 1-1】합성곱 신경망 매개변수

계층 수	이미지 높이	이미지 너비	깊이	필터 높이	필터 너비	뉴런 수	단일 뉴런 매개변수
1	512	512	3	3	3	786432	108
2	256	256	6	3	3	393216	216
3	128	128	12	3	3	196608	432
4	64	64	24	3	3	98304	864
5	32	32	48	3	3	49152	1728
6	16	16	96	3	3	24576	3456
7	8	8	192	3	3	12288	6912
						1560576	13716

【표 1-1】은 합성곱 신경망에 엄청나게 많은 메모리가 필요함을 단적으로 보여준다. 크기가 115×115×3인 이미지의 경우 모든 매개변수가 8비트 부동 소수점 수로 저장되면 최종적으로 1GB 메모리가 필요하다.

물론 실제 응용에서 GPU 메모리 한도에 따라 계산 규모를 줄일 수 있다. 예를 들어 ImageNet 데이터 세트에서 보통 크기가 224×224×3인 다차원 배열로 이미지를 저장한다. 이러한 데이터 세트를 학습시키려면 12GB의 메모리가 필요할 수 있지만, 이미지를 115×115×3 크기로 축소하면 4분의 1에 해당하는 메모리만 있으면 된다.

또한, GPU의 메모리 크기는 데이터 세트의 샘플 수에 따라 달라진다. 예를 들어 ImageNet 데이터 세트의 10%만 사용할 경우, 충분한 수의 샘플들이 일반화되지 않아 심층 신경망(Deep Neural Network, DNN)은 오버피팅(overfitting)이 발생하기 쉽다. 반면에 비교적 규모가 작은 신경망은 대개 성능이 좋고 필요한 메모리가 작기 때문에 4GB 이하의 메모리로 충분하다. 이는 모델이 적은 수의 이미지를 학습할 때 복잡도가 낮기 때문에 메모리 요구량이 적음을 보여준다.

메모리 크기를 결정하는 세 번째 요인은 분류 레이블(label)의 수이다. 1,000가지 범주의 이미지를 학습시킨 모델과 비교하면 이진 분류 학습에 필요한 메모리가 훨씬 적다. 이는 구별해야 할 레이블 수가 적으면 오버피팅이 더 빨리 발생하기 때문이다. 즉 1,000개 클래스(class)를 구별하는 것보다 두 클래스를 구별하는 데 필요한 매개변수가 더 적다.

합성곱 신경망의 경우 GPU의 메모리를 감소시키는 두 가지 방법이 있다. 첫 번째는 합성곱 필터의 스트라이드(stride) 크기를 2나 4[1]로 늘려 출력 데이터 크기를 작게 만드는 것이다. 이 방법은 일반적으로 입력층에 쓰이는데 입력층에서의 메모리 소모가 가장 크기 때문이다. 두 번째는 필터의 개수를 줄여 이미지의 깊이(depth)를 줄이는 것이다. 예컨대 크기가 64×64×256인 데이터가 96개의 1×1 필터를 거치면 64×64×96 크기로 줄어든다.

마지막으로 우리는 훈련 데이터의 배치(batch) 크기를 줄일 수 있는데, 이는 메모리에 큰 영향을 미친다. 한 예로 동일한 모델의 경우 배치 크기를 128개에서 64개로 줄이면 메모리 소비를 절반으로 줄일 수 있다. 하지만 모델 학습 시간이 길어질 수 있다. 일반적

---

1) 역주: 보통 스트라이드 크기는 3이나 5 홀수이다.

으로 64개 이상의 배치 크기에 최적화되어 있으며, 이보다 작으면 모델 학습 속도가 훨씬 느려지므로 32개 이하의 배치 크기는 최후의 수단으로 선택해야 한다.

자주 간과하는 또 다른 옵션은 합성곱 신경망에서 사용하는 자료형을 변경하는 것이다. 32비트에서 16비트로 변경하면 모델 성능을 크게 떨어뜨리지 않고도 메모리 소비를 반이나 줄일 수 있다. 이 방법은 대개 GPU에서 큰 효과가 있다.

그렇다면 이 방법들을 실제 데이터에 적용한다면 어떻게 될까?

배치 크기가 128이고 250픽셀의 컬러 이미지(250×250×3)를 입력으로 사용하는 경우 3×3크기의 필터를 32, 64, 96개와 같이 순차적으로 증가시키면 오차 계산과 활성화 함수에 필요한 메모리 크기는 92MB→1906MB→3720MB→5444MB와 같이 증가한다.

일반 그래픽 카드에서는 메모리가 금방 부족해지곤 한다. 만일 64개의 배치 크기와 16비트 정밀도를 동시에 사용하면 메모리 사용량이 4분의 1로 줄어든다. 그러나 심층 신경망을 훈련하기엔 메모리가 여전히 부족하다. 첫 번째 계층에 스트라이드가 2이고 크기가 2×2인 최대 풀링(max pooling) 기법을 사용하면 메모리 사용량이 92MB(input)→952MB(conv)→238MB(pool)→240MB(conv)→340MB(conv)와 같이 변동한다.

이것은 메모리 소모를 크게 줄인다. 그러나 데이터가 크고 모델이 복잡하면 여전히 메모리 문제가 존재한다. 2~3개의 계층을 사용하는 경우 계층을 하나 추가해 최대 풀링 또는 다른 기법을 적용할 수 있다. 한 예로 32개의 1×1필터는 마지막 계층의 메모리 소비를 340MB에서 113MB로 줄일 수 있어 성능 문제를 걱정하지 않고 신경망을 여러 계층으로 확장할 수 있다.

위와 같은 기법들을 사용하면 메모리 소비를 효과적으로 줄일 수는 있지만 정보도 잃게 되므로 예측에 불리해질 수 있다. 합성곱 신경망 학습의 본질은 네트워크에 여러 기법을 혼합하여 최대한 적은 메모리로 최상의 결과를 가져오는 것이다.

결과적으로 가장 중요한 GPU 성능 지표는 메모리 읽기 및 쓰기의 초당 처리량(GB/s)인 메모리 대역폭이어야 한다. 배열 곱셈, 내적, 합산 등과 같은 거의 모든 수학 연산이 대역폭의 제약을 받기 때문에 메모리 대역폭은 매우 중요하다고 볼 수 있다. 관건은 사용 가능한 컴퓨팅 파워가 아니라 얼마나 많은 데이터를 메모리에서 추출해 연산에 제공할 수 있느냐는 것이다. 저자가 실제 응용에서 GPU로 GTX 1060 그래픽 카드를 사용하면 메모리 대역폭의 한계로 인해 컴퓨팅 파워가 40%에 불과하다. 【표 1-2】는 Kepler, Maxwell, Pascal 아키텍처의 여러 GPU에 대한 메모리 대역폭을 정리한 것이다.

【표 1-2】 여러 GPU의 대역폭(GB/s)

Pascal	Tesla P100 (16GB)	Tesla P100 (12GB)	GTX 1080Ti	GTX 1080	GTX 1070	GTX 1060
	720	540	484	320	256	192
Maxwell	Tesla M60	Tesla M40	GTX 980Ti	GTX 980	GTX 970	GTX 960
	2x160	288	330	224	196	120
Kepler	Tesla K80	Tesla K40	GTX 690	GTX 680	GTX 660Ti	GTX 660
	2x240	288	2x256	256	192	192

동일한 아키텍처에서 대역폭을 직접 비교할 수 있다. 예를 들어 Pascal 아키텍처가 적용된 GTX 1080 및 GTX 1070 고성능 그래픽 카드는 메모리 대역폭을 직접 비교할 수 있다. 그러나 아키텍처마다 주어진 메모리 대역폭을 이용하는 방법이 다르기에 서로 다른 아키텍처에 대해 메모리 대역폭을 기준으로 성능을 비교할 순 없다. 예를 들어 Pascal 기반 GTX 1080과 Maxwell 기반 GTX Titan X는 대역폭만을 가지고 성능 차이를 거론할 수 없다. 전체 대역폭은 GPU 속도에 대한 대략적인 정보만을 제공하기 때문에 약간 모호하다.

일반적으로 예산이 책정되면 예산 범위 안에서 최신 아키텍처와 가장 큰 메모리 대역폭을 갖춘 그래픽 카드를 선택하는 것이 바람직하다. 그래픽 카드의 가격이 매우 떨어졌기 때문에 예산이 부족한 경우 중고 그래픽 카드를 구매하는 것이 가장 좋다. 요즘에는 GTX 10 시리즈의 차세대 그래픽 카드가 널리 보급되어 9 시리즈, 특히 960 시리즈 그래픽 카드의 가격이 빠르게 하락하고 있다. 약간의 예산을 추가하면 1060 시리즈의 보급형 그래픽 카드를 선택할 수 있다. 가격은 980 시리즈와 비슷하지만 업그레이드된 아키텍처, 전력 효율 향상, 메모리 증대 등 장점이 많다. 단지 대역폭이 약간 작을 뿐이다.

고려해야 할 또 다른 중요한 요소는 cuDNN과의 호환 여부이다. 예를 들어 Kepler 아키텍처의 GPU는 호환은 되지만 너무 오래되어 시장에서 보기 힘들다. GTX 9 시리즈 또는 10 시리즈는 cuDNN의 컴퓨팅 파워를 제대로 활용할 수 있으며 구매에 있어 아무 문제가 없다.

【표 1-3】은 위의 대역폭을 토대로 딥러닝 과제에 대한 여러 GPU의 상대적 성능을 대략적으로 비교한 것이다. 이는 대략적인 비교일 뿐이며 실제 속도는 약간 다를 수 있다. 이 표에서 Pascal 아키텍처의 Titan X는 현재 가장 강력한 주류 GPU 중 하나로써 비교 대상으로 설정하였다. 예컨대 Pascal 아키텍처의 Titan X는 1이고 GTX 1080은 1.43이므로 Titan X가 딥러닝 과제를 수행할 때 GTX 1080보다 약 1.43배 빠르다는 것을 의미한다. 즉 Titan X는 GTX 1080보다 약 43% 빠르다.

【표 1-3】 주류 GPU의 컴퓨팅 파워

Pascal Titan X	GTX 1080	GTX 1070	GTX TitanX	GTX 980Ti	GTX 1060	GTX 980
1	1.43	1.82	2.00	2.00	2.50	2.86
GTX 1080	GTX 970	GTX Titan	AWS GPU Instance	GTX 960		
1	3.33	4.0	5.72	5.72		

일반적으로 예산이 적당하면 GTX 1080이나 GTX 1070도 나쁘지 않은 선택이다. 예산이 문제가 되지 않으면 GTX 1080Ti 11GB이 가장 좋은 선택이라 볼 수 있다. 예산이 조금 부족하면 GTX 1070 8GB가 가성비 최고의 GPU일 것이다.

GTX 1060은 입문용으로 더할 나위 없는 GPU이다. 저렴한 가격에 메모리도 6GB에 달하여 대부분의 학습 프로젝트에 충분하다. 주된 문제는 대역폭이 192bit로 작고 메모리 처리량이 GTX 1080 및 1070보다 훨씬 낮다는 것이다. GTX 1060은 1080, 1070 및 Titan X와 같은 고급 GPU보단 열등하지만 GTX 980의 성능과 비슷하면서 메모리는 2GB나 높아 가성비가 매우 좋다. 6GB와 8GB 메모리는 대부분의 중형 딥러닝 과제에 충분하지만

ImageNet 크기의 데이터 또는 영상 이미지에는 충분치 않다. 이런 경우엔 11GB 메모리를 갖춘 GTX 1080Ti가 좋을 것이다.

1.1.4 멀티 GPU

SLI를 통해 GPU의 속도를 40Gb/s까지 끌어올릴 수 있으며 게임 그래픽 성능도 높일 수 있다. 그렇다면 여러 GPU를 구축해 워크스테이션의 딥러닝 계산 능력을 향상시킬 수 있을까? 만일 가능하다면 많을수록 좋을까? 【그림 1-5】는 멀티 GPU를 구축한 모습이다.

【그림 1-5】 세 개의 GXT Titan과 하나의 InfiniBand(딥러닝용)

게임에서의 성능과는 달리 멀티 GPU로 신경망을 병렬 처리하는 것은 어려운 일이며 고밀도의 신경망에서 얻을 수 있는 이점은 상당히 제한적이다. 작은 규모의 신경망에 데이터 병렬 처리가 더 효율적이며, 대규모의 신경망은 데이터 전송상의 병목현상으로 인해 속도 향상이 기대에 못 미치기도 한다.

그밖에 특정 문제에선 GPU 병렬 처리 효과가 탁월하다. 예를 들어 합성곱 계층은 쉽게 병렬화 가능하고 확장이 용이하다. TensorFlow, Caffe, Theano 및 Torch와 같은 프레임워크는 모두 병렬 처리를 지원한다. 4개의 GPU를 사용하면 속도가 2.5~3배 빨라지는데 Microsoft의 CNTK는 최상의 병렬 처리 성능을 제공하여 속도를 3.6~3.8배만큼 증가시킬 수 있다. CNTK는 BrainScript를 통해 신경망을 묘사한다. 초보자에게는 약간 어렵지만 Python 및 기타 언어를 기반으로 한 API를 제공하기 때문에 사용자에게 편리하다. TensorFlow와 Theano는 둘 다 신경망을 묘사하기 위해 함수형 API를 사용한다.

현재 CNTK는 TensorFlow, Theano와 같이 Keras의 백엔드 플랫폼에도 포함되어 있기 때문에 다른 소프트웨어 패키지를 고려할 필요 없이 Keras만 제대로 이해해도 생산 효율성을 크게 향상시킬 수 있다. 이것이 이 책을 쓰는 목적이기도 하다.

소프트웨어 및 하드웨어 성능이 향상됨에 따라 멀티 GPU의 병렬 컴퓨팅은 점점 보편화되어 일반 사용자가 여러 가지 딥러닝 모델을 신속하게 학습시킬 수 있게 되었다.

물론 다른 관점에서 보면, 멀티 GPU를 사용하여 각각의 GPU에서 알고리즘이나 실험을 행할 수 있다는 장점이 있다. 성능이 향상되지는 않지만 여러 알고리즘이나 매개변수를 동시에 디버깅하여 이상적인 모델을 신속히 얻을 수 있다. 실제로 매개변수 값을 최적화하는 데 대부분의 시간이 쓰이므로, 이는 연구자나 데이터 과학자 모두에게 매우 중요하다.

또한, 심리적으로 독자가 학습의 흥미를 유지하도록 도와준다. 일반적으로 실행 시간과 피드백 받는 시간 간격이 짧을수록 관련 지식과 경험을 더 잘 통합할 수 있으며 오랜 시간 동안의 기다림으로 지치지 않을 수 있다. 독자가 듀얼 GPU로 두 합성곱 신경망의 작은 데이터 세트 학습시키는 경우 어떤 매개변수가 모델 성능에 더 큰 영향을 미치는지 이해하고 교차 검증(cross validation)을 쉽게 수행할 수 있다. 이러한 경험을 효과적으로 요약하면 분석가가 조정해야 하는 매개변수 또는 모델의 성능을 향상시키기 위해 제거할 계층을 정확하게 파악하는 데 도움이 된다.

따라서 일반적으로 싱글 GPU만으로도 거의 모든 작업을 만족하지만 딥러닝 모델의 모델링 프로세스 속도를 높이기 위해 멀티 GPU의 사용이 점점 더 중요해지고 있다. 그렇기에 독자가 딥러닝 모델을 빠르게 학습시키고 싶다면 여러 대의 저렴한 GPU를 사용하는 것도 나쁘지 않다.

1.2 소프트웨어 환경 구축

아래에서 딥러닝 환경을 구축하기 위한 소프트웨어를 설치해 보자. 이는 이 책의 응용 예제에 대한 실행 환경이며 대부분의 중소형 프로젝트에 충분하다. 독자들의 배경을 고려하여 Windows 운영 체제에서 딥러닝 소프트웨어 환경을 구성할 것이다. 여기서 Windows 시스템의 버전은 10.0.14393이다.

1.2.1 필수 소프트웨어

다음은 필수 소프트웨어 도구 및 계산 라이브러리 목록이다.

① Visual Studio 2013 Community Edition, 12.0.31101.00 Update 4. VS의 C/C++ 컴파일러와 SDK가 필요하다.

② Anaconda. Python 기반의 과학 컴퓨팅 환경의 경우, 일반적으로 미리 패키징 된 과학 컴퓨팅 개발 환경을 설치하며, 현재 WinPython, Anaconda Python 등이 많이 쓰인다. 이 책에서는 Anaconda 환경을 설치한다. Anaconda는 매우 인기 있는 Python 기반의 데이터 과학 플랫폼으로, 150개가 넘는 데이터 과학 컴퓨팅 라이브러리를 포함해 사용이 매우 편리하다. 현재 Anaconda 3-4.4.0은 Python 3.6을 지원하지만, 이 책은 Python 3.5 기반의 Anaconda 3-4.2.0을 사용하므로 원활한 설치를 위해 Python 3.5에 해당하는 버전을 다운로드하길 바란다.

③ CUDA 8.0.44 (64-bit). 이것은 NVIDIA에서 개발한 GPGPU 기술이다.

④ MinGW-w64 (5.4.0). g/g+, make 등과 같은 MinGW의 컴파일러와 툴이 필요하다.

⑤ CNTK 2.0. CNTK는 Microsoft에서 개발한 딥러닝 컴퓨팅 환경으로 빠른 속도와 강력한 GPU 병렬 확장성을 갖췄으며 순환 신경망(Recurrent Neural Netwrok, RNN)에서 연산 속도가 가장 빠른 딥러닝 환경이기도 한다.

⑥ Theano 0.9.0. Theano는 몬트리올대학에서 개발한 오픈소스의 딥러닝 프레임워크

로, 신경망 모델의 수학 공식과 다차원 배열에 대한 대수 연산을 지원한다.

⑦ TensorFlow. TensorFlow는 구글이 개발한 오픈 소스의 딥러닝 프레임워크로써 국내에 잘 알려져 있다.

⑧ Keras 1.1.0 또는 Keras 2.0. Keras는 CNTK, Theano, TensorFlow를 기반으로 한 딥 러닝 모델링 프레임워크이다. 이 라이브러리는 복잡한 수학 연산을 추상화하여 사 용자가 신경망 모델을 구성하고 모델링하는 데 많은 도움을 주며, 매우 효율적이고 편리해 이 책의 주요 툴로 꼽았다.

⑨ OpenBLAS 0.2.14. 이것은 다양한 CPU 아키텍처에 최적화된 선형 대수 계산 라이 브러리를 제공한다.

⑩ cuDNN v5.1(August 10, 2016) for CUDA 8.0(optional). 이것은 합성곱 신경망 모델에 최적 화된 수치 계산 라이브러리이다. 이를 사용하면 합성곱 신경망의 계산 속도를 2~3 배 향상시킬 수 있다.

1.2.2 CUDA 설치

먼저 CUDA를 설치해야 하는데, 다음 단계에 따라 설치를 진행할 수 있다.

① Visual Studio Community 2013을 다운로드하여 설치한다. Visual Studio 웹사이트 에 로그인해야 한다. 최신 버전은 CUDA 8.0을 지원하지 않기 때문에 이를 잘 확 인하고 설치해야 한다. NVIDIA 10 시리즈 그래픽 카드를 사용하는 경우 CUDA 8.0 드라이버를 사용해야 한다.

② C:\Program Files (x86)\Microsoft Visual Studio 12.0\VC\bin 디렉터리를 PATH에 추가한다.

③ CUDA 8.0을 다운로드하여 설치한다. 이 또한 CUDA 웹사이트에 로그인해야 한다. 설치가 완료되면 샘플 코드를 통해 확인할 수 있다. 이 샘플 파일을 선택하고 마우 스 오른쪽 버튼으로 클릭한 다음 Debug→Start New Instance를 선택하여 이 VS 프로젝트를 실행하면 바다 시뮬레이션을 볼 수 있을 것이다.

1.2.3 Python 설치

이어서 Python을 설치해 보자.

① Python 3.5를 지원하는 Anaconda 4.2.0(https://repo.continuum.io/archive/Anaconda3-4.2.0-Windows-x86_64.exe, MD5=0ca5ef4dcfe84376aad073bbb3f8db00)을 다운로드하여 설치한다. 이 과정은 몇 분에서 20분 정도 소요된다. 설치 디렉터리는 C:\Anaconda3\로 지정하면 된다. 설치가 완료된 후 시작 버튼을 클릭하면 【그림 1-6】과 같이 "최근 추가된 항목"에 여러 관련 항목들이 나타난다.

"Anaconda Prompt"를 클릭하면 Anaconda Console창이 뜨고 python을 입력하여 Python 환경으로 들어가면 【그림 1-7】과 같은 프롬프트가 나타난다.

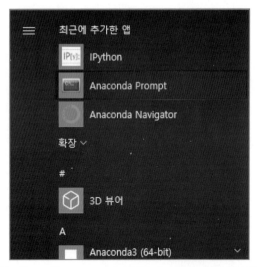

【그림 1-6】 Anaconda 설치 후 새로 추가된 항목

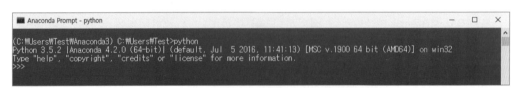

【그림 1-7】 Python Console 디스플레이 환경

② MinGW 및 LibPython 패키지를 설치한다. 4.2버전 이하의 Anaconda 환경에서는 conda를 통해 LibPython을 설치할 수 없기 때문에 충돌이 발생하지만 4.2버전부터 원활히 설치 가능하다. Anaconda Console에 다음 명령을 입력하기만 하면 된다.

```
conda install -c anaconda mingw libpython
```

이렇게 GPU 컴퓨팅 환경 조성을 전제로 위의 두 패키지를 성공적으로 설치할 수 있다. 설치 과정은 【그림 1-8】과 같다.

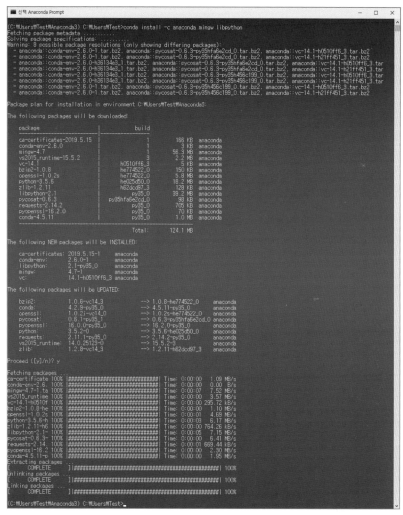

【그림 1-8】 MinGW 및 LibPython 패키지 설치 과정

1.2.4 딥러닝 모델링 환경

다음으로 GPU 모델링 환경을 고려해야 한다. 우리는 Keras 기반 GPU 모델링 환경을 선택했으며 Keras는 CNTK, Theano, TensorFlow 라이브러리를 포함한 다중 백엔드(back-end) 위에서 동작한다. Keras는 CNTK, Theano, TensorFlow, Caffe와 같은 다른 프레임워크에 비해 사용하기 쉽고 복잡한 수학 공식을 쓸 필요가 없으며 신경망 구조를 알아보기 쉽다는 장점이 있다.

물론 현존하는 구조만을 가지고 자신만의 신경망을 구축해야 하고 실제 연산은 CNTK, Theano, TensorFlow 가운데 하나를 통해 진행된다는 단점이 있다. 그러나 이것만으로도 실무에 적용하기에 충분하며 입증되지 않은 새로운 네트워크 구조는 피하면 되는 일이다.

CNTK, Theano 및 TensorFlow 백엔드 설치는 아래에서 설명한다.

비록 국내에서 TensorFlow가 인기가 많지만 이 책의 예제는 모두 CNTK 백엔드가 쓰인다. 그 까닭은 CNTK가 Theano, TensorFlow 및 기타 딥러닝 프레임워크에 비해 다음과 같은 장점이 있기 때문이다.

① CNTK는 속도 면에서 분명한 이점이 있다. 홍콩 침례대학교(HKBU)의 Shaohuai Shi가 2017년에 발표한 연구 결과(http://dlbench.comp.hkbu.edu.hk/)에 따르면 GPU 환경의 CNTK는 다른 프레임워크에 비해 속도가 빠르다. 특히 순환 신경망 모델은 음성 인식, 자연어 처리, 기계 번역 및 시계열 분석 작업에서 그 효과가 두드러진다. Keras의 백엔드로 CNTK가 쓰이면 순환 신경망 모델에서 TensorFlow보다 평균 30~40% 더 빠르며, 단순한 완전 연결 신경망에서만 TensorFlow보다 약간 느릴 뿐이다. 테스트 플랫폼은 Intel Xeon CPU 5E-2620 V2 @2.1GHz + 32GB메모리 + Windows 10 Enterprise Edition이고, 그래픽 카드는 NVIDIA Titan Xp이다. TensorFlow, CNTK 및 Theano의 성능을 비교하기 위해 【표 1-4】와 같이 8가지 예제를 선정하였다.

【표 1-4】 세 개의 Keras 백엔드 속도 비교

샘플 파일	반복 횟수	TensorFlow	CNTK	Theano
mnist_cnn.py	12	116	94	128
mnist_mlp.py	100	485	530	569
imdb_lstm.py	15	3645	2505	3456
imdb_cnn.py	2	28	27	29
mnist_hierachical_rnn.py	5	1757	1163	1834
addition_rnn_lstm.py	200	3486	3349	3479
imdb_cnn_lstm.py	2	210	155	246
lstm_text_generation.py	10	1920	1190	2189

② CNTK의 예측 정확도는 매우 우수하다. CNTK는 정확성을 향상시키는 데 도움이 되는 많은 고급 알고리즘 구현을 제공한다. 예를 들어 CNTK의 Automatic Batching Algorithm을 사용하면 서로 다른 길이의 시퀀스를 결합하면서 보다 효율적이고 최적화된 무작위성을 부여해 1~2% 정확도를 향상시킬 수 있다. Microsoft 연구소는 이 기술을 통해 사람과 같은 실시간 음성 인식 능력(Human Parity)을 구현하였다.

③ CNTK 제품의 품질이 더 좋다. 많은 딥러닝 프레임워크들이 논문에서 제안된 모델을 똑같이 복제할 수 있다고 주장하지만, 실제로는 여러 가지의 문제가 발생한다. 이로 인해 논문에서 언급한 정확도까지 다다르지 못하거나 샘플 코드를 실행조차 못 할 수도 있다. 반면에 CNTK는 데이터에서 모델링에 이르기까지 논문의 결과를 충분히 따라할 수 있다. 이는 생산 시스템에 매우 중요한 요소이다. 예를 들어 Inception V3(https://arxiv.org/abs/1512.00567)를 자신만의 데이터에 다른 프레임워크로 학습시키면 버그가 발생하거나 논문만큼의 정확도를 얻기 힘들다. 왜냐하면, 데이터 전처리 등의 내용은 예제 코드에 제공되지 않기 때문이다. 반면에 CNTK 샘플 코드를 사용하면 모델 학습을 성공적으로 구현하고 논문만큼의 정확도를 얻을 수 있다. 관심 있는 독자는 https://github.com/Microsoft/CNTK/tree/master/Examples/에서 다양한 샘플 코드를 다운로드하여 학습해 보길 바란다.

④ GPU 환경의 CNTK는 확장성이 매우 좋다. 실제 생산용 딥러닝 모델은 대개 엄청난 양의 데이터를 필요로 하므로 모델 학습에 최대한 많은 GPU가 필요하다. CNTK는 수백 개의 GPU를 가뿐히 연결 가능하며, 특히 고도의 병렬 컴퓨팅을 위한 1-bit SGD와 Block-Momentum SGD 알고리즘에 특화되어 있다. 2014년 Microsoft는 *INTERSPEECH*에서 여러 크기의 데이터와 미니 배치에 대해 1-bit SGD 알고리즘 과 8개의 K20X GPU를 사용하여 Switchboard DNN을 학습시키는 데 3.6~6.3배에 달하는 가속 효과를 보여주었다. 여기서 미니 배치 크기가 비교적 커야 학습 속도 가 더 빠른 것으로 나타났다. 2016년 *ICASSP*에서 Microsoft가 발표한 논문에 따르 면 CNTK의 Block-Momentum SGD 알고리즘은 LSTM 및 DNN 유형의 모델에서 선 형 가속에 가깝다.

⑤ CNTK의 API는 C++ 기반으로 설계되어 속도와 유용성 측면에서 매우 뛰어나다. CNTK의 모든 핵심 기능은 C++를 기반으로 하므로 속도는 당연히 보장되며 다른 언어로 작성하는 인터페이스도 매우 자연스럽고 편리하다. 이 책은 독자가 Keras 를 통해 모델을 구현하도록 가르치지만, CNTK를 백엔드로 사용하면 분석 환경과 빌드 환경의 결과를 동일하게 만들 수 있다. 이와 더불어 CNTK의 Python API는 추상 수준이 높은 버전과 낮은 버전이 있는데, 전자는 사용하기 쉬운 함수형 프로 그래밍(Functional Programming)의 이념을 기반으로 하고, 후자는 생산 시스템에서 사용 하기에 적합하다.

1.2.5 CNTK와 Keras 설치

다음은 CNTK 2.0 설치에 대한 내용이다.

먼저 Anaconda Console을 열고 이미 설치된 Python 패키지와 충돌하지 않도록 다음 의 명령을 입력해 새로운 Anaconda 가상 환경을 만든다.

```
(d:\Program Files\Anaconda3) E:\code> conda create --name cntkKeraspy35 Python=3.5
numpy scipy h5py jupyter
```

만일 pandas, matplotlib와 같은 라이브러리가 이미 있다면 뒤에 패키지명을 추가할
수 있다. 위의 명령을 실행하면 아래와 같이 Anaconda가 새로운 가상 환경을 생성하고
지정된 패키지를 설치하고 있음을 나타내는 화면을 볼 수 있다.

```
1   Fetching package metadata ...........
2
3   Solving package specifications: .
4
5   Package plan for installation in environment d:\Program Files\Anaconda3\envs\
    cntkKeraspy35:
6
7   The following NEW packages will be INSTALLED:
8
9   bleach:             1.5.0-py35_0
10  colorama:           0.3.9-py35_0
11  decorator:          4.0.11-py35_0
12  entrypoints:        0.2.2-py35_1
13  h5py:               2.7.0-np112py35_0
14  hdf5:               1.8.15.1-vc14_4      [vc14]
15  html5lib:           0.999-py35_0
16  icu:                57.1-vc14_0          [vc14]
17  ipykernel:          4.6.1-py35_0
18  iPython:            6.0.0-py35_1
19  iPython_genutils:   0.2.0-py35_0
20  ipywidgets:         6.0.0-py35_0
21  jedi:               0.10.2-py35_2
22  jinja2:             2.9.6-py35_0
23  jpeg:               9b-vc14_0            [vc14]
24  jsonschema:         2.6.0-py35_0
25  jupyter:            1.0.0-py35_3
26  jupyter_client:     5.0.1-py35_0
27  jupyter_console:    5.1.0-py35_0
28  jupyter_core:       4.3.0-py35_0
```

```
29  libpng:                 1.6.27-vc14_0          [vc14]
30  markupsafe:             0.23-py35_2
31  mistune:                0.7.4-py35_0
32  mkl:                    2017.0.1-0
33  nbconvert:              5.1.1-py35_0
34  nbformat:               4.3.0-py35_0
35  notebook:               5.0.0-py35_0
36  numpy:                  1.12.1-py35_0
37  openssl:                1.0.2k-vc14_0          [vc14]
38  pandocfilters:          1.4.1-py35_0
39  path.py:                10.3.1-py35_0
40  pickleshare:            0.7.4-py35_0
41  pip:                    9.0.1-py35_1
42  prompt_toolkit:         1.0.14-py35_0
43  pygments:               2.2.0-py35_0
44  pyqt:                   5.6.0-py35_2
45  Python:                 3.5.3-3
46  Python-dateutil:        2.6.0-py35_0
47  pyzmq:                  16.0.2-py35_0
48  qt:                     5.6.2-vc14_4           [vc14]
49  qtconsole:              4.3.0-py35_0
50  scipy:                  0.19.0-np112py35_0
51  setuptools:             27.2.0-py35_1
52  simplegeneric:          0.8.1-py35_1
53  sip:                    4.18-py35_0
54  six:                    1.10.0-py35_0
55  testpath:               0.3-py35_0
56  tornado:                4.5.1-py35_0
57  traitlets:              4.3.2-py35_0
58  vs2015_runtime:         14.0.25123-0
59  wcwidth:                0.1.7-py35_0
60  wheel:                  0.29.0-py35_0
61  widgetsnbextension:     2.0.0-py35_0
62  win_unicode_console:    0.5-py35_0
63  zlib:                   1.2.8-vc14_3           [vc14]
64
65  Proceed ([y]/n)? y
66
```

```
 67  mkl-2017.0.1-0       100%  |###############################|  Time: 0:00:02    56.40MB/s
 68  jpeg-9b-vc14_0       100%  |###############################|  Time: 0:00:00    15.43MB/s
 69  openssl-1.0.2k       100%  |###############################|  Time: 0:00:00    30.41MB/s
 70  Python-3.5.3-3       100%  |###############################|  Time: 0:00:01    30.70MB/s
 71  colorama-0.3.9       100%  |###############################|  Time: 0:00:00     0.00B/s
 72  decorator-4.0.       100%  |###############################|  Time: 0:00:00     2.07MB/s
 73  entrypoints-0.       100%  |###############################|  Time: 0:00:00   599.98kB/s
 74  iPython_genuti       100%  |###############################|  Time: 0:00:00     2.51MB/s
 75  jedi-0.10.2-py       100%  |###############################|  Time: 0:00:00    16.38MB/s
 76  jsonschema-2.6       100%  |###############################|  Time: 0:00:00     0.00B/s
 77  libpng-1.6.27-       100%  |###############################|  Time: 0:00:00    32.88MB/s
 78  mistune-0.7.4-       100%  |###############################|  Time: 0:00:00     9.32MB/s
 79  numpy-1.12.1-p       100%  |###############################|  Time: 0:00:00    32.43MB/s
 80  pandocfilters-       100%  |###############################|  Time: 0:00:00     0.00B/s
 81  path.py-10.3.1       100%  |###############################|  Time: 0:00:00     0.00B/s
 82  pygments-2.2.0       100%  |###############################|  Time: 0:00:00    31.54MB/s
 83  pyzmq-16.0.2-p       100%  |###############################|  Time: 0:00:00    16.59MB/s
 84  testpath-0.3-p       100%  |###############################|  Time: 0:00:00     7.07MB/s
 85  tornado-4.5.1-       100%  |###############################|  Time: 0:00:00    20.86MB/s
 86  h5py-2.7.0-np1       100%  |###############################|  Time: 0:00:00    22.93MB/s
 87  html5lib-0.999       100%  |###############################|  Time: 0:00:00     4.87MB/s
 88  jinja2-2.9.6-p       100%  |###############################|  Time: 0:00:00    25.44MB/s
 89  pip-9.0.1-py35       100%  |###############################|  Time: 0:00:00    26.58MB/s
 90  prompt_toolkit       100%  |###############################|  Time: 0:00:00    22.53MB/s
 91  Python-dateuti       100%  |###############################|  Time: 0:00:00    15.33MB/s
 92  qt-5.6.2-vc14_       100%  |###############################|  Time: 0:00:01    32.13MB/s
 93  scipy-0.19.0-n       100%  |###############################|  Time: 0:00:00    30.25MB/s
 94  traitlets-4.3.       100%  |###############################|  Time: 0:00:00    30.25MB/s
 95  bleach-1.5.0-p       100%  |###############################|  Time: 0:00:00     1.43MB/s
 96  iPython-6.0.0-       100%  |###############################|  Time: 0:00:00    30.43MB/s
 97  jupyter_core-4       100%  |###############################|  Time: 0:00:00     0.00B/s
 98  pyqt-5.6.0-py3       100%  |###############################|  Time: 0:00:00    29.48MB/s
 99  jupyter_client      100%  |###############################|  Time: 0:00:00    10.31MB/s
100  nbformat-4.3.0       100%  |###############################|  Time: 0:00:00     8.85MB/s
101  ipykernel-4.6.       100%  |###############################|  Time: 0:00:00     9.57MB/s
102  nbconvert-5.1.       100%  |###############################|  Time: 0:00:00    13.14MB/s
103  jupyter_consol       100%  |###############################|  Time: 0:00:00     4.86MB/s
104  notebook-5.0.0       100%  |###############################|  Time: 0:00:00    29.31MB/s
```

```
105  qtconsole-4.3.    100% |#############################|  Time: 0:00:00  11.15MB/s
106  widgetsnbexten    100% |#############################|  Time: 0:00:00  28.75MB/s
107  ipywidgets-6.0    100% |#############################|  Time: 0:00:00   0.00B/s
108
109  #
110  # To activate this environment, use:
111  # > activate cntkKeraspy35
112  #
113  # To deactivate this environment, use:
114  # > deactivate cntkKeraspy35
115  #
116  # * for power-users using bash, you must source
117  #
```

생성이 완료되면 가상 환경을 활성화한다.

```
(d:\Program Files\Anaconda3) E:\code> activate cntkKeraspy35
```

이제 CNTK를 설치할 수 있다. CPU 버전을 설치하고 싶다면 다음 명령을 실행하면 된다.

```
(cntkKeraspy35) E:\code > pip install https://cntk.ai/PythonWheel/CPU-Only/ cntk-2.0-
cp35-cp35m-win_amd64.whl
```

아래의 메시지가 화면에 나타난다.

```
1  Processing https://cntk.ai/PythonWheel/CPU-Only/cntk-2.0-cp35-cp35m- win_amd64.whl
2  Requirement already satisfied: numpy>=1.11 in d:\program files\anaconda3\envs\
   cntkKeraspy35\lib\site-packages (from cntk==2.0)
3  Requirement already satisfied: scipy>=0.17 in d:\program files\anaconda3\envs\
   cntkKeraspy35\lib\site-packages (from cntk==2.0)
4  Installing collected packages: cntk
5  Successfully installed cntk-2.0
```

GPU 버전을 설치하고 싶다면 다음 명령을 실행하면 된다.

```
(cntkKeraspy35) E:\code > pip install https://cntk.ai/PythonWheel/GPU/cntk-2.0-cp35-
cp35m-win_amd64.whl
```

아래의 메시지가 화면에 나타난다.

```
1  Processing https://cntk.ai/PythonWheel/GPU/cntk-2.0-cp35-cp35m-win_amd64.whl
2  Requirement already satisfied: numpy>=1.11 in d:\program files\anaconda3\envs\
   cntkKeraspy35\lib\site-packages (from cntk==2.0)
3  Requirement already satisfied: scipy>=0.17 in d:\program files\anaconda3\envs\
   cntkKeraspy35\lib\site-packages (from cntk==2.0)
4  Installing collected packages: cntk
5  Successfully installed cntk-2.0
```

CNTK가 설치되면 CNTK 버전을 지원하는 Keras를 설치할 수 있다. 현재 정식 버전의 Keras는 아직 CNTK를 통합하지 않았으며 다음 릴리즈에 나올 수 있도록 Microsoft와 협업 중이다. 따라서 Keras는 현재 Microsoft의 GitHub을 통해 설치해야 한다.

```
pip install git+https://github.com/souptc/Keras.git
```

설치가 완료되면 Keras의 구성 파일을 업데이트하여 CNTK를 백엔드로 지정해야 한다. 일반적으로 %USERPROFILE%/.Keras/Keras.json 파일을 다음과 같이 수정한다.

```
1  {
2      "epsilon": 1e-07,
3      "image_data_format": "channels_last",
4      "backend": "cntk",
5      "floatx": "float32"
6  }
```

이 파일을 찾을 수 없으면 Keras가 실행된 적이 없는 것이므로 이 파일을 직접 만들고 위의 내용을 입력할 수 있다. Windows 또는 Linux에서는 시스템 환경 변수 Keras_BACKEND의 값을 cntk로 설정하여 이 작업을 대신할 수 있다.

앞서 말했듯이 이 책의 모든 예제는 GPU 버전의 CNTK 백엔드를 사용한다.

물론 백엔드로 Theano나 TensorFlow를 선택해도 무방하다. 그런 다음 Keras를 모델링 환경으로 설치하면 된다.

1.2.6 Theano 설치[2]

Theano는 Python을 기반으로 한 딥러닝 환경의 시조이며 몬트리올대학의 MILA 연구팀이 개발했다. Theano란 명칭은 유명한 수학자 피타고라스의 아내이자 고대 그리스 여성 수학자인 Theano에서 비롯됐다.

Theano는 Python 기반의 수학 연산식을 심볼릭(symbolic)하게 컴파일하며 CPU 또는 GPU에서 실행할 수 있다. 많은 연구자가 Theano를 사용해 새로운 네트워크 구조와 알고리즘을 개발했고 딥러닝의 대중화를 촉진시켰다. Theano가 없었다면 딥러닝이 이 정도로 흥하지 않았을 것이다.

Theano의 단점은 현재 싱글 GPU만을 지원하고 멀티 GPU의 병렬 처리를 지원하지 않는 것이다. 그렇기에 큰 규모의 모델 학습에 최상의 선택이라 선뜻 말하기가 어렵다.

최신 버전의 Theano는 GitHub을 통해 다운로드할 수 있으며, 다운로드한 디렉터리에서 python setup.py install 명령을 실행하면 Theano를 현재 Python 환경에 설치할 수 있다. Keras도 같은 방법으로 최신 버전의 Keras를 설치할 수 있다.

Theano를 제대로 실행하려면 환경 변수를 설정해야 한다. 제어판으로 들어가서 시스템을 열고 고급 시스템 설정을 클릭하면 【그림 1-9】와 같이 시스템 속성 창이 뜬다. 여기서 환경 변수를 클릭하고 【그림 1-10】과 같이 아래의 새로운 환경 변수를 입력한다.

---

2) 역주: Theano는 2017년 개발 중단됨.

```
THEANO_FLAGS= floatX = float32, device = gpu, base_compiledir=C:\Theano_compiledir,
[nvcc] compiler_bindir=C:\Program Files (x86)\Microsoft Visual Studio 12.0\VC\bin
```

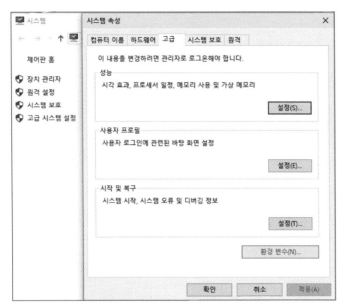

【그림 1-9】 시스템 속성 창

【그림 1-10】 THEANO_FLAGS 설정

Theano는 원래 Python3.5에서 작동하지 않기 때문에 초기화 파일 init.py에서 아래에 해당하는 코드를 지워야 한다.

```
1  if sys.platform == 'win32' and sys.version_info[0:2] == (3, 5):
2  raise RuntimeError( "Theano do not support Python 3.5 on Windows. Use Python 2.7
   or 3.4.")
```

초기화 파일은 아래의 디렉터리에서 찾을 수 있다.

```
%USERPROFILE%\Anaconda3\lib\site-packages\Theano\Theano\
```

모델 그래프를 그리기 위해선 graphviz와 pydot이라는 두 개의 패키지를 설치해야 한다. Anaconda Console에서 다음 명령을 실행한다.

```
1  conda install graphviz
2  pip install git+https://github.com/nlhepler/pydot.git
```

설치 과정에서 오류가 발생하는 경우 다음 명령으로 관련 환경 변수를 찾아 오류의 원인을 찾을 수 있다.

- where Python, Anaconda가 설치된 디렉터리가 보여진다.
- where gcc, where g++, where gendef, where dlltool, MinGW 디렉터리를 반환한다.
- where cl, VS 2013의 설치 경로를 반환한다.

이로써 Keras와 Theano를 사용해 딥러닝 모델을 학습시킬 수 있다.

1.2.7 TensorFlow 설치

TensorFlow를 백엔드 엔진으로 사용하려는 독자도 있을 것이다. TensorFlow는 Google Brain팀이 개발하였으며 현재 가장 잘 알려진 딥러닝 프레임워크이다. 관련 자료가 많고 커뮤니티가 사용자들 간의 소통이 활발한 점은 TensorFlow의 최대 장점이다. Google의 전폭적인 지원에 힘입어 TensorFlow는 새로운 기술 개발에서 뒤처지지 않았다. 특히 멀티 GPU 및 분산 컴퓨팅에 대한 지원이 인기 있는 이유 중 하나이다. Google은 TensorFlow를 기반으로 Inception, Neural Networks for Machine Translation, Generative Adversarial Networks와 같은 유명한 딥러닝 모델을 개발했다.

또한, TensorFlow에는 사용하기 쉬운 고수준의 API가 많다. 예를 들어 이 책에서 설명할 Keras가 그중 하나이고, TensorFlow Slim은 복잡한 모델을 정의하고 모델링하기 편하며, PrettyTensor는 텐서 클래스의 객체에 대해 메소드 체이닝 기법을 통해 필요한 모델을 신속하게 빌드한다.

TensorFlow 설치에 대해 알아보자.

- **CPU 버전의 TensorFlow**. 컴퓨터에 NVIDIA 그래픽 카드가 없으면 이 버전을 사용해야 한다. 이 버전은 매우 간단해 취미가 목적이라면 추천한다.

- **GPU 버전의 TensorFlow**. TensorFlow 프로그램은 CPU보다 GPU에서 수십 배 빠르다. 컴퓨터에 아래의 소프트웨어/하드웨어가 설치되어 있고 좋은 성능을 추구하면 이를 추천한다. 하지만 Windows 운영 체제를 지원하지 않으므로 Docker를 통해 설치해야 한다.

- **CUDA Tookit 8.0**. 앞서 설명한 CUDA 설치를 참조하고 CUDA의 경로가 %PATH%에 추가되었는지 확인한다.

- **NVIDIA 그래픽 드라이버**는 반드시 CUDA Toolkit 8.0과 호환되어야 한다.

- **cnDNN v5.1**. https://developer.NVIDIA.com/cudnn에 접속해 NVIDIA 문서를 참조하길 바란다. cnDNN은 보통 다른 CUDA DLL과 동일한 디렉터리에 설치되지 않으므로 cuDNN DLL의 경로가 %PATH%에 추가되었는지 확인한다.

- 그래픽 카드는 반드시 CUDA Compute Capability 3.0 이상을 지원해야 한다. 자세한 내용은 https://dev-eloper.NVIDIA.com/cuda-gpus를 참조하길 바란다.

TensorFlow를 설치하는 방법에는 pip 설치와 Anaconda 설치가 있다. pip는 가상 환경이 아닌 로컬에 직접 설치하며 Anaconda는 가상 환경에 TensorFlow를 설치한다. 여기서는 pip를 이용한 설치를 진행할 것이다.

① 이전 단계에 따라 Python 3.5를 설치한다. Python 3.5.x는 pip3 패키지 관리 도구도 함께 제공한다.

② CPU 버전의 TensorFlow를 설치하려면 아래의 명령을 실행한다.

```
> pip3 install --upgrade tensorflow
```

③ GPU 버전의 TensorFlow를 설치하려면 아래의 명령을 실행한다.

```
> pip3 install --upgrade tensorflow-gpu
```

설치가 완료되면 다음 코드를 실행하여 TensorFlow가 올바르게 설치되었는지 확인할
수 있다.

① 명령 프롬프트를 실행하고 Python을 입력한다.

② 아래의 프로그램을 실행한다.

```
1  import tensorflow as tf
2  hello = tf.constant('Hello, TensorFlow!')
3  sess = tf.Session()
4  print(sess.run(hello))
```

설치가 성공적으로 완료되었으면 Hello, TensorFlow!가 출력된다. 이로써 TensorFlow
를 사용할 수 있다.

1.2.8 cuDNN 및 CNMeM 설치

신경망 모델(특히, 합성곱 신경망 모델)을 보다 효율적으로 학습시키기 위해선 cuDNN 및
CNMeM 패키지도 설치해야 한다.

cuDNN은 NVIDIA가 개발한 합성곱 신경망에 특화된 모델 학습 라이브러리이다.
NVIDIA CUDA Deep Neural Network library의 약자로, CNTK, Caffe, Theano, Keras,
TensorFlow와 같은 딥러닝 소프트웨어를 지원한다. cuDNN은 합성곱 신경망 모델의 학
습 속도를 2~3배 향상시킨다. 이를테면 VGG모델에서 cuDNN 5.1을 사용하지 않는 경우

보다 약 2.7배 더 빠르다. 설치 파일은 https://developer.NVIDIA.com/cudnn에서 받을 수 있다. NVIDIA에서 제공하는 다운로드 패키지는 ZIP 압축 파일인데 압축을 풀면 bin, include, lib 세 개의 하위 폴더를 포함한 cuda 폴더가 생성된다. bin 폴더는 cudnn64_5. dll 파일을 포함하고, include 폴더는 cudnn.h 헤더 파일을 포함하며, lib 폴더는 cudnn. lib 파일이 있는 x64 서브 디렉터리를 포함한다. cuDNN을 사용하려면 cudnn.lib 파일을 CUDA 설치 폴더의 lib 하위 디렉터리에 복사한 다음 cudnn.h 헤더 파일을 CUDA 설치 폴더의 Include 하위 디렉터리에 복사하면 된다.

CNMeM은 NVIDIA에서 개발한 메모리 관리 소프트웨어이다. 이는 딥러닝 프로젝트에 충분한 메모리를 사전 할당하여 학습 속도를 대략 10% 증가시킨다. Theano는 이미 CNMeM을 탑재하였으므로 .theanorc 구성 파일에서 다음 코드를 추가하기만 하면 된다.

```
1  [lib]
2  cnmem=0.8
```

cnmem 뒤에 나오는 값은 Theano에 할당된 GPU 메모리의 백분율이다. 여기서 0.8은 80%를 의미한다. 이 값을 0으로 설정하면 CNMeM 기능을 쓰지 않겠다는 의미로 해석된다. 값이 1보다 크면 MB 단위의 메모리 용량으로 지정된다. 예를 들어 cnmem=50은 딥러닝 학습에 50MB에 해당하는 메모리를 할당한다는 의미이다.

CHAPTER

데이터 수집 및 처리

2.1 웹 크롤링

2.2 비정형 데이터의 저장 및 분석

＊ 2장은 중국어에 기반한 참고 학습용으로 한국어로된 소스코드를 추가 제공하지 않습니다.

데이터 수집 및 처리

데이터의 수집, 저장 및 관리는 빅데이터 분석의 중요한 요소로써, 특히 빠른 속도로 불어나고 있는 비정형 데이터로 인해 필요성이 커졌다. 이 장에서는 데이터 수집, 저장 및 관리, 그리고 분석을 위한 방법과 도구를 소개한다. 먼저 어떻게 웹 크롤러를 구현해서 인터넷상의 콘텐츠를 크롤링하고 특정 구조에 따라 구성된 정보를 추출하는지에 대해 설명한다. 그리고 ElasticSearch를 통해 비정형 데이터를 효율적으로 저장, 구성 및 질의(query)하는 방법에 대해 살펴볼 것이다. 마지막으로 Spark를 사용하여 대규모의 비정형 데이터에 대한 예비 분석을 간략하게 진행한다.

2.1 / 웹 크롤링

인터넷상에는 수많은 정보로 가득하며 웹 크롤링을 통해 조직적이고 체계적인 방식으로 관련 정보를 수집할 수 있다. 이러한 정보의 대부분은 구조화되지 않은 텍스트, 이미지, 비디오 및 오디오 정보이다. 콘텐츠에 내포된 유용한 정보량이 많지 않더라도 대량의 정보를 체계적으로 수집하여 종합적인 분석을 통하면 예기치 못한 결과를 얻곤 한다. 예를 들어 Click-o-Tron은 온라인 뉴스 중 300만 개 이상의 과장된 헤드라인을 분석하여 딥러닝 기술을 통해 사람들의 이목을 끌만한 헤드라인을 자동 생성할 수 있도록 훈련시켰다. Narrative Science는 수많은 비즈니스 보고서의 분석을 통해 신경망이 데이터에 따라 그래프를 자동으로 생성하고 해석할 수 있도록 학습시켰다. 이와 같은 인공지능의 출현으로 인해 앞으로 초급 분석가의 일자리가 위태로워질 것이다.

따라서 이 절에서는 Python을 통해 웹 크롤러를 구현하는 방법에 대해 설명한다.

2.1.1 웹 크롤링 기술

웹 페이지를 탐색할 때 방문하고자 할 웹 페이지 주소를 입력하면 브라우저는 해당 웹 페이지의 정보를 가져와 브라우저에 표시한다. 우리는 나타난 콘텐츠에서 광고 등의 원치 않은 정보는 무시하면서 텍스트 또는 비디오와 같이 원하는 정보를 얻는다. 이 모든 과정은 "웹 크롤러"라고 하는 일련의 프로그램을 실행하여 자동으로 수행할 수 있다.

위에서 언급했듯이 모든 웹 크롤러는 웹 페이지 탐색을 자동화 및 절차화하므로 보통 아래의 단계에 따라 진행된다.

① 액세스할 웹 페이지의 전체 주소, 즉 웹 페이지의 도메인과 쿼리 문자열을 준비한다. 예를 들어 Bing에서 python scrapy를 검색하고 싶다면 전체 URL은 http://www.bing.com/search?q=python+scrapy가 된다. 여기서 http://www.bing.com/search는 도메인이고 물음표 뒤에 나온 쿼리 문자열 q=python+scrapy는 검색 내용이 Python 또는 Scrapy와 관련되어 있음을 나타낸다.

② 방문할 웹 페이지의 주소를 얻은 후에 HTTP 메소드를 결정해야 한다. 일반적으로 GET 방식과 POST 방식이 있다. 이름 그대로 GET 방식은 웹 페이지상의 데이터를 가져오고, POST 방식은 지정된 웹 페이지에 아이디 및 비밀번호와 같은 데이터를 주입하는 것이다. 가끔 헤더 정보인 Header를 입력하고 Cookie를 지정해야 한다.

일부 웹 사이트는 정상적인 액세스를 위해 Cookie를 활성화해야 한다.

③ 웹 페이지에 요청(Request)을 제출하면 응답(Response)을 얻을 수 있는데, 일반적으로 이 웹 페이지의 소스 코드를 얻는다.

④ 웹 페이지의 소스 코드를 얻는다고 바로 사용할 수 없으며, 구조화된 소스 코드에서 필요한 정보를 추출해야 한다. 이 과정을 파싱(Parsing)이라고 한다. 반환된 웹 페이지 소스 코드는 보통 HTML이므로 파싱을 통해 정보를 추출할 수 있다. 이 과정은 일반적으로 이미 갖추어진 써드파티 라이브러리를 사용해 손쉽게 구현한다. Python에선 BeautifulSoup이 유명한 편이다.

Python에는 많은 웹 크롤러 프레임워크가 존재한다. 그중에서도 매우 강력한 도구인 Scrapy를 소개한다. Scrapy는 웹 사이트 콘텐츠를 크롤링하고 구조적 데이터를 추출할 뿐만 아니라 여러 API를 통해 특정 데이터를 추출할 수 있는 데이터 추출 도구이다. 대표적인 예로 아마존의 Associate Web Service는 Scrapy를 통해 콘텐츠를 다운로드한다. 따라서 Scrapy는 기능이 강력하고 널리 쓰이는 데이터 수집 도구이다.

이 절에서는 Scrapy를 이용해 웹 사이트를 크롤링하고 해당 콘텐츠를 추출해볼 것이다. 물론 예제를 수정해 원하는 크롤러를 얻을 수도 있다. Scrapy를 설치하지 않은 경우 다음과 같은 방법으로 설치할 수 있다.

① Anaconda에서 배포한 Python을 이미 설치한 경우 아래의 명령을 실행하여 Scrapy를 설치할 수 있다.

```
conda install -c scrapinghub scrapy
```

② Python이 Anaconda에 의해 배포된 것이 아니라면 pip를 통해 설치할 수 있다.

```
pip install Scrapy
```

Scrapy를 설치한 후 다음 절차에 따라 자신만의 웹 크롤러를 만들 수 있다.

2.1.2 Scrapy 크롤러 구현

아래의 단계를 보면서 따라 하면 Scrapy 크롤러를 쉽게 구현할 수 있다.

① 빈 디렉터리에 Scrapy 프로젝트를 생성하고【그림 2-1】과 같이 명령을 실행한다.

```
scrapy startproject project_name
```

여기서 project_name은 만드려는 프로젝트 이름이다.

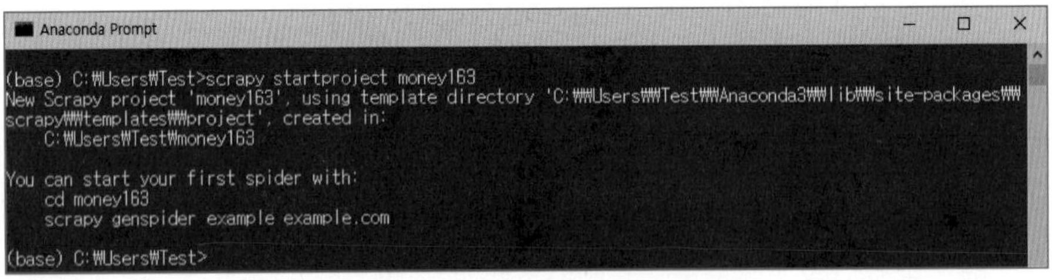

【그림 2-1】 Scrapy 프로젝트 생성

② 프로젝트 디렉터리의 items.py 파일에서 추출할 콘텐츠를 정의한다.
③ spider 서브 디렉터리에서 Python 기반의 크롤러(spider.py)를 정의하여 크롤러의 대상 사이트 및 특정 동작을 정의한다.
④ 프로젝트 디렉터리의 pipelines.py 파일을 통해 텍스트 파일로 저장하거나 데이터베이스에 저장하는 등 추출한 데이터에 대한 작업을 정의한다.
⑤ 프로젝트 디렉터리의 settings.py 파일을 통해 크롤러의 일반 설정을 정의한다.

다음은 위의 단계에 따라 NetEase 경제 뉴스 기사를 크롤링하는 예제이다. 이를 크롤링 타겟으로 정한 이유는 웹페이지 주소가 규칙적이고 페이지 정의가 표준화되어 있으며 수집된 정보도 흥미롭기 때문이다. 이를테면 NetEase 경제 뉴스 기사의 전형적인 URL은 https://money.163.com/17/0301/10/CEEF06PH002581PQ.html이며, 기본 URL은 http://money.163.com으로 모든 기사에 포함된다. URL 뒷부분인 /17/0301/10/CEEF06PH002581PQ.html에서 /17/0301/10은 '/년/월일/시' 구조의 발행 시간을 의미하고 끝의 문자열 CEEF06PH002581PQ는 페이지의 ID를 나타낸다.

먼저 money163crawler와 같은 빈 디렉터리를 생성하기 위해 Windows의 명령 프롬프트에서 다음 명령을 실행한다.

```
mkdir money163crawler
```

이 빈 디렉터리로 이동하여 자신만의 Scrapy 프로젝트를 만들고 NetEase 경제 뉴스 크롤링 프로젝트의 이름을 money163으로 지정한다. 다음 한 줄의 명령으로 이 작업들을 단번에 수행할 수 있다.

```
scrapy startproject money163
```

이때 Scrapy는 money163crawler 디렉터리에 새 디렉터리인 money163을 자동 생성한다. 이 디렉터리는 같은 이름의 디렉터리와 scrapy.cfg 구성 파일을 포함한다. 이 같은 이름의 디렉터리는 init.py, items.py, settings.py, pipelines.py 등과 같은 일련의 Python 파일과 init.py 초기화 파일을 갖는 하위 디렉터리 spiders를 포함한다. 위의 init.py 초기화 파일들은 일반적으로 내용을 비워두며 신경쓰지 않아도 된다. 우리의 관심사는 items.py, settings.py, pipelines.py와 spiders 하위 디렉터리에 생성할 크롤링 프로그램(money_spider.py)이다.

Scrapy 프로젝트의 기본적인 구조는【그림 2-2】와 같다.

```
money163\
    scrapy.cfg                    # 설정파일
    money163\                     # 프로젝트 내 Python 모듈
        _init_.py
        items.py                  # 크롤링 콘텐츠 정의
        pipelines.py              # 파이프라인 정의
        settings.py               # 프로젝트 설정 파일
        spiders\                  # 크롤러 폴더
            _init_.py
            money_spider.py
```

【그림 2-2】 Scrapy 프로젝트의 기본적인 구조

기본적인 구조가 확립되면 위의 단계를 수행하여 콘텐츠 추출, 데이터 작업, 크롤링 대상 및 동작을 정의해야 한다. 각각의 정의는 단일 파일로 정의되며 아래에서 차례대로 설명한다.

먼저 items.py에 추출할 콘텐츠를 정의한다. 이는 기본적으로 scrapy.Item에서 상속받은 콘텐츠 클래스를 통해 이루어진다. 모든 콘텐츠는 scrapy.Field()에 속하며 콘텐츠 명칭=scrapy.Field()와 같은 방식으로 정의한다. 뉴스 기사의 경우 다음 코드와 같이 제목, 링크, 주제 등을 정의해야 한다.

```
1   class MoneyNewsItem(scray.Item):
2       #define as name = scrapy.Field()
3       news_title = scrapy.Field()
4       news_body = scrapy.Field()
5       news_url = scrapy.Field()
```

더 많은 콘텐츠를 추출하고 싶다면 위와 같은 방식으로 계속 정의하면 된다.

둘째, 크롤러의 웹 사이트와 특정 동작을 정의해야 한다. 이를 위해 spiders 하위 디렉터리에 새로운 Python 파일(money_spider.py)을 생성한다. 우리는 NetEase 경제 분야의 웹 페이지를 크롤링할 것이므로 서브 도메인을 money로 통일한다. 이 파일은 더 복잡하며 다른 클래스를 상속받아 정의할 수 있다. 여기서 우리는 Scrapy의 CrawlSpider 클래스를 사용한다. 이 파일에서 세 개의 중요한 정보를 정의해야 한다. 하나는 크롤러 이름이

고, 또 다른 하나는 크롤링 모드 및 반환 링크 필터링을 포함하는 대상 웹 사이트이며, 나머지 하나는 반환된 대상에서 구조에 맞춰 필요한 데이터를 추출하는 것이다.

크롤러 이름의 정의는 가장 간단하다. name="myspider", 즉 크롤러 이름을 "myspider"로 정의한다. 이어서 크롤러의 대상 웹사이트나 시작 사이트를 정의하는데, start_urls=[...]로 구현할 수 있다. 아래와 같이 리스트의 요소로 하나 이상의 웹사이트를 지정할 수 있다.

```
start_urls = ['https://money.163.com/', 'https://money.163.com/stock/']
```

이는 NetEase 경제란과 주식란 홈페이지에서 크롤링을 시작하는 것을 의미한다. 크롤링이 시작되면 크롤러는 웹페이지에 있는 링크를 포함한 모든 요소를 가져온다. 이때 링크를 처리하는 방법(크롤링된 링크를 추적하면서 해당 웹 페이지를 계속 크롤링할지에 대한 여부 등)을 크롤러에게 알릴 필요가 있다. 이렇게 반환된 링크를 필터링할지, 필터링의 기준은 무엇인지에 대한 설정은 매개변수 rules를 통해 정의된다. 다음은 전형적인 웹 크롤링의 규칙을 정의한 것이다.

```
1  rules = Rule(
2          LinkExtractor(allow=r"/\d+/\d+/\d+/*"),
3          follow=True,
4          callback="moneyparser"
5  )
```

이 규칙에서 먼저 LinkExtractor를 통해 반환된 링크의 필터링 조건이 정의된다. 여기서 정규 표현식 /\d+/\d+/\d+/*이 쓰였는데, 말 그대로 반환된 링크가 "/숫자/숫자/숫자/임의의 문자열" 형식이어야만 통과시킨다.

그리고 follow=True는 반환된 링크를 계속해서 크롤링한다는 의미이다. 마지막으로 callback="moneyparser"는 반환된 response 객체에 대해 처리하는 함수가 지정된다. 이 함수는 대개 반환된 객체의 데이터를 추출하는 역할을 한다. moneyparser 함수를 소개하기 전에 크롤링 대상 웹사이트를 정의하는 코드를 살펴보자.

```
1  allowed_domains=["money.163.com"]
2  start_urls=['http://money.163.com/', 'http://money.163.com/stock/']
3  rules=Rule(
4          LinkExtractor(allow=r"/\d+/\d+/\d+/*"),
5          follow=True,
6          callback="moneyparser"
7      )
```

전반적으로 말해 Scrapy에서 크롤링 규칙을 세우는 것은 매우 편리하다. callback으로 지정된 moneyparser 함수를 살펴보자. moneyparser 함수는 반환된 response 객체를 xpath로 구문 분석하고 필요한 특정 데이터를 추출한다.

```
1  def moneyparser(self,response):
2      item = MoneyNewsItem()
3      title=response.xpath("/html/head/title/text()").extract()
4      if title:
5          item['news_title']=title[0][:-5]
6
7      news_url=response.url
8      if news_url:
9          item['news_url']=news_url
10
11     news_body=response.xpath("//div[@id='endText']/p/text()").extract()
12     if news_body:
13         item['news_body']=news_body
```

이 함수에서 뉴스의 제목과 본문은 xpath를 통해 추출된다. 다른 요소를 추출하고 싶다면 여기서 별도로 설명하지 않으므로 Scrapy 문서를 참고하길 바란다. 허나 뉴스 링크는 크롤링할 필요 없이 response 객체에 직접 저장된다.

크롤링 규칙과 방법을 모두 정의했다면 이제 주어진 홈페이지의 콘텐츠에서 규정된 방법에 따라 특정 요소를 추출할 수 있다. 동시에 하이퍼링크를 찾아 미리 정의된 규칙을 충족하는 경우 해당 하이퍼링크에 해당하는 페이지를 지속적으로 다운로드한다.

이어서 우리는 추출한 요소를 터미널 창에 나타내거나 데이터베이스에 저장해야 한다. 추출한 요소를 딕셔너리로 구성하여 JSON 포맷의 파일로 한번 저장해 보자. 이 과정은 pipelines.py에서 process_item(self, item, spider) 메소드를 갖는 클래스 하나로 쉽게 정의할 수 있다. 또한, 반환된 item 요소 리스트에 하이퍼링크 주소가 들어 있고 이 주소의 마지막 부분은 페이지의 ID를 나타내므로 이를 파일명으로 쓸 수 있다.

```
1  class MyPipeline(object):
2      def process_item(self, item, spider):
3          url = item['news_url']
4          filename = url.split("/")[-1].split(".")[0]
5          fo = open(filename, "w", encoding="UTF-8")
6          fo.write(str( dict(item) ))
7          fo.close()
8          return None
```

크롤러를 제대로 작동시키기 위해선 옵션을 올바르게 구성해야 한다.

- BOT_NAME: 크롤러 이름. 터미널에서 작업을 수행할 때 Scrapy는 어떤 크롤러를 호출할지 알 수 있으며 User-Agent 및 로그를 작성하는 데도 쓰인다.
- SPIDER_MODULES: Scrapy가 크롤러를 찾을 모듈 리스트이다.
- NEWSPIDER_MODULE: genspider 명령을 통해 새 크롤러를 만들 모듈이다.
- ITEM_PIPELINES: 사용할 파이프라인과 실행 순서를 담고 있는 딕셔너리이다. 순서 값은 임의적이지만 0~1,000 범위에서 정의하는 것이 일반적이다. 숫자가 낮을수록 우선 순위가 높다.

다음은 예제에 대한 옵션이다.

```
1  BOT_NAME = 'money163'
2  SPIDER_MODULES = ['money163.spiders']
3  NEWSPIDER_MODULE = 'money163.spiders'
4  ITEM_PIPELINES = {'money163.pipelines.MyPipeline':300,}
```

이제 웹페이지를 크롤링할 준비는 끝났다. 그러나 이 간단한 크롤러는 고정된 url만 크롤링할 수 있어 실제 응용에 한계가 있다. 그래서 아래에서는 크롤러 기능을 확장시켜 볼 것이다. 예컨대 특정 날의 NetEase 경제 페이지를 크롤링하도록 지정해 데이터를 쌓아 나중에 분석할 수 있다.

2.1.3 매개변수를 갖는 Scrapy 크롤러 구현

이 절에서는 간단한 크롤러가 매개변수를 갖도록 개조함으로써 동일한 크롤러가 여러 사이트를 크롤링할 수 있게 만드는 방법에 대해 설명한다. 우리는 NetEase 경제란 기사 링크 주소뿐만 아니라 서브 링크 주소 또한 "money.163.com+/년/월/일/시/임의의 문자열"과 같은 형식을 갖고 있음을 알고 있다. 따라서 시작 페이지 링크 주소만 바꾼다면 여러 웹사이트의 페이지를 크롤링할 수 있다.

이는 매우 간단하다. 크롤러 클래스에 초기화 메소드를 추가하기만 하면 된다. 이 메소드는 매개변수를 받아 start_urls를 변경시킴으로써 위의 기능을 구현할 수 있다.

```python
class ExampleSpider(CrawlSpider):
    name = "stocknews"

    def __init__(self, site='money.163.com', *args, **kwargs):
        allowrule = r"/\d+/\d+/\d+/*"
        self.counter = 0
        self.stock_id = id
        self.allowed_domain=[site]
        self.start_urls = ['http://\%s' \% (site)]
        super(ExampleSpider, self).__init__(*args, **kwargs)
```

이 코드에서는 제공된 시작 페이지에 따라 start_urls뿐만 아니라 allowed_domain까지 수정되므로 크롤링이 원활히 진행될 수 있다. 마지막으로 이 클래스는 super 메소드를 통해 데이터를 업데이트한다.

런타임 시 크롤러에 매개변수를 제공해야 한다. 이는 명령 프롬프트 실행 방법과 다른 프로그램에서의 호출 방법에 약간의 차이가 있는데, 다음 절에서 자세히 설명한다.

크롤링할 웹 사이트를 정의할 뿐만 아니라 특정 일의 기사도 크롤링해야 하는 경우 start_urls와 rules를 수정해야 한다. 이전 정의에 따라 LinkExtractor에서 허용되는 규칙을 입력 매개변수에 맞춰 변경되도록 수정하면 되는데, 다음 두 줄의 코드로 이를 구현할 수 있다.

```
1  allowrule = "/\%s/\%s\%s/\d+/*" \% (year, month, day)
2  ExampleSpider.rules=(Rule(LinkExtractor(allow=allowrule), callback=" parse_news",
   follow=True),)
```

변수 allowrule을 수정하는 방법은 이전과 동일하지만 sef.rules를 통해 새 규칙을 정의하는 대신 속한 클래스 이름을 참조해야 한다. 즉 여기선 ExampleSpider가 된다.

매개변수를 도입함으로써 보다 유연한 크롤러를 설계하여 여러 유형의 웹사이트 또는 시간과 서브 사이트에 따른 여러 웹페이지를 크롤링할 수 있다. 이제 Scrapy 크롤러를 실행해 보자.

2.1.4 Scrapy 크롤러 실행

Scrapy 크롤러를 실행하는 방법에는 두 가지가 있다. 하나는 명령 줄(command line)에서 crawl 명령을 실행하는 것이며, 다른 하나는 다른 프로그램에서 Scrapy 크롤러를 호출하는 것이다.

명령 줄에서 Scrapy 크롤러를 실행하는 것은 매우 간단하다. scrapy.cfg 파일이 들어 있는 홈 디렉터리로 이동하여 다음을 입력하면 된다.

```
scrapy crawl money163
```

이렇게 하면 크롤러 프로그램에 정의된 규칙과 방법에 근거해 웹페이지를 크롤링하도록 할 수 있다. 여기서 money163은 spider.py 파일에서 name = "money163"으로 정의된 크롤러 이름이다. crawl은 크롤러에 웹페이지 크롤링을 시작하도록 명령한다.

만일 위의 예에서 여러 시작 URL을 받을 수 있도록 매개변수를 허용하면 –a parameter = value 방식으로 매개변수 값을 제공해야 한다. 예를 들어 money.163.com/stock에서 크롤링을 시작하고 싶다면 다음과 같이 명령을 실행하면 된다.

```
scrapy craw money163 -a site = money.163.com/stock
```

유의해야 할 점은 모든 매개변수는 문자열 형식으로 크롤러에 전달된다는 것이다. 설령 –a year=2017과 같이 매개변수에 숫자를 입력받더라도 따옴표가 필요하지 않다.

다른 프로그램에서 Scrapy 크롤러를 호출하는 것은 명령 줄에서 실행하는 것보다 조금 복잡하지만 더 직관적이다. Python에서 방금 작성한 money163 크롤러를 호출하여 이 방법을 살펴보자. 일반적으로 다른 프로그램에서 Scrapy 크롤러를 호출하는 데 여러 클래스를 사용할 수 있다. 여기선 CrawlerProcess 클래스를 get_project_settings 메소드와 함께 사용하면 미리 구현한 크롤러를 다른 프로그램에서도 쉽게 실행할 수 있다.

먼저 해당 모듈과 메소드를 불러온다.

```
1  from scrapy.crawler import CrawlerProcess
2  from scrapy.utils.project import get_project_settings
```

그리고 크롤러 프로세스를 정의한다. 정의하는 과정에서 먼저 get_project_settings를 통해 프로젝트의 정보를 가져와 정의된 크롤러 프로세스에 전달한다.

```
process = CrawlerProcess(get_project_settings())
```

크롤러 프로세스가 정의되면 프로세스 객체에 매개변수를 전달해 주면 크롤러를 실행할 수 있다.

```
process.crawl('stocknews', id=id, page=page)
```

아래 샘플 코드는 매개변수를 포함해 위에서 구현한 크롤러를 호출한다.

```
1  from scrapy.crawler import CrawlerProcess
2  from scrapy.utils.project import get_project_settings
3
4  process = CrawlerProcess(get_project_settings())
5
6  # 'stocknews' is the name of one of the spiders of the project.
7  for site in ['money.163.com', 'tech.163.com', 'money.163.com/stock']:
8      process.crawl('myspider', site=site)
9  process.start() # the script will block here until the crawling is finished
```

위의 프로그램에서 process.crawl()을 통해 각 URL에 따라 세 개의 크롤러가 정의되고 process.start()에 의해 시작된다. get_project_settings가 쓰였기 때문에 프로젝트 디렉터리에서 실행해야만 제대로 작동한다는 점에 유의해야 한다.

또한, 명령 줄에서 실행하는 방법과 프로그램 내에서 API를 호출하는 방법은 크롤러를 동시에 실행할 수 있는 개수에 차이가 존재한다. 명령 줄에서 scrapy crawl을 통해 크롤러를 실행할 때 기본 메소드는 스레드마다 하나의 크롤러를 처리한다. 반면에 프로그램 내에서 API를 호출하는 방식은 기본적으로 동시에 여러 크롤러를 호출한다. 예를 들어 위의 코드에서 시작 URL로 3개 주소가 할당되었으므로 3개의 크롤러가 동시에 웹페이지를 다운로드하기 시작한다.

동시에 여러 크롤러를 시작하면 CPU와 대역폭을 충분히 이용할 수 있지만, 경우에 따라 각 크롤러를 순차적으로 실행할 때도 있다. 이럴 경우 twisted 패키지에서 internet.

defer 메소드를 통해 각각의 크롤러를 차례로 연결함과 동시에 reactor를 호출해 실행 순서를 정해야 한다. 다음 예제에서는 yield process.crawl('myspider', site=site)로 모든 크롤러를 연결하지만 바로 실행되지는 않고 마지막에 reactor.run()을 호출해 순차적으로 크롤러를 실행한다.

```
1  from twisted.internet import reactor, defer
2  from scrapy.crawler import CrawlerProcess
3  from scrapy.utils.project import get_project_settings
4
5  process = CrawlerProcess(get_project_settings())
6
7  sitelist = ['money.163.com', 'tech.163.com', 'money.163.com/stock']
8  @defer.inlineCallbacks
9  def crawl(sitelist):
10     for site in sitelist:
11         yield process.crawl('myspider', site=site)
12     reactor.stop()
13
14 crawl()
15 reactor.run()
```

Scrapy는 여러 대의 컴퓨터에서 크롤링 분산 처리도 가능하다. 지면의 제약으로 설명은 생략하므로 관심 있는 독자는 Scrapy 매뉴얼 및 도움말 문서를 참조하길 바란다.

2.1.5 Scrapy 실행 키포인트

크롤러를 실행할 때, 특히 여러 크롤러를 동시에 실행하면 대상 웹사이트에 트래픽 부하가 가중된다. 또한 많은 웹사이트는 네트워크 요청이 웹 크롤러인지 판별해 트래픽 제한 또는 응답 거부와 같이 제약을 둔다. 따라서 자신만의 크롤러를 구성하기 위해선 이를 고려해야만 한다. 이때 주로 settings.py 파일의 옵션을 올바르게 설정하여 구현한다.

① User-Agent를 지속적으로 바꿔 웹사이트에서 식별될 가능성을 줄인다. User-Agent는 사용자가 서버에 자신의 신분을 알리는 문자열로써, Scrapy 크롤러의 기본 User-Agent는 Scrapy/VERSION(+http://scrapy.org)이다. 이를 하나 이상의 일반 User-Agent 문자열로 설정하면 정교한 탐지 알고리즘으로 짜인 일부 서버를 제외하곤 정상적인 요청으로 위장할 수 있어서 서버에 의해 차단될 확률을 효과적으로 줄인다. 여기서 일반 User-Agent 문자열은 검색만 해도 쉽게 찾을 수 있다.

User-Agent 옵션을 여러 일반 문자열을 포함한 리스트로 설정하는 경우 리스트에서 문자열을 임의로 호출하여 서버에 제공하는 middleware.py를 빌드 해야 한다. 물론 이 기능을 사용하기 전에 먼저 settings.py에서 두 가지 작업을 수행헤야 한다. 우선 여러 User-Agent 리스트를 생성한다.

```
1   USER_AGENTS = [
2       "Mozilla/4.0 (compatible; MSIE 6.0; Windows NT 5.1; SV1; AcooBrowser; .NET CLR
        1.1.4322; .NET CLR 2.0.50727)",
3       "Mozilla/4.0 (compatible; MSIE 7.0; Windows NT 6.0; Acoo Browser; SLCC1; .NET
        CLR 2.0.50727; Media Center PC 5.0; .NET CLR 3.0.04506)",
4       "Mozilla/4.0 (compatible; MSIE 7.0; AOL 9.5; AOLBuild 4337.35; Windows NT 5.1;
        .NET CLR 1.1.4322; .NET CLR 2.0.50727)",
5       "Mozilla/5.0 (Macintosh; Intel Mac OS X 10_7_3) AppleWebKit/535.20 (KHTML, like
        Gecko) Chrome/19.0.1036.7 Safari/535.20",
6   ]
```

두 번째로 DOWNLOADER_MIDDLEWARES를 지정한다. 기본값은 미들웨어가 없지만 여기선 RandomUserAgent가 쓰인다. 이 값은 딕셔너리로 제공된다.

```
1   DOWNLOADER_MIDDLEWARES = {
2       'money163.middleware.RandomUserAgent': 1,
3   }
```

숫자는 실행 순서를 나타내며 작을수록 일찍 실행한다.

다음의 middleware.py 예제는 리스트에서 임의로 문자열을 호출하는 방법을 보여준다.

```python
import random

class RandomUserAgent(object):
    """Randomly rotate user agents based on a list of predefined ones"""

    def __init__(self, agents):
        self.agents = agents

    @classmethod
    def from_crawler(cls, crawler):
        return cls(crawler.settings.getlist('USER_AGENTS'))

    def process_request(self, request, spider):
        request.headers.setdefault('User-Agent', random.choice(self.agents))
```

이 프로그램은 두 가지 작업을 수행한다. 하나는 크롤러 설정 파일에서 USER_AGENTS 항목의 값을 가져오는 것이며, 다른 하나는 리스트에서 임의로 선택한 User-Agent를 현재의 크롤러 요청에 주입하는 것이다.

② 다음 옵션을 올바르게 설정하면 서버에 의해 차단될 가능성을 대폭 줄일 수 있다.

- DOWNLOAD_DELAY: 이것은 웹페이지를 연속적으로 다운로드하는 사이의 대기 시간이며 기본값은 0(sec)이다. 이 설정은 크롤러의 속도를 제어하고 대상 서버에 과부하가 걸리지 않도록 한다. 예를 들어 DOWNLOAD_DELAY = 2.05는 대기 시간이 2.05초임을 의미한다.

- DOWNLOAD_TIMEOUT: 다운로더가 시간 초과되기까지 대기하는 시간이며 기본값은 180(sec)이다. 비교적 작은 값으로 설정하는 것이 좋다.

- CONCURRENT_REQUESTS: 이는 Scrapy 다운로더가 동시에 보낼 수 있는 요청 수이며 기본값은 16이다. 더 작은 값을 설정해 트래픽을 제어할 수 있다.

- CONCURRENT_REQUESTS_PER_DOMAIN : Scrapy 다운로더가 단일 도메인에 동시에 보내는 요청 수이며 기본값은 8이다.
- CONCURRENT_REQUESTS_PER_IP : 이는 Scrapy 다운로더가 특정 IP주소로 동시에 보내는 요청 수를 제한한다. 기본값은 0이며 제한이 없음을 의미한다. 이 값이 0이 아닌 경우 CONCURRENT_REQUESTS_PER_DOMAIN보다 높은 우선 순위를 갖는다. 이와 동시에 이 설정은 DOWNLOAD_DELAY에 영향을 준다.
- COOKIES_ENABLED : 쿠키 미들웨어 사용 여부. 기본값은 True이지만 Cookie는 사용자 식별에 쓰일 수 있으므로, 사용자의 행동을 지속적으로 추적하여 일부 웹사이트에서 웹 크롤러인지 판별 가능하다. 물론 이 미들웨어를 금지하면 걸릴 확률이 낮아질 수 있다. 허나 일부 웹사이트에서는 쿠키를 반드시 사용해야 하며, 이때는 다른 방법을 통해 회피할 수밖에 없다.

2.2 비정형 데이터의 저장 및 분석

Wikipedia의 정의에 따르면, 비정형 데이터(unstructured data, 비구조화 데이터 또는 비구조적 데이터라고도 불린다)는 미리 정의된 방식으로 정리되지 않은 데이터를 말한다. 전형적인 비정형 데이터는 날짜, 숫자, 인명, 사건 등을 포함한 텍스트이다. 이러한 데이터는 정해진 규칙이 없기 때문에 전통적인 수단으로 관계형 데이터베이스에 저장된 데이터와 비교하는 것은 매우 어렵다.

데이터 마이닝(data mining), 자연어 처리(NLP), 텍스트 분석 등과 같은 비정형 데이터를 처리하는 기술에는 비정형 데이터에서 패턴을 찾는 여러 방법이 쓰인다. 텍스트를 처리하는 기술은 보통 메타 데이터 또는 품사 태그가 쓰인 수동 태깅과 관련 있다.

비정형 데이터에는 서적, 잡지, 문서, 메타 데이터, 오디오, 비디오, 아날로그 데이터, 이미지 및 웹페이지, 메모 등과 같은 구조화되지 않은 텍스트도 포함된다. 일부 데이터는 특정 구조로 묶이지만 여전히 비정형 데이터이기도 한데, 이를테면 HTML, XML 등이 있다. 이들은 트리 형태의 계층 구조를 갖지만 이들의 태그는 렌더링에 쓰이지, 의미 있는 정보를 나타내진 않는다. 이러한 특징으로 인해 반정형 데이터라 불리기도 한다.

간단히 말하면 비정형 데이터는 전통적인 관계형 데이터베이스에 저장할 수 없는 데이터이다. 반대로 정형 데이터는 관계형 데이터베이스의 정보와 같이 체계적이다. 정보가 구조화되고 예측 가능하면 매우 쉽게 조직하고 나타낼 수 있다. 앞서 말한 비정형 데이터의 경우 구조화된 데이터 마크업(structured data markup)을 통해 어느 정도의 구조화를 이룰 수 있다. 구조화된 데이터 마크업은 텍스트 형식의 데이터 구성으로 로컬 파일에 저장하거나 웹 서비스로 제3자에게 제공할 수 있다.

구조화된 데이터 마크업은 일반적으로 아래와 같은 JSON-LD 형식으로 표현된다.

```
1   <script type="application/ld+json">
2   {
3       "@context": "http://schema.org",
4       "@type": "Message",
5       "Subject": "This is a test message",
6       "Attachments": [{
7           "@type": "Attachment",
8           "Name": "Attachment 1",
9           "Size": "20k",
10          "Body": "abcedfg",
11      }]
12  }
13  </script>
```

구조화된 데이터 마크업은 비정형 데이터 자체의 내용과 속성 등 메타 데이터를 나타낸다. 예를 들어 웹사이트에 다양한 브랜드의 옷이 있으면 브랜드 스타일, 가격대, 평점 등과 같은 각 브랜드의 속성을 마크업 언어로 표현해야 한다. 웹사이트의 모든 페이지에 태그가 포함되어 있으면 검색 엔진이 이 사이트를 크롤링할 때 정형 데이터를 두 상황에 적용시킨다.

① 검색 결과. 브랜드 의류, 가격대, 평점 등의 정형 데이터가 검색 결과에 나타난다.

② 지식 그래프(knowledge graph). 어떤 사이트의 내용에 대해 작성자가 최종 결론자인 경우 검색 엔진은 이 내용을 사실로 보고 지식 그래프에 도입함으로써 검색 결과에

답을 제공할 수 있다. 지식 그래프는 노벨상 공식 사이트의 데이터와 같은 조직 및 시간에 관한 사실적인 데이터를 나타낸다. 검색 키워드가 노벨상과 관련 있으면 노벨상 공식 사이트의 링크가 검색 결과에 표시된다.

비정형 데이터를 조직화할 때, 일반적으로 schema.org에서 정의한 유형 및 속성을 태그(JSON-LD 등)로 사용하고 이 태그를 노출한다. 이를테면 구글의 검색 엔진에서 모든 연관 사이트를 마크업하고 마크업된 웹페이지는 검색 엔진에서 숨겨지지 않는다.

한 웹페이지에 여러 요소가 있으면 다음과 같이 모두 마크업 해야 한다.
- 브랜드 의류 페이지에 브랜드 소개 및 영상이 포함되면 schema.org/clothes와 schema.org/VideoObject를 사용해 태그를 지정해야 한다.
- 여러 브랜드의 카테고리 페이지를 나열하고 상품 카테고리 페이지의 schema.org/Brand와 같은 schema.org 타입을 사용해 모든 요소를 마크업 한다.
- 동영상 재생 페이지는 동영상을 페이지의 별도 섹션에 넣을 수 있다. 이런 경우엔 주요 동영상 및 관련 동영상을 마크업 한다.

이미지 데이터도 일부 규칙이 있는데, 이미지 URL을 구조화된 데이터 속성으로 지정하는 경우 해당 이미지가 실제로 해당 유형의 인스턴스에 속하는지 확인해야 한다. 예를 들어 schema.org/image를 schema.org/News-Article의 속성으로 정의하면 마크업한 이미지가 해당 뉴스 기사에 포함되어야 한다. 모든 이미지 URL은 크롤링 및 인덱스가 가능해야 하는데, 그렇지 않으면 검색 엔진이 검색 결과를 보여주질 못한다.

2.2.1 ElasticSearch 개요

요즘 핫한 ElasticSearch는 Java를 사용해 개발한 엔터프라이즈 검색 엔진이다. 루씬(Lucene) 기반 검색 서버로 분산 멀티테넌트 지원 전문 검색 엔진을 제공하고 RESTful

웹 서비스를 탑재해 멀티테넌시(multitenancy)를 지원한다. ElasticSearch의 특징은 다음과 같다.

- ElasticSearch는 REST API를 지원하는 분산 검색 엔진이다. 인덱스를 여러 개의 샤드(shard)로 나눌 수 있으며, 각 샤드는 여러 복제물(replica)을 가질 수 있다. 이 검색 엔진은 어떠한 복제물에서도 동작한다.
- 신뢰할 수 있고 장기 연속 비동기 쓰기를 지원한다.
- 실시간에 가까운 검색(Near Realtime)을 지원한다.
- 아파치 라이선스 2.0(ALv2)에 의해 개발되었다.

다음은 ElasticSearch의 다운로드, 설치, 사용 및 구성에 대한 설명이다.

ElasticSearch는 많은 운영 체제를 지원하며 여기선 Windows 운영 체제에서의 설치를 다룬다. 다른 운영 체제에서 설치하길 원한다면 ElasticSearch 공식 웹사이트(https://www.elastic.co/kr/products/elasticsearch)를 참고하길 바란다.

ElasticSearch는 Java로 구현되었으며 Java8 가상 머신에서 실행해야 한다. ElasticSearch 공식 웹사이트는 1.8.0_73 혹은 그 이상의 버전을 권장하고 있다. 호환되지 않는 버전을 사용하면 ElasticSearch를 구동할 수 없다.

그럼 이제 다음 단계에 따라 ElasticSearch RTF (Windows)를 설치할 수 있다.

① Java 8 가상 머신이 설치되었는지 확인한다. 설치되어 있지 않은 경우, Oracle 공식 사이트에서 해당 운영 체제 버전을 다운로드한다.

② ElasticSearch RTF 버전 다운로드:

```
git clone git://github.com/medcl/elasticsearch-rtf.git -b master --depth 1
```

③ 실행:

```
cd Elasticsearch/bin
elasticsearch.bat
```

명령 줄에 다음과 같이 나타난다.

```
1  [2017-04-20T23:42:05,385][INFO ][o.e.h.HttpServer    ] [qBJbdnQ] publish_address
   {127.0.0.1:9200}, bound_addresses {127.0.0.1:9200}, {[::1]:9200}
2  [2017-04-20T23:42:05,386][INFO ][o.e.n.Node          ] [qBJbdnQ] started
```

브라우저에서 http://localhost:9200에 접속해 아래의 정보가 나타나면 ElasticSearch 가 성공적으로 실행됐다는 의미이다.

```
1  {
2      name: "qBJbdnQ",
3      cluster_name: "elasticsearch",
4      cluster_uuid: "CHZeVrVRSPqmI2OI2XEJyQ",
5      version:
6      {
7      number: "5.1.1",
8      build_hash: "5395e21",
9      build_date: "2016-12-06T12:36:15.409Z",
10     build_snapshot: false,
11         lucene_version: "6.3.0"
12     },
13     tagline: "You Know, for Search"
14  }
```

2.2.2 ElasticSearch 응용 예제

이어서 한 예제를 통해 ElasticSearch를 응용하는 방법에 대해 알아보자.

청두 시청은 모든 공식 문서를 인터넷에 공개한다. 앞서 소개한 크롤러를 사용해 문서를 크롤링하였는데, 지면의 한계로 인해 세부 내용은 생략하므로 관심 있는 독자는 직접 작성해 보길 바란다. 이 예제는 문서를 ElasticSearch에 저장하고 머신러닝을 기반으로 문서 요약 및 검색 기능을 제공한다.

먼저 이름이 'chengdugov'인 인덱스를 생성하고 아래의 요청을 보낸다.

```
PUT    http://localhost:9200/chengdugov
```

아래의 응답을 수신했다면 인덱스를 성공적으로 빌드한 것이다.

```
1  HTTP/1.1 200 OK
2  content-type: application/json; charset=UTF-8
3  content-length: 48
4
5  {"acknowledged":true,"shards_acknowledged":true}
```

그런 다음 매핑을 설정한다. ElasticSearch에 저장된 파일은 구조화된 데이터 마크업을 포함하므로 인덱스에 대해 여러 매핑을 설정해야 한다.

먼저 전처리된 JSON 형식의 파일 예제를 살펴보자.

```
1  {
2      "제목": "청두시 유치원 관리 조례",
3      "내용": "제1장 제1조 ...(생략)",
4      "작성 일자": "2014-01-30",
5      "책임 기관": "시청 관공서",
6      "문서 번호": "정부 영 제183호",
7      "입법 기관": "",
```

```
 8        "입법 일자": "2014-01-21",
 9        "발효 일자": "2014-01-21"
10   }
```

이 파일에는 제목, 내용, 작성 일자, 책임 기관, 문서 번호, 입법 기관, 입법 일자, 발효 일자, 총 8 가지 속성이 있다. 이러한 속성에 대한 매핑을 설정해야 하는데, 다음과 같이 네트워크 요청을 전송하면 된다.

```
 1   POST http://localhost:9200/gov/_mapping/Fulltext
 2   {
 3   "properties": {
 4           "제목": {
 5               "type": "text",
 6               "analyzer": "ik_max_word",
 7               "search_analyzer": "ik_max_word",
 8               "include_in_all": "true",
 9               "boost": 8
10           },
11           "내용": {
12               "type": "text",
13               "analyzer": "ik_max_word",
14               "search_analyzer": "ik_max_word",
15               "include_in_all": "true",
16               "boost": 8
17           },
18           "책임 기관": {
19               "type": "text",
20               "analyzer": "ik_max_word",
21               "search_analyzer": "ik_max_word",
22               "include_in_all": "true",
23               "boost": 1
24           },
25           "입법 기관": {
26               "type": "text",
27               "analyzer": "ik_max_word",
```

```
28          "search_analyzer": "ik_max_word",
29          "include_in_all": "true",
30          "boost": 1
31        },
32        "문서 번호": {
33          "type": "text",
34          "analyzer": "ik_max_word",
35          "search_analyzer": "ik_max_word",
36          "include_in_all": "true",
37          "boost": 1
38        },
39        "작성 일자": {
40          "type": "date",
41          "format" : "YYYY-MM-dd",
42          "boost": 1
43        },
44        "입법 일자": {
45          "type": "date",
46          "format" : "YYYY-MM-dd",
47          "boost": 1
48        },
49        "발효 일자": {
50          "type": "date",
51          "format" : "YYYY-MM-dd",
52          "boost": 1
53        }
54      }
55    }
```

매핑이 성공적으로 설정되면 아래의 응답을 볼 수 있다.

```
1  HTTP/1.1 200 OK
2  content-type: application/json; charset=UTF-8
3  content-length: 21
4
5  {"acknowledged":true}
```

이제 데이터를 삽입할 수 있다. 여기서는 앞서 배운 웹 크롤러를 통해 청두 시청 공식 사이트에서 문서 파일을 크롤링하고 구조화된 데이터 마크업이 적용된 데이터로 정리했다고 가정한다. URL의 마지막 번호는 문서 ID이며, ID가 중복되면 문서가 덮어 씌여지므로 중복 사용을 금지한다. 다음 명령을 통해 데이터를 삽입한다.

```
1   POST http://localhost:9200/chengdugov/fulltext/1
2
3   {
4       "제목": "청두시 역사 건축물 보호 조례",
5       "내용": "제1조 ...(생략)",
6       "작성 일자": "2014-11-12",
7       "책임 기관": "시청 관공서",
8       "문서 번호": "정부 영 제186호",
9       "입법 기관": "",
10      "입법 일자": "2014-10-17",
11      "발효 일자": "2014-10-17"
12  }
13
14
15  POST  http://localhost:9200/index/fulltext/2
16  {
17      "제목": "청두시 규범 행정 집법 자유 재량권 실시 조례",
18      "내용": "제1조 ...(생략)",
19      "작성 일자": "2014-10-16",
20      "책임 기관": "시청 관공서",
21      "문서 번호": "정부 영 제 185호",
22      "입법 기관": "",
23      "입법 일자": "2014-09-29",
24      "발효 일자": "2014-09-29"
25  }
```

요청이 성공하면 다음의 응답을 반환한다(_id와 요청 URL의 마지막 번호는 일치한다).

```
1  HTTP/1.1 201 Created
2  Location: /chengdugov/fulltext/1
3  content-type: application/json; charset=UTF-8
4  content-length: 147
5
6  {"_index":"chengdugov","_type":"fulltext","_id":"1","_version":1,"result":" created","_
   shards":{"total":2,"successful":1,"failed":0},"created":true}
```

만일 위의 문서가 ElasticSearch에 저장되어 있는지 확인하고 싶다면 아래의 명령을 통해 반환된 JSON 객체를 확인할 수 있다.

```
GET http://localhost:9200/chengdugov/fulltext/$id
```

검색 기능

현재 ElasticSearch에 일부 데이터를 저장했으므로 ElasticSearch의 검색 API를 사용하여 쿼리 조건에 부합하는 결과를 반환할 수 있다.

만일 모든 파일을 검색하고 싶다면 가장 간단한 검색 명령인 _search:http://localhost9200/chengdugov/fulltext/_search를 쓸 수 있다. 여기서 chengdugov는 인덱스이고 fulltext는 유형이지만 문서 ID가 지정되지 않아 _search 기능밖에 사용하지 못한다. 주어진 예제에서는 7개의 파일이 JSON 문자열로 반환된다.

이어서 제목에 "사회 보험"을 포함한 파일을 검색해 보자.

```
1  POST http://localhost:9200/chengdugov/_search
2  {
3      "query": {
4          "bool": {
5              "must": [{
6                  "wildcard": {
7                      "제목.keyword": "*사회 보험*"
```

```
 8                    }
 9                ],
10                "must_not": [],
11                "should": []
12            }
13        },
14        "from": 0,
15        "size": 10,
16        "sort": [],
17        "aggs": {
18
19        }
20  }
```

보다시피 이 쿼리에는 복잡한 json 문자열이 포함되어 있다. 매번 이와 같은 요청을 보내긴 번거로우므로 써드 파티(3rd party) 플러그인 elasticsearch-head를 사용해 이런 수고를 덜 수 있다. 설치 과정은 다음과 같다.

① 명령 프롬프트를 열고 대상 디렉터리에서 git clone git://github.com/mobz/elasticsearch-head.git 명령을 입력해 elasticsearch-head의 소스 코드를 다운로드한다.

② cd elasticsearch-head 명령을 실행해 elasticsearch-head 디렉터리로 이동한다.

③ npm install 명령을 실행해 packages.json 내의 모든 패키지를 설치한다.

④ grunt server 명령을 실행해 서버를 시작한다.

⑤ 브라우저 주소창에 http://localhost:9100/을 입력하여 elasticsearch-head 플러그인의 홈페이지를 연다(포트 번호가 ElasticSearch의 포트 번호 9200과 다른 9100이므로 이 둘은 독립적으로 실행되지만, 9100은 이미 많은 기능이 패키지되어 있어 요청을 수동으로 보낼 필요가 없다).

elasticsearch-head 홈페이지에서 첫 번째 줄에 http://localhost:9200/을 입력하고 Connect 버튼을 클릭하면 ElasticSearch에 연결됨과 동시에 【그림 2-3】과 같이 ElasticSearch 클러스터의 상태를 표시한다.

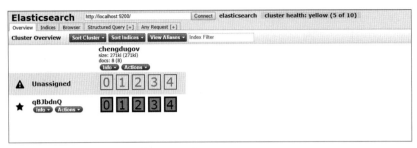

【그림 2-3】 클러스터 상태

만약 페이지에 "cluster health: not connected"가 나타나면 브라우저 콘솔을 열어 출력을 확인해 보길 바란다.

```
XMLHttpRequest cannot load http://localhost:9200/_cluster/health. No 'Access-
Control-Allow-Origin' header is present on the requested resource. Origin 'http://
localhost:9100' is therefore not allowed access.
```

위와 같은 에러 메시지가 뜨면 ElasticSearch를 재설정해야 한다. elasticsearch-rtf\config 디렉터리의 ElasticSearch.yml 파일을 열어 다음 두 줄을 추가한다.

```
1  http.cors.enabled: true
2  http.cors.allow-origin: "*"
```

이제 ElasticSearch 서비스를 시작할 수 있다.

두 번째 줄에 있는 5개의 태그에 대해 알아보자.

① Overview. 정상 Node와 사용되지 않은 Node를 보여준다(그림 2-3).
② Indices. 생성된 모든 인덱스를 보여준다(그림 2-4).

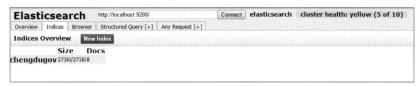

【그림 2-4】 인덱스 목록

③ Browser. 각 인덱스의 모든 유형과 파일을 보여준다(【그림 2-5】).

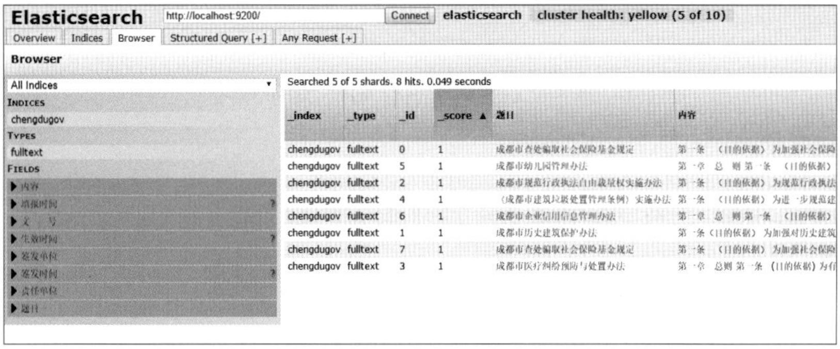

【그림 2-5】 브라우저 상태

④ Structured Query. 모든 검색 기능을 제공한다. 예를 들어 제목에 "사회 보험"이라는 키워드가 포함된 파일을 검색하려면 【그림 2-6】과 같이 명령하면 된다.

【그림 2-6】 구조화된 쿼리

쿼리는 두 개의 결과를 반환한다. 동시에 브라우저 디버깅 도구를 통해 살펴보면 【그림 2-7】과 같은 요청 목록을 볼 수 있다.

【그림 2-7】 브라우저가 받은 쿼리 정보

⑤ AnyRequest. 이 태그는 개발자가 다양한 요청(URL, http 메소드, body)을 구성할 수 있도록 더 많은 옵션을 제공한다. 위의 검색을 다시 예로 들면, body를 창에 붙여 넣으면 【그림2-8】과 같은 결과를 얻을 수 있다.

문서(파일) 요약 기능 구현

이제 ElasticSearch를 기반으로 문서 요약 기능을 구현해 보자. 문서의 내용은 보통 길기 때문에 한눈에 볼 수 있도록 짧게 요약할 필요가 있다. 문서 요약 기능은 ElasticSearch와 직접적인 관계는 없고 단지 ElasticSearch 구조화 저장의 도움을 받을 뿐이다.

【그림 2-8】 AnyRequest

빅데이터 기반의 텍스트 요약 모델 중에선 attention 메커니즘이 쓰인 Seq2Seq 모델이 가장 인기 있다. 자세한 내용은 https://github.com/tensorflow/models/tree/master/research/textsum에서 볼 수 있다. 여기선 더 간단한 머신러닝 모델링 아이디어에 대해 알아볼 것이다. 즉 먼저 모든 단어에 벡터를 할당하여 문장 벡터와 단락 벡터를 얻을 수 있다. 그렇다면 만일 한 단락에서 대표성을 지닌 문장을 찾아낼 수 있다면 그런 문장들로 구성된 요약을 텍스트 요약으로 볼 수 있을까?

이 아이디어를 바탕으로 TF-IDF(https://en.wikipedia.org/wiki/Tf-idf)와 Word2Vec(https://code.google.com/archive/p/word2vec/)라는 두 가지 기본 개념을 소개한다. 전자는 어떤 단어가 문장의 의미를 나타낼 수 있는지를 판단하는 것이며, 후자는 전체 알고리즘의 초석, 즉 각 단어를 벡터화하는 것이다.

TF-IDF(Term Frequency-Inverse Document Frequency)는 정보 검색과 텍스트 마이닝에서 이용하는 가중치로, 여러 문서로 이루어진 문서군이 있을 때 특정 문서 내에서 어떤 단어의 중요도를 나타내는 통계적 수치이다. 단어의 중요도는 문서 내에 출현하는 횟수에 비례하지만, 이와 동시에 말뭉치(corpus)에 등장하는 빈도수에 반비례한다. TF-IDF는 문서와 사용자 쿼리 간의 상관관계를 판단하기 위한 척도로써 여러 형태로 검색 엔진에 적용된다. TF-IDF 외에도 인터넷의 검색 엔진은 링크 분석 기반의 평가 방법을 사용하여 문서가 검색 결과에 나타나는 순서를 결정한다.

TF-IDF를 계산하는 데 사용할 수 있는 다양한 수학 공식이 있는데, 아래에서 설명할 예제는 가장 자주 쓰이는 공식을 사용해 계산한다.

첫째, 단어 빈도(TF)는 한 단어가 문서에 등장하는 횟수를 총 단어 수로 나눈 수이다. 따라서 문서의 모든 단어 수가 100이고 "정책"이라는 단어가 6번 등장하는 경우, "정책"의 단어 빈도는 6/100=0.06이다.

둘째, 역문서 빈도(IDF)를 계산하는 방법은 문서군에 포함된 문서의 수를 "정책"이라는 단어가 등장하는 문서 수로 나누고 로그를 취한다. 예를 들어 "정책"이라는 단어가 2만 개의 문서에 등장하고 문서의 총 개수가 2천만 개면 역문서 빈도는 log(20000000/20000)=3이다. 최종적으로 TF-IDF는 0.06×3=0.18이다.

Word2Vec은 단어 벡터화에 쓰이는 오픈 소스 툴킷이며, 알고리즘의 이름이기도 하다. 자연어 처리에서 문장을 단어의 집합으로 본다면 글에 등장하는 모든 단어의 집합을 "사전(vocabulary)"이라 부른다. Word2Vec의 주요 아이디어는 단어를 저차원 벡터 형식으로 표현하는 것이다. 비슷한 의미를 가진 단어는 이 저차원 벡터 공간에서 가깝고, 유사하지 않은 단어는 멀리 떨어져 있다.

아래의 코드를 실행하기 위해선 scipy, gensim 라이브러리를 사용해야 한다. 만일 Python 환경에 이러한 라이브러리가 설치되지 않았으면 pip install scipy, gensim 명령을 통해 설치할 수 있다. Anaconda Python을 사용한다면 scipy는 이미 설치되어 있으므로 gensim만 설치하면 된다. conda install gensim을 입력해 설치할 수 있다.

먼저 사용할 라이브러리를 로드한다.

```
1  import os, json, gensim,  requests, math
2  import numpy as np
```

그런 다음 훈련된 중국어 Word2Vec 벡터를 로드한다. 구체적인 과정은 http://pangjiuzala.github.io/2016/09/01/word2vect battle/을 참조한다.[1]

---

1) 역주: 중국어만 사용 가능한 내용이므로 본 역서에서는 수록하지 않았다.

CHAPTER

3

딥러닝

딥러닝

3.1 개요

딥러닝은 이전에 구현하기 어려웠던 많은 학습 기능을 갖춘 현재 가장 인기 있는 머신러닝 및 인공지능 기술이다. 딥러닝은 머신러닝의 한 부분이며, 전통적인 신경망 모델의 역사는 1950년대로 거슬러 올라가 Rosenblatt이 1957년에 발표한 퍼셉트론 (Perceptron) 알고리즘이라 알려져 있다. 현재의 신경망 모델이 있기까지 크게 네 번의 과도기를 겪었는데, 이에 대해 자세히 알아보자.

첫 번째 변화는 1950년대부터 1960년대에 이루어졌다. 당시의 신경망 모델은 기본적인 퍼셉트론에 속했으며 매우 간단했다. 두 번째는 1970년대부터 1980년대로, 다층 퍼셉트론(Multi-Layer Perceptron)이 개발되어 비선형 함수에 접근 가능했던 덕분에 과학계의 많은 관심을 불러일으켰다. 심지어는 신경망이 어떠한 문제든 해결할 수 있다는 주장들로 인해 딥러닝이 부흥했다. 세 번째는 1990년대부터 2000년대 초반으로, 전통적인 신경망 모델은 비교적 잠잠했으나 커널(Kernel) 방법이 인기를 얻은 시기였다. 컴퓨팅 파워가 받쳐주질 못할뿐더러 빅데이터도 구하기 어려웠던 탓에 신경망 모델은 계산이나 성능 측면에서 전통적인 머신러닝과 상대가 되질 못했다. 네 번째는 2006년 이후부터 현재까지 이어지고 있는데, 몇 가지 중요한 기술이 딥러닝을 대표하는 신경망 모델의 대규모 응용을 촉진시켰다. 첫째로 GPGPU 같은 저렴한 병렬 컴퓨팅이 탄생했고, 둘째로는 딥러닝 구조에 대한 지속적인 연구를 통해 모델 학습 효율이 크게 향상되었으며, 마지막으로 인터넷의 비약적인 발전으로 인해 대규모 데이터의 생성 및 공유에 큰 도움이 됐다. 요약하면, 계산의 편리함과 예측 퀄리티의 향상이 신경망 모델을 다시 주목받게 한 주된 이유이다.

일반적으로 딥러닝은 데이터양이 많고 표준적인 데이터를 해결하는 데 적합하지만 결정 함수는 비선형성을 포함한다. 오늘날의 딥러닝 응용에 있어 가장 성공적인 분야는 이미지 인식, 음성 인식, 문자 생성, 자연어 분석 등이 있다. 이들의 공통적인 특징은 데이터양이 매우 많고 다양성과 표준성이 뛰어나다는 점이다. 또한, 결정 함수는 매우 비선형적이고 복잡하다. 예를 들어 이미지 인식에서 입력 데이터는 각 픽셀에 해당하는 색상이며, 이 값들은 모두 제한된 영역에서 표현된다. 이미지에서 달리 위치한 동일한 사물을 식별하려면 매우 복잡한 결정 함수를 필요로 하며, 전통적인 머신러닝 방법으로 이를 구현하기란 쉽지 않다.

손글씨 숫자 인식 문제를 예로 들면, 단순히 유클리디안 거리(Euclidean distance)를 전통적인 머신러닝 알고리즘의 입력으로 사용할 경우 숫자가 회전되거나 가지런하지 않아 정확도가 매우 떨어진다. 전통적인 머신러닝은 이동 및 회전과 같은 비선형 변환을 도입함으로써 이러한 문제를 부분적으로나마 해결할 수 있다. 그러나 딥러닝은 비선형 기법을 통해 이미지를 잘라 비교함으로써 위의 문제를 효과적으로 해결할 수 있다. 또한, 보편성을 지녀 약간의 수정만 거치면 숫자 인식뿐만 아니라 다른 사물도 인식할 수 있다. 그렇기에 응용 효율성이 매우 뛰어나다.

다음에서는 딥러닝의 기본 지식에 대해 간략히 소개한다.

3.2 딥러닝을 위한 통계학 입문

일반적인 딥러닝 입문서는 항상 많은 수학 공식과 함께 유방향 그래프나 신경망의 목적 함수 소개로 시작하는데, 이는 사실 독자들이 딥러닝의 본질을 이해하는 데 불리하다. 이 절에서는 전통적인 통계 모형 예제를 통해 딥러닝 심층 신경망의 개념에 대한 독자의 이해를 돕는다.

이 예제에선 입문용으로 유명한 아이리스(붓꽃) 데이터 세트를 사용한다. 【그림 3-1】은 Setosa(약칭 S), Versicolour(약칭 C), Virginica(약칭 V)라는 세 가지 품종 간의 꽃받침 및 꽃잎의 길이 관계를 나타낸 것이다.

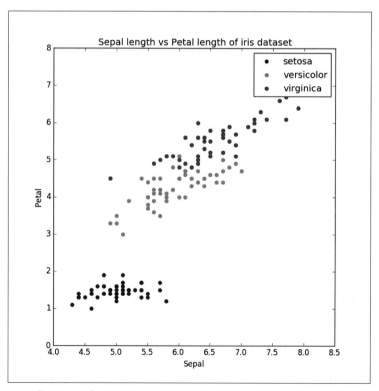

【그림 3-1】 아이리스 세 품종의 꽃받침과 꽃잎의 길이 관계

그림을 보면 품종 간의 꽃받침과 꽃잎 길이가 서로 같지 않다는 것을 볼 수 있다. Setosa의 꽃받침, 꽃잎의 길이 사이에는 약한 상관 관계가 있으며, 나머지 두 종의 상관 관계는 강하지만 Versicolour의 길이가 대체로 Virginica보다 짧은 편이다.

만일 꽃잎 길이 모델링에 꽃받침 길이가 쓰이면 효과는 떨어지겠지만, 주어진 품종의 꽃받침 및 꽃잎의 상관관계가 상대적으로 강하기 때문에 전통적인 통계 모형에선 품종을 범주형 변수로 쓰고 꽃받침 길이를 교차항에 포함한다. GLM(Generalized Linear Model, 일반화 선형 모델) 인코딩 방법을 사용하면 품종마다 각자의 기울기, 즉 가중치를 얻을 수 있다. 이와 동시에 절편항도 각 품종에 해당하는 추정치를 얻을 수 있다. 이 방법은 머신러닝 분야에서 원-핫(One Hot) 인코딩이라 불린다.

공식을 면밀히 살펴보면, 데이터를 품종에 따라 세 개로 나눈 다음 꽃받침과 꽃잎의 길이 관계를 모델링하고, 최종적으로 서로 다른 품종의 가중치를 재분배함으로써 단독으로 모델링해서 얻은 기울기를 조정한다.

$$E(y) = \alpha_0 * c + \alpha_1 * l + \alpha_2 * c * l$$
$$= \alpha_0 * c + (\alpha_1 + \alpha_2 * c) * l$$

여기서 y는 꽃잎 길이, c는 품종, l은 꽃받침 길이 $c * l$은 교차항이다.

원-핫 인코딩에 따라 아이리스 품종 분류에 수치를 설정한다면 【표 3-1】과 같은 형식으로 쓸 수 있다.

이 배열을 위의 공식에 대입하고 정리하면 다음 공식을 얻을 수 있다.

$$E(y) = (\alpha_s + \beta_s * l) + (\alpha_c + \beta_c * l) + (\alpha_v + \beta_v * l)$$

【표 3-1】 아이리스 품종에 대해 원-핫 인코딩한 결과

아이리스 품종	Setosa(s)	Versicolour(c)	Virginica(r)
Setosa(s)	1	0	0
Setosa(s)	1	0	0
Versicolour(c)	0	1	0
Versicolour(c)	0	1	0
Virginica(r)	0	0	1

바꾸어 말하면, 각 품종에 해당하는 데이터로 ($\alpha_v + \beta_v * l$)과 같은 결정 함수를 구성할 수 있다는 것이다. 그러나 이들은 독립적이라 전역 손실 함수를 최적화하기엔 부족하므로 좀 더 고수준의 결정 함수에 집어 넣어야 한다. 위의 선형 공식에서 전역 최적화의 가중치는 모두 헤시안(Hessian) 배열의 주대각선 성분이지만 모델에 이분산성이 없는 것으로 가정하므로 각 품종에 해당하는 결정 함수는 동일한 가중치를 갖는다. 이 세 품종의 결정 함수는 은닉층의 노드, 즉 뉴런으로 간주할 수 있다. 최종적으로 우리는 【표 3-2】와 같이 데이터 포인트를 대입해 은닉층의 출력 결과를 얻을 수 있다.

【표 3-2】 은닉층 연산

데이터 포인트	Setosa(s) 결정 함수	Versicolour(c) 결정 함수	Virginica(r) 결정 함수	출력
$x : c = S, l = 5.1$	$h_s(x; \alpha_s, \beta_s)$	0	0	$\hat{h}_s(x)$
$x : c = S, l = 4.9$	$h_s(x; \alpha_s, \beta_s)$	0	0	$\hat{h}_s(x)$
$x : c = C, l = 7.2$	0	$h_c(x; \alpha_c, \beta_c)$	0	$\hat{h}_c(x)$
$x : c = C, l = 6.2$	0	$h_c(x; \alpha_c, \beta_c)$	0	$\hat{h}_c(x)$
$x : c = V, l = 5.9$	0	0	$h_v(x; \alpha_v, \beta_v)$	$\hat{h}_v(x)$

위의 표에 따라 이 과정은 【그림 3-2】와 같은 네트워크 구조로 나타낼 수 있다.

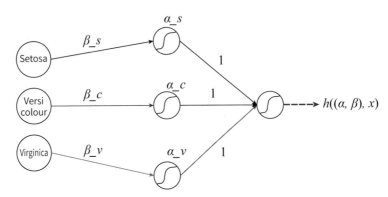

【그림 3-2】 아이리스 통계 모형의 네트워크 구조

그러나 선형 활성화 함수(Linear Activation Function)가 사용되어 선형 함수의 함수는 여전히 선형 함수이므로【그림 3-2】의 은닉층은 일반적으로【그림 3-3】과 같이 하나의 노드로 간소화한다.

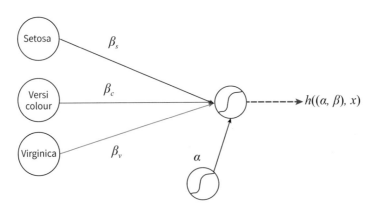

【그림 3-3】 간소화된 아이리스 통계 모형의 네트워크 구조

물론 이는 가장 간단한 경우지만 전통적인 통계 방법과 신경망 간에 밀접한 관계가 있음을 잘 보여준다. 위의 예제에선 소수의 매개변수를 갖는 선형 함수를 사용하지만, 실제로는 보통 비선형 함수가 쓰이고 매개변수 공간이 크다. 하지만 전반적인 구조는 일치하는데 딥러닝의 신경망은【그림 3-4】와 같이 표현할 수 있다.

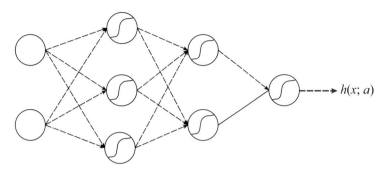

【그림 3-4】 신경망의 기본적인 구조

3.3 신경망 기본 개념

딥러닝을 이해하고 특히 Keras를 활용해 자신만의 신경망 모델을 만들어 실제 업무에 응용하려면 딥러닝의 기본 개념에 대한 깊은 이해가 필요하다. Keras 코드를 짤 때기본적으로 이러한 개념을 중심으로 이루어지므로 다음 장에서 다루게 될 Keras 명령을 이해하는 데 도움이 될 것이다. 【그림 3-5】는 몇 가지 기본 개념의 상대적 관계를 보여준다.

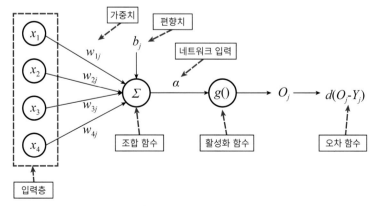

【그림 3-5】 신경망의 기본 구성 요소

3.3.1 딥러닝에서의 함수 유형

대부분의 신경망에는 조합 함수(Combination Function), 활성화 함수(Activation Function), 손실 함수(Loss Function) 및 목적 함수(Object Function)가 있다. 아래에서 이 함수들의 역할과 목적에 대해 알아보자.

조합 함수

입력층을 제외한 모든 계층의 뉴런은 자체 함수를 통해 이전 계층에서 생성된 벡터로부터 스칼라 값을 생성한다. 이 스칼라 값은 다음 계층 뉴런의 입력 변수이고, 이렇게 네트워크 중간에서 벡터를 스칼라로 변환시키는 함수를 조합 함수라고 한다. 자주 쓰이는 조합 함수로는 RBF(Radial Basis Function) 네트워크에 쓰이는 선형 조합 함수와 유클리디안 거리 기반의 함수가 있다.

활성화 함수

대다수의 뉴런은 함수를 통해 1차원 벡터인 입력 변수를 다른 1차원 벡터로 변환하는데, 이 함수를 활성화 함수라 하고 변환값을 활성화 상태라 한다. 출력층을 제외한 모든 계층의 활성화 상태 값은 신경망의 링크를 통해 다음 계층의 하나 이상의 뉴런에 입력된다. 이러한 활성화 함수는 대개 실수를 한정된 범위 안의 수로 변환한다. 이를테면 tanh와 logistic 함수는 (–1, 1)과 (0,1)의 범위를 갖는다.

활성화 함수의 주요 역할은 은닉층에 비선형성을 주입하는 것이다. 선형 관계의 은닉층만 있는 심층 신경망은 입력층과 출력층만을 포함한 2층 신경망보다 강력하지 않은데, 이는 여전히 선형 조합의 형태이기 때문이다. 하지만 비선형성을 주입하면 심층 신경망의 예측 능력이 크게 향상됨을 볼 수 있다. 오차 역전파(BackPropagation) 알고리즘의 경우 활성화 함수는 미분 가능해야 하고 한정된 범위 안에 있어야 효과가 더 좋으므로, 보통 logistic, tanh, 가우스 함수 등의 시그모이드(sigmoid) 함수를 사용한다. tanh나 arctan와 같은 양극성 함수는 조건수(Condition Number)가 커 수렴 속도가 비교적 빠르다.

은닉층의 경우, 이전에는 활성화 함수로 시그모이드 함수를 많이 사용했지만 요즘엔 threshold 함수를 쓰는 추세로써 딥러닝의 기술 및 이론이 발전했다는 단편적 사례이다.

활성화 함수에 관한 초기의 이론들은 시그모이드 함수가 threshold 함수(이를테면 ReLU 함수)보다 좋다고 여겼다. 그 이유는 활성화 함수로 threshold 함수를 쓰면 손실 함수가 상수가 되어 미분값이 존재하지 않거나 0이므로 오차 역전파를 통해 기울기(Gradient)를 구할 수 없기 때문이다. 담금질 기법(Simulated Annealing)이나 유전 알고리즘과 같이 기울기를 쓰지 않는 알고리즘을 사용하더라도 시그모이드 함수가 더 나은 선택이라 여겨지곤 했는데, 이 함수는 미분 가능 함수이고 매개변수의 근소한 변화가 출력의 변화를 가져왔기 때문이다. 이는 매개변수의 변동이 최종 목적 함수의 최적화에 유리한지 판단하는데 도움이 됐다. 만일 threshold 함수를 사용하면 매개변수의 작은 변화로는 출력에 대한 영향이 미미하므로 알고리즘이 느리게 수렴할 수밖에 없다.

하지만 근래의 딥러닝 발전은 이러한 관점을 바꾸었다. 시그모이드 함수에 기울기 소실 (Vanishing Gradient) 문제가 있음을 발견한 것이다. 이 문제는 Sepp Hochreiter가 1991년에 발표한 논문에서 제기되었으며, 여기서 기울기 소실이란 신경망의 계층 수가 증가함에 따라 기울기가 감소함을 뜻한다. 오차 역전파 알고리즘에서 기울기 연산에 연쇄 법칙(Chain Rule)이 사용되어 이전 계층들의 기울기를 모두 곱하지만, 시그모이드 함수의 치역은 (−1,1) 또는 (0,1)이므로 깊은 n층의 기울기가 0에 가까워져 모델 훈련이 어려워진다. 반면에 ReLU 함수의 범위는 [0, +inf)이듯이, threshold 함수의 치역은 (−1,1)이 아니기 때문에 이러한 문제가 생기지 않는다.

또한, 일부의 threshold 함수는 은닉층에 희소성을 부여할 수 있어 모델 훈련에 유용하다. 예컨대 Hardmax 활성화 함수의 수식은 max(0,x)이다.

출력층의 경우, 되도록이면 종속변수(독립변수)의 분포에 적합한 활성화 함수를 선택해야 한다.

- 0과 1만을 갖는 종속변수의 경우 logistic 함수가 좋다.
- 0~9 사이의 숫자 인식과 같이 여러 개의 범주를 갖는 이산형 변수의 경우 소프트

맥스(softmax) 활성화 함수가 좋다.

- 제한된 범위의 연속형 변수의 경우 logistic이나 tanh 활성화 함수를 모두 사용할 수 있지만 종속변수의 치역을 범위에 맞게 조정해야 한다.
- 종속변수의 값이 양수이고 상한값이 없는 경우 지수 함수가 더 나은 선택이다.
- 종속변수의 값이 실수이거나 제한된 범위이지만 경계가 알려지지 않은 경우 활성화 함수로 선형 함수가 가장 좋은 선택이다.

출력층의 이러한 활성화 함수를 선택하는 것은 통계 모형과 많은 연관이 있다. 이 관계를 통계학에선 일반 선형 모델의 연결 함수(Link Function)라 한다.

손실 함수

지도 학습(supervised learning) 방식의 모든 신경망은 출력값 p와 실제값 y 간의 차를 계산하는 함수가 필요하며, 비지도 학습(unsupervised learning) 방식의 일부 신경망조차도 이와 유사한 함수를 필요로 한다. 일반적으로 출력값 p와 실제값 y 간의 차는 손실 또는 오차라고 하지만 모델의 성능을 평가하는 척도로 직접 쓰일 수 없다. 모델이 완벽할 때(불가능한 일이지만) 손실은 0이고, 그렇지 않을 때는 부호와 관계없이 0에서 벗어난다. 따라서 손실 함수의 값이 0에 가까울수록 모델 성능이 향상되고, 멀어질수록 성능이 떨어진다. 자주 쓰이는 손실 함수는 다음과 같다.

- 평균 제곱 오차(MSE): $\frac{1}{N}\Sigma_i(y_i-p_i)^2$, -이 손실 함수는 보통 실숫값을 갖는 연속형 변수의 회귀 문제에 쓰이며 오차가 크면 더 큰 가중치를 부여한다.
- 평균 절대 오차(MAE): $\frac{1}{N}\Sigma_i|y_i-p_i|$, 이 손실 함수도 위와 같은 회귀 문제와 시계열 예측 문제에서 자주 쓰인다.
- 교차 엔트로피(Cross-Entropy): 분류 모델의 성능 비교를 위해 설계되었으며, 이진 분류(binary classification)인지 다중 분류(multi-class classification)인지에 따라 두 개로 나뉜다. 교차 엔트로피의 수식은 매우 간단하며 다음과 같다.

$$J(\theta)=-\left[\sum_{i=1}^{N}\sum_{k=1}^{K}1(y^{(i)}=k)\log P(y^{(i)}=k|x^{(i)};\theta)\right]$$

교차 엔트로피는 가장 가능성이 큰 클래스에 대한 확률에 로그를 씌운 것으로 볼 수 있다. 따라서 예측값의 분포와 실제값의 분포가 비슷할수록 교차 엔트로피가 작아진다.

목적 함수

목적 함수는 훈련 단계에서 직접 최소화해야 하는 함수이다. 신경망의 훈련이란 훈련 데이터 세트(training dataset)상의 예측값과 실제값의 오차를 줄여나가는 과정이다. 이 과정에서 오버피팅(overfitting)이 발생할 가능성이 높은데, 이는 훈련 데이터 세트는 잘 표현하지만 테스트 데이터 세트(test dataset)나 실제 응용은 제대로 표현하지 못함을 의미한다. 이렇게 되면 모델을 범용적으로 사용할 수 없다. 이 경우 일반적으로 정규화(regularization)를 통해 오버피팅을 해소한다. 이때의 목적 함수는 손실 함수와 정규항의 합이다. 예를 들어 가중치 감소(weight decay) 방법을 사용하면 정규항은 가중치의 제곱합으로, 일반적인 릿지 회귀(Ridge Regression) 기법과 같다. 만일 베이지안 추론을 사용한다면 가중치의 사전 분포에 로그를 씌워 정규항으로 쓸 수 있다. 물론 정규항을 사용하지 않으면 목적 함수는 손실 함수와 같다.

3.3.2 딥러닝에서의 개념

배치

배치(Batch)는 딥러닝에서 중요한 개념 중 하나로써 두 가지 의미를 나타낸다. 모델 훈련 방식에서의 배치는 모든 데이터를 처리한 후 일괄적으로 가중치를 업데이트하는 것을 의미하며, 이를 배치 학습(Batch Learning)이라고 한다. 데이터 측면에서의 배치는 입력 데이터를 작은 묶음 단위로 쪼개는 것을 나타내며, 이를 배치 데이터라 한다. 이 두 개념은 밀접한 관계가 있다.

배치 학습은 일반적으로 다음과 같이 수행된다.
① 매개변수 초기화

② 다음 단계 반복
- 모든 데이터 처리
- 매개변수 업데이트

배치 학습과 대응되는 점진적 학습(Incremental Learning)은 다음 단계에 따른다.
① 매개변수 초기화
② 다음 단계 반복
- 한 개 또는 한 묶음의 데이터 처리
- 매개변수 업데이트

위에서 알 수 있듯이, 배치 학습은 모든 데이터를 일괄 처리하고, 점진적 학습은 하나씩 또는 여러 개의 데이터를 처리하고 매개변수를 업데이트한다. 여기서 "처리"와 "업데이트" 두 단어는 학습에 따라 다른 의미를 갖는다. 오차 역전파 알고리즘에서 "처리"란 손실 함수의 기울기 변화를 계산하는 것이고, 배치 학습에선 평균 또는 전체 손실 함수의 기울기 변화를 계산하는 것이며, 점진적 학습에선 배치 데이터에만 해당하는 손실 함수의 기울기 변화를 계산하는 것이다. "업데이트"는 기존 매개변수 값에서 기울기 변화율과 학습률의 곱을 뺀 값이다.

정적 학습과 동적 학습

개략적으로 모델을 학습시키는 방법에는 정적 학습(Offline Learning)과 동적 학습(Online Learning)이 있다. 정적 학습은 모든 데이터에 대해 모델을 학습시키며, 배치 학습이 이에 속한다. 동적 학습은 데이터가 계속 유입되며 지속적인 업데이트를 통해 해당 데이터를 모델에 통합한다. 동적 학습은 항상 점진적 학습이지만, 점진적 학습은 정적 학습이 될 수도 있고 동적 학습이 될 수도 있다.

정적 학습에는 아래와 같은 장점이 있다.
- 고정된 수의 매개변수에 대해 목적 함수를 직접 계산할 수 있으므로 모델 학습이

원하는 방향으로 진행되는지 확인하기 쉽다.

- 정확도를 어느 정도 끌어올릴 수 있다.
- 다양한 알고리즘을 사용하여 국소 최적해에 빠지는 상황을 피할 수 있다.
- 훈련, 검증(validation), 테스트 데이터 세트를 사용해 모델의 범용성을 확인할 수 있다.
- 예측값과 신뢰 구간을 계산할 수 있다.

동적 학습은 데이터를 저장하지 않아 반복적으로 학습에 참여시킬 수 없기 때문에 위의 기능을 구현할 수 없다. 따라서 훈련 데이터 세트에 대한 손실 함수와 검증 데이터 세트에 대한 오차를 계산할 수 없다. 이로 인해 동적 학습은 대개 정적 학습보다 더 복잡하고 불안정하다.

오프셋/임계값

딥러닝에서 시그모이드 활성화 함수를 사용한 은닉층 또는 출력층의 뉴런은 일반적으로 네트워크 입력을 계산할 때 편향(Bias)을 추가한다. 선형 출력 뉴런의 경우 편향은 회귀에서의 절편항이다.

절편항과 유사하게 편향은 특정 뉴런에서 뻗어나온 연결 가중치로 볼 수 있는데, 편향은 보통 고정 단위 값을 취하는 편향 뉴런에 연결되기 때문이다. 예를 들어 다층 퍼셉트론(MLP)에서 어떤 뉴런의 입력 변수가 N차원이면, 이 뉴런은 매개변수에 따라 고차원 공간에 한쪽은 양수이고 다른 한쪽은 음수인 초평면(hyperplane)을 그린다. 여기에 쓰인 매개변수는 입력 공간에서의 초평면 상대적 위치를 결정한다. 편향이 없으면 이 초평면의 위치는 제한적이며 원점을 지나게 된다. 만일 여러 개의 뉴런이 모두 각자의 초평면을 필요로 하면 모델의 유연성이 심각하게 제한된다. 이는 절편항이 없는 회귀 모델과 흡사하며 생성된 곡선이 원점을 지나기 때문에 대부분의 경우 추정된 기울기가 최적의 추정치를 벗어나기 십상이다. 따라서 편향이 없으면 다층 퍼셉트론의 피팅 능력이 거의 존재하지 않게 된다.

일반적으로 은닉층과 출력층의 뉴런은 모두 고유의 편향을 갖는다. 하지만 입력 데이터가 이미 [0,1] 범위로 축소됐다면 첫 번째 은닉층의 뉴런만 편향을 설정하고 다음 계층들의 뉴런에 추가적으로 편향을 설정할 필요가 없다.

데이터 전처리[1]

머신러닝 및 딥러닝에서 데이터를 전처리하는 작업이 종종 보인다. 그렇다면 데이터 전처리란 무엇일까? 여기선 데이터 전처리의 대표적인 세 가지 방법에 대해 자세히 설명한다.

① 재조정(Rescaling): 일반적으로 데이터에 상수를 더하거나 빼고 다시 상수로 곱하거나 나눈다. 이를테면 화씨 온도를 섭씨 온도로 변환하는 과정이 이와 같은 과정이라 볼 수 있다.

② 정규화(Normalization): 일반적으로 데이터를 노름(norm)으로 나누는 것을 말한다. 예를 들어 유클리디안 거리를 사용하는 경우 데이터의 분산(variance)이 정규화를 위한 노름으로 쓰인다. 딥러닝에선 보통 데이터에서 최솟값을 뺀 값을 최댓값에서 최솟값을 뺀 값으로 나눠 범위가 0에서 1이 되도록 한다.

③ 표준화(Standardization): 평균을 기준으로 얼마나 떨어져 있는지를 나타낸다. 예를 들면, 정규 분포를 따르는 데이터에 평균을 빼고 분산값으로 나눔으로써 표준 정규 분포를 따르는 데이터를 얻을 수 있다.

그렇다면 위의 데이터 처리 중 어떤 것을 사용해야 할까? 이에 대한 대답은 상황에 따라 다르다. 활성화 함수의 범위가 0과 1 사이라면 데이터도 이 범위에 맞춰 정규화하는 것이 좋다. 또한, 계산을 보다 안정적으로 수행할 수 있는데, 특히 데이터 범위가 들쑥날쑥한 경우 정규화가 최상의 선택이다. 게다가 많은 알고리즘의 초깃값이 정규화를 거친 데이터를 겨냥해 설계됐다.

---

1) 역주 : 데이터의 정규화도 맞지만 단어의 혼동 때문에 넓은 의미로써 전처리로 사용했다.

3.4 경사 하강법 알고리즘

일련의 매개변수를 얻기 위해 대개 오차의 제곱과 같은 오차 측정값을 줄여나가며 결정 함수를 최적화한다. 이와 같은 방법으로 경사 하강법(Gradient Descent Method)이 많이 쓰인다. 어떤 관광객이 높은 산꼭대기에서 최대한 빠르고 안전하게 하산하고 싶어 한다 가정해 보자. 이 관광객은 나침반을 가지고 있으며 남쪽과 북쪽, 동쪽과 서쪽 두 축을 기준으로 선택해야 한다. 독자는 이 축을 목적 함수의 두 차원 또는 독립변수라 상상할 수 있다. 그렇다면 이 관광객은 어떻게 최적의 경로를 얻을 수 있을까?

산 정상에서 평지로 향하는 길을 완전히 볼 수 없기 때문에 임의로 길을 선택할 가능성이 높다. 이 선택은 매우 중요한데, 일반적으로 산꼭대기는 평평한 땅이며 내려갈 수 있는 하산 포인트가 많이 있다. 모든 길이 평지로 향하지 않으므로 최적의 길을 선택하지 않는 한 산기슭에 도달할 수밖에 없다. 이는 최적화 문제에서 매개변수 초기화가 제대로 이루어지지 않아 국소 최적해에 머물게 되는 상황과 같다. 【그림 3-6】은 이 같은 상황을 그래프로 나타낸 것이다.

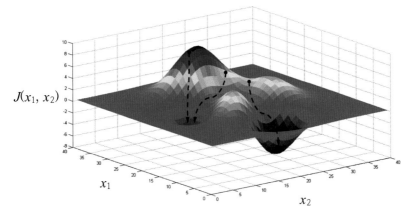

【그림 3-6】 최적화 알고리즘에서 초깃값의 영향

경사 하강법은 근시안적인 방법으로, 산을 내려갈 때 매우 짙은 안개를 조우해 한 치 앞도 안 보이는 상황에서 경사계를 땅에 대고 가장 가파른 방향으로 일정한 거리를 내려가는 것과 같다. 여기서 일정 거리는 보통 현재 지형에 대한 시세(時勢)에 의해 결정되며, 이와 같은 과정을 계속 반복한다. 이것은 최적화에서 많이 쓰이는 최급강하법(steepest descent method)과 매우 유사하며 최급강하법의 특수한 케이스라 볼 수 있다. 최급강하법에서 매개변수는 다음 수식을 통해 업데이트된다.

$$w_k^{(t+1)} = w_k^{(t)} - \varepsilon \nabla_{wk} f(w)$$

여기서 $w_k^{(t)}$는 t 번째 반복에서의 k 번째 매개변수 값이고, $\varepsilon \nabla_{wk} f(w)$는 이 매개변수의 1차 편미분에 해당하는 오차 함수이며, ε은 학습률(Learning Rate)이다. 일반적으로 선형 탐색을 통해 현재의 최적값을 얻을 수 있다.

그러나 경사 하강법을 신경망 모델에 적용할 때 보통 확률적 경사 하강법(Stochastic Gradient Descent, SGD)을 사용하며 수식은 다음과 같다.

$$w_k^{(t+1)} = w_k^{(t)} - \Delta w_k^{(t+1)}$$
$$\Delta w_k^{(t+1)} = -\alpha \Delta w_k^{(t)} + \varepsilon \nabla_{wk} f(w)$$

이 알고리즘에는 다음과 같은 변화가 있다.
- 첫째, 기존의 경사 하강법과 같이 모든 데이터로 기울기를 얻는 것이 아니라 반복 당 무작위로 선택한 하나의 샘플 또는 미니 배치(Mini-Batch)에 대해 경사 하강법을 수행한다. 그렇기에 전자는 배치(Batch) 또는 정적(Offline) 학습 알고리즘이고, 후자는 점진적(Incremental) 또는 동적(Online) 학습 알고리즘에 속한다.
- 둘째, 일반적으로 학습률[2]은 처음부터 작은 값으로 고정된다.
- 마지막으로 위의 공식에서 매개변수 업데이트 부분이 1차 편미분의 크기뿐 아니라

---

2) 역주: stepping

모멘텀항 $\alpha\Delta w_k^{(t)}$에 의해서도 결정됨을 볼 수 있다. 이 모멘텀항을 추가함으로써 과거의 기울기가 지속적으로 누적되어 현재 매개변수 업데이트에 영향을 준다. 이전 업데이트 값에 대한 기억이라 볼 수 있는데, 가까운 과거일수록 영향력이 크다. 이는 알고리즘의 안정성에 도움이 된다. 만일 학습률이 매우 작고 모멘텀항의 제어 변수 α가 1에 가까우면 정적 학습에 가깝게 된다.

【그림 3-7】은 경사 하강법 알고리즘을 적용했을 때의 기울기 변화이다.

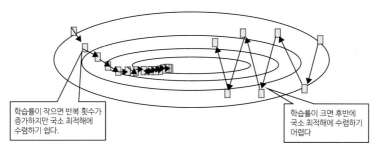

학습률이 작으면 반복 횟수가 증가하지만 국소 최적해에 수렴하기 쉽다.

학습률이 크면 후반에 국소 최적해에 수렴하기 어렵다

【그림 3-7】 경사 하강법 알고리즘의 기울기 변화

비록 현재 가장 많이 쓰이는 알고리즘은 1차 편미분을 기초로 한 경사 하강법이지만 예전에 많이 사용한 2차 편미분 기반의 최적화 알고리즘과 비교해 보면 알고리즘을 이해하는 데 도움이 될 것이다. 아래에서 자세히 알아보자.

2차 편미분을 기반으로 한 알고리즘은 뉴턴법이라 불리며, 1차 편미분보다 많은 정보를 사용하기 때문에 위의 예시에서 짙은 안개가 약간 걷혔다고 상상할 수 있다. 이때 산 전체가 매끄러운 볼록한 모양이라고 가정하면 관광객은 멈추지 않고 순조롭게 내려갈 수 있다. 물론 그 길이 산 아래를 향한다고 장담할 수는 없다.

일반적인 뉴턴법을 개선한 방법을 Stabilized Newton Method라고 부른다. 이 방법은 관광객이 고도계를 지닌 것처럼 내려간 후에 결과를 확인할 수 있다. 경사가 완만해지면 원래 위치로 돌아감으로써 매번 더 낮은 곳에 도달할 수 있다. Ridge Stabilized Newton Method는 위 방법을 한층 더 개선한 방법으로, 관광객이 원래 위치로 돌아갈 수 있을 뿐만 아니라 다시 내려갈 때에 방향을 다시 정함으로써 최하점에 더 나아갈 수 있는 기회를 제공한다.

딥러닝 모델 중의 함수에 대해서 우리는 각 계층의 노드가 조합 함수 형식을 갖춘 활성화 함수임을 알 수 있다(그림 3-5 참조). 즉 일반적인 복합 함수 형식이므로 매개변수 업데이트 부분에 연쇄 법칙(Chain Rule)을 적용하여 복합 함수의 미분을 계산해야 한다. 함수 $y = J(z)$, $z = g(h)$, $h = h(w)$가 있다고 가정하면 연쇄 법칙 $\frac{\partial f}{\partial w} = \frac{\partial f}{\partial h} \frac{\partial h}{\partial w}$을 사용해 다음을 얻을 수 있다.

$$\frac{\partial J(w)}{\partial w} = \frac{\partial J}{\partial z} \frac{\partial z}{\partial h} \frac{\partial h}{\partial w}$$

손실 함수로 평균 제곱 오차를 사용한다고 가정하고 시그모이드 활성화 함수를 사용하는 경우 연쇄 법칙을 통해 매개변수 업데이트를 다음과 같이 진행할 수 있다.

$$\begin{aligned}\frac{\partial J(w)}{\partial w} &= 2(f(x'w+b)-y)\frac{\partial f(x'w+b)}{\partial w} \\ &= 2(f(x'w+b)-y)f(x'w+b)[1-f(x'w+b)]x\end{aligned}$$

위의 공식을 앞서 언급한 경사 하강법의 매개변수 업데이트 부분에 대입하면 새로운 매개변수 추정치를 얻을 수 있다. 편향 b를 업데이트할 때는 $x=1$만을 제외하고 동일한 공식을 사용하므로 위의 공식에서 마지막 x가 소거된다.

3.5 오차 역전파

위의 절에서는 경사 하강법에 대해 알아보았다. 만약 신경망이 단 하나의 계층만 있다면 이 알고리즘을 손실 함수에 반복적으로 사용하고 수렴될 때까지 공식에 따라 매개변수를 업데이트하면 된다. 하지만 입력층과 출력층 사이에 많은 은닉층을 포함한 심층 신경망은 계산량을 최소화하기 위한 효율적인 알고리즘이 필요하다. 오차 역전파(Backpropagation)

가 바로 심층 신경망에서 가중치를 빠르게 예측하도록 설계된 알고리즘이다.

1, ..., N층의 결정 함수를 f^0, ..., f^N이라 가정해 보자. 여기서 0은 입력층에 해당하고, N은 출력층에 해당한다. 각 계층의 가중치와 편향 추정치를 알고 있다면 아래의 재귀 알고리즘을 통해 현재 매개변수 값에서의 손실 함수 크기를 빠르게 구할 수 있다.

$$f^0 = x$$
$$f^1 = g(w^0 h^0 + b^0)$$
$$f^2 = g(w^1 h^1 + b^1)$$
$$\cdots\cdots$$
$$f^{N-1} = g(w^{N-2} h^{N-2} + b^{N-2})$$
$$f^N = g(w^{N-1} h^{N-1} + b^{N-1})$$

매개변수 값, 즉 가중치와 편향을 업데이트하기 위해선 먼저 순방향으로 조합 함수 및 기타 관련 값을 계산한다. 그런 다음 오차 역전파를 통해 출력층 N에서부터 손실 함수를 계산하고 경사 하강법에 근거하여 입력층 0까지 차례대로 연산 결과의 변화량을 계산한다.

① 주어진 매개변수에 따라 입력층에서 출력층까지 조합 함수 h의 값을 계산한다.

② $\delta^N = 2(f^N - y)\dfrac{\partial}{\partial w} g(w^{N-1} h^{N-1} + b^{N-1})$

③ $\delta^{N-1} = (w^{N-1} \Delta w^N)\dfrac{\partial}{\partial w} g(w^{N-2} h^{N-2} + b^{N-2})$

④ $\Delta w^{N-1} = \delta^N h^{N-1}$

⑤ $\Delta b^{N-1} = \delta^{N-1}$

⑥ $N-1, \ldots, 1$층에서 위의 단계를 반복한다.

딥러닝 모델에 필요한 수많은 연산에서 연쇄 법칙은 광범위하게 쓰이는데, 이를 통해 연산 결과를 재사용할 수 있다. 오차 역전파 알고리즘은 중간 결과를 저장하여 계산량을 크게 줄이고 모델 피팅 속도를 향상시킨다. 각 계층에서 동일한 함수($f = \mathbb{R} \to \mathbb{R}$)를 사용하기 때문에 $f^{(1)} = f(w)$, $f^{(2)} = f(f^{(1)})$, $f^{(3)} = f(f^{(2)})$를 만족한다. 여기서 윗첨자는 네트워크의 해당 계층을 나타낸다. 연쇄 법칙을 통해 아래와 같이 $\dfrac{\partial f^{(3)}}{\partial w}$을 계산할 수 있다.

$$\frac{\partial f^{(3)}}{\partial w}$$
$$= \frac{f^{(3)}}{\partial f^{(2)}} \frac{\partial f^{(2)}}{\partial f^{(1)}} \frac{\partial f^{(1)}}{\partial w}$$
$$= f'(f^{(2)})f'(f^{(1)})f'(w)$$
$$= f'(f(f(w)))f'(f(w))f'(w)$$

보다시피 $f(w)$를 한 번만 계산하고 변수 $f^{(1)}$에 저장만 하면 이후의 연산에서 계속 사용할 수 있으며 층수가 많을수록 효과가 뚜렷하다. 반대로 순전파 과정에서 각 계층의 매개변수 업데이트를 진행한다면 매번 $f(w)$를 다시 계산해야 하므로 계산량이 크게 증가한다.

CHAPTER

Keras 입문

Keras 입문

Keras 개요

이 책은 딥러닝 프레임워크로 Keras를 선택하였으며 앞으로 이를 통해 실제 문제를 해결해볼 것이다. Keras란 이름은 고대 그리스 서사시 『오디세이』에 나오는 뿔의 문(Gate of Horn)에서 유래하였으며 그리스어로 뿔을 의미한다. 여담으로 오디세이에 이런 구절이

【그림 4-1】 상아의 문과 뿔의 문(출처: http://www.coryianshaferlpc.com/)

있다. "베어낸 상아의 문(Gate of Ivory)으로 나오는 꿈들은 이루어지지도 않을 소식을 전해주며 속이지요. 그러나 반들반들 닦은 뿔의 문으로 나오는 꿈들은 누가 그것들을 보든 꼭 실현되지요.(Those that come through the Ivory Gate cheat us with empty promises that never see fulfillment. Those that come through the Gate of Horn inform the dreamer of the truth)" 독자들의 꿈도 뿔의 문으로 나와 실현되길 희망한다.

Keras는 CNTK, TensorFlow 또는 Theano를 백엔드로 사용하는 Python 기반의 딥러닝 프레임워크이다. TensorFlow, Theano, Caffe, CNTK, Torch 등 많은 딥러닝 프레임워크에 비해 Keras는 실제 응용에서 다음과 같은 이점을 갖는다.

- Keras는 신속한 모델링을 목적으로 설계되었다. 사용자는 필요한 모델의 구조를 쉽고 빠르게 코드로 옮길 수 있어 개발 속도가 빠르다.
- 합성곱 신경망, 순환 신경망과 같은 네트워크 구조를 지원하기 때문에 많은 분야에 응용하기 충분하다.
- 높은 수준의 모듈화는 사용자로 하여금 개별 모듈을 임의로 조합하여 필요한 모델을 구성할 수 있도록 하였다. Keras에서는 모든 신경망 모델을 그래프 모델 또는 시퀀스 모델로 설명할 수 있으며, 이들은 신경망 계층, 손실 함수, 활성화 함수, 초기화 방법, 정규화 방법, 최적화 엔진 등의 모듈로 구성된다. 사용자는 이러한 모듈을 그래프 모델이나 시퀀스 모델에 합당한 방식으로 배치하여 필요한 모델을 구성할 수 있을 뿐만 아니라 각 모듈의 세부 사항을 알 필요가 없다. 이 접근법은 사용자가 많은 양의 코드를 작성하거나 신경망 구조를 특정 언어로 기술해야 하는 다른 프레임워크에 비해 훨씬 효율적이고 실수할 확률이 적다.
- Python 기반이기에 사용자는 Python 코드를 통해 신경망 모델을 묘사할 수 있어 사용의 용이성과 확장성이 매우 뛰어나다. 사용자는 자신만의 모듈을 만들거나 기존 모듈을 수정하고 확장하기 매우 쉬우므로 새로운 모델과 방법을 쉽게 개발하고 적용하여 반복 속도를 높일 수 있다.
- 여러 응용 환경에서 CPU 환경과 GPU 환경을 자유롭게 전환할 수 있다. 물론 GPU 환경을 강력히 권장한다.

4.2 Keras에서 데이터 처리하기

먼저 Keras에서의 데이터 처리를 살펴보자. 모든 머신러닝 소프트웨어는 필요한 데이터의 규격과 형식에 대한 자체적인 요구 사항을 갖는다. 딥러닝에서 입력 데이터는 일반적으로 다차원 배열 형식이어야 하며, 모델링에 사용되는 데이터의 출처는 가지각색이기 때문에 먼저 원시 데이터를 규정에 따라 처리해야 한다.

Keras는 텍스트, 시퀀스, 이미지 등의 입력 데이터 처리에 사용하기 쉬운 툴을 제공한다. 모든 함수는 Keras.preprocessing 라이브러리에 있으며 text, sequence 및 image의 세 가지 하위 라이브러리를 포함한다.

4.2.1 텍스트 전처리

텍스트 모델링에서는 텍스트 원본으로부터 단어, 절 또는 구로 분리한 다음 인덱싱 및 태깅 작업을 거쳐야 한다. 이러한 전처리 작업을 토큰화(Tokenizaiton)라고 부른다. 토큰화는 Python을 통해 직접 구현할 수 있지만, Keras에서 더욱 편리하고 효율적인 방법을 제공한다. 일반적으로 텍스트 전처리 순서는 다음과 같다.

　① 텍스트 분리
　② 인덱싱(Indexing)
　③ 시퀀스 패딩(Padding)
　④ 배열 변환
　⑤ 텍스트 파일 일괄 처리

텍스트와 관련된 모든 전처리 함수는 Keras.preprocessing.text 라이브러리에 있다. 그러나 이는 영문용으로 설계된 것으로, 한국어 정보 처리에 관심 있는 독자는 KoNLPy를 참고하길 바란다.

텍스트 분리

텍스트 분리는 첫 번째 단계로, 위 라이브러리에 있는 text_to_word_sequence 함수를 써야 한다. 함수명에서 알 수 있듯이 텍스트는 미리 정의된 구분 기호(NULL 제외)에 따라 문자열 또는 단어(영어)로 나뉜다. 그리고 필터링을 통해 걸러내거나 문자를 소문자로 변경하는 등 일련의 작업을 거쳐 단어로 이루어진 리스트를 반환한다. 앞서 언급한 『오디세이』의 구절을 예로 들어 알아보자.

```
1  from keras.preprocessing.text import text_to_word_sequence
2
3  txt ="Those that come through the Ivory Gate cheat us with empty promises that
   never see fulfillment. Those that come through the Gate of Horn inform the
   dreamer of the truth"
4  out1 = text_to_word_sequence(txt)
5  print(out1[:6])
6
7  out2 = text_to_word_sequence(txt, lower=False)
8  print(out2[:6])
9
10 out3 = text_to_word_sequence(txt, lower=False, filters="Tha")
11 print(out3[:6])
```

출력 결과는 다음과 같다.

```
1  ['those', 'that', 'come', 'through', 'the', 'ivory']
2  ['Those', 'that', 'come', 'through', 'the', 'Ivory']
3  ['ose', 't', 't', 'come', 't', 'roug']
```

이 기능을 중국어에 직접 사용하면 어떤 효과가 있는지 『홍루몽』에서 첫 번째 단락을 빌리는 예를 살펴 본다.[1]

---

1) 역주: 중국어만 사용 가능하기에 본 역서에서는 수록하지 않았다.

인덱싱

텍스트 분리 후에 얻은 단어 리스트는 모델링에 바로 사용할 수 없다. 따라서 이후의 데이터 처리를 위해선 숫자 번호로 변환해야 한다. 이것이 인덱싱 작업이며 매우 간단하다. 단어를 정렬한 후에 번호를 매기기만 하면 된다. 다음 코드는 Keras의 전처리 모듈에서 인덱스를 생성하는 간소화된 방법이다. 위의 text_to_word_sequence에 의해 생성된 out1 변수와 같은 문자열 리스트가 이미 있다고 가정하면 다음 코드를 통해 단어의 인덱스를 생성할 수 있다.

```
1  out1.sort(reverse=True)
2  dict(list(zip(out1, np.arange(len(out1)))))
```

위의 코드에서 첫 번째 줄은 기존의 문자열을 역순으로 정렬하는 것이고, 두 번째 줄은 보다시피 세 개의 명령이 있다. 먼저 zip 명령을 통해 각 단어와 번호를 쌍으로 묶은 다음, list 명령으로 데이터 쌍을 리스트로 변경한다. 각 요소는 ('with', 0)과 같은 쌍이며, 마지막으로 dict 명령을 통해 리스트를 딕셔너리로 변경하면 인덱싱 작업은 끝난다.

인덱싱에 One-Hot 인코딩을 사용할 수도 있다. 즉 K개의 단어에 1~K 사이의 값을 부여해서 단어들로 구성된 어휘표를 색인화할 수 있다. 이것은 one_hot 함수를 사용하여 쉽게 구현할 수 있다.

이 함수는 두 개의 인수를 취하는데, 하나는 문자열 리스트이고 다른 하나는 인덱스 개수 n이다. 이 함수는 입력된 문자열 리스트에 n개의 인덱스($0, \cdots, n-1$)를 분배한다. 그렇다면 이 규칙은 무엇일까? 아래의 예를 살펴보자.

```
1  xin = [0,1,2,3,4,5,6,7,8,9,10,11,12,13]
2  tout=(text_to_word_sequence(str(xin)))
3  xout=one_hot(str(xin), 5)
4  for s in range(len(xin)):
5      print(s, hash(tout[s])%(5-1), xout[s])
```

결과는 이러하다.

```
1   0 2 3
2   1 1 4
3   2 1 2
4   3 3 2
5   4 1 2
6   5 0 1
7   6 2 3
8   7 2 3
9   8 3 2
10  9 0 1
11  10 3 2
12  11 1 4
13  12 0 1
14  13 2 3
```

일반적으로 많은 양의 여러 데이터를 유한한 공간에 매핑하기 위해 해시 테이블을 사용하며 one_hot 함수도 예외는 아니다. 이 함수는 리스트 각 요소의 해시값에 모듈로 연산을 거친 값을 출력한다. 정수를 입력받으면 해시값은 정수 값과 같고 문단 단위의 연속된 문자열의 경우 먼저 text_to_word_sequence 함수를 통해 문자열을 분할해야 한다.

```
1   def one_hot(text, n, filters=base_filter(), lower=True, split=" "):
2       seq = text_to_word_sequence(text, filters=filters, lower=lower, split=split)
3       return [(abs(hash(w)) % (n - 1) + 1) for w in seq]
```

시퀀스 패딩

인덱싱을 마친 텍스트 정보는 인덱스 번호에 따라 다차원 배열에 배치되어 모델링에 쓰인다. 이 다차원 배열의 행은 분리된 단어에 해당하지만 인덱스를 배열에 배치하기 전에 먼저 시퀀스 패딩 작업을 진행해야 한다. 단락을 단어로 쪼개고 나면 중요한 문맥 정보가 손실되므로 앞뒤 문장의 단어를 같이 모델링하면 원래의 문맥 정보를 유지할 수 있어 모델링 성능을 높일 수 있기 때문이다. 시퀀스 패딩은 두 가지 경우로 나뉜다.

첫 번째 경우는 Weibo와 Twitter상의 문장과 같은 자연스러운 텍스트 시퀀스이며 모델링할 데이터는 많은 Weibo 또는 Twitter로 구성된다. 또한, 여러 글들에 대해서도 모델링하는데 각 글의 문장들이 텍스트 시퀀스를 구성한다. 이때 각 문장의 길이가 다르므로 패딩 작업을 통해 길이를 같게 만들어 줘야 한다.

두 번째 경우는 순서가 있는 K개의 단어를 $M(M < K)$개의 단어만 갖는 문자열로 분할할 때이다. 이때 윈도우는 텍스트상에서 정해진 길이만큼 이동하며 단어 인덱스를 다차원 배열의 각 행에 넣기 때문에 한 문장이 여러 행에 분포함과 동시에 시간 간격(time step)이 형성된다.

시퀀스 패딩은 pad_sequences 함수를 통해 구현할 수 있다. 이 함수는 여러 시퀀스로 구성된 리스트를 입력받는다. 다음 코드로 단어의 인덱스 번호를 포함한 시퀀스 리스트를 입력받아 여러 옵션에서 시퀀스 패딩을 구현해 보자.

```
1  from keras.preprocessing.sequence import pad_sequences
2  x = [[1,2,3], [4,5], [6,7,8,9]]
3  y0 = pad_sequences(x)
4  y1 = pad_sequences(x, maxlen=5, padding='post')
5  y2 = pad_sequences(x, maxlen=3, padding='post')
6  y3 = pad_sequences(x, maxlen=3, padding='pre')
7  print(y0)
8  print("=====")
9  print(y1)
10 print("=====")
11 print(y2)
12 print("=====")
13 print(y3)
```

결과는 다음과 같다.

```
1  [[0 1 2 3]
2   [0 0 4 5]
```

```
 3    [6 7 8 9]]
 4    =====
 5    [[1 2 3 0 0]
 6     [4 5 0 0 0]
 7     [6 7 8 9 0]]
 8    =====
 9    [[1 2 3]
10     [4 5 0]
11     [7 8 9]]
12    =====
13    [[1 2 3]
14     [0 4 5]
15     [7 8 9]]
```

padding 옵션으로 뒤부터 채울지 앞부터 채울지 정할 수 있다. 패딩의 인덱스 숫자는 기본적으로 0이지만 value 옵션을 통해 수정 가능하다(이 옵션은 위 예제에서 쓰이지 않았다). 시퀀스의 길이를 별도로 지정하는 데 maxlen이 쓰이지 않았다면 가장 긴 시퀀스의 길이에 맞게 설정된다. 일부 시퀀스의 길이가 설정된 길이보다 작은 경우 시퀀스가 잘리는데, 패딩 길이가 k이면 마지막 k개의 인덱스 값이 유지된다.

배열 변환

모든 모델링은 다차원 배열만 사용할 수 있으므로 인덱싱된 텍스트 요소를 모델링에 쓰일 수 있는 배열로 변환해야 한다. Keras는 두 가지 방법을 제공하는데, 이 중 하나는 pad_sequences 함수를 사용하는 것이다. 위에서 보듯이, 인덱싱된 시퀀스 리스트에 대해 이 함수는 지정된 문장 길이가 열이고 문장 개수가 행인 배열을 생성할 수 있다. text가 모든 문장을 포함한 리스트이고 각 문장이 text_to_word_sequence 함수에 의해 단일 단어 또는 단어 리스트로 분리되었다고 가정하면, 다음 코드를 통해 텍스트를 해당 인덱스에 매핑하고 시퀀스 패딩 함수로 배열을 생성할 수 있다.

```
1    max_sentence_len=50
2    X = []
3    for sentences in text:
```

```
4      x = [word_idx[w] for w in sentences]
5      X.append(x)
6
7   pad_sequences(X, maxlen=max_sentence_len)
```

두 번째 방법은 아래에서 설명할 토크나이저 클래스를 사용하는 것이다. 일반적으로 여러 텍스트(예: 여러 소설) 또는 동일한 텍스트의 여러 단락(예: 같은 소설의 장절)을 배열로 변환하는 경우가 많기 때문에 일괄적으로 텍스트 파일을 처리하는 것이 바람직하다. 이때 토크나이저 클래스는 위에서 설명한 대로 텍스트를 처리하기 위한 통합된 메소드를 제공한다.

텍스트 파일 일괄 처리

텍스트 파일을 일괄적으로 처리하기 위해선 더욱 효율적인 방법이 필요하다. Keras는 텍스트 처리를 위한 토크나이저 클래스(Tokenizer class)를 제공한다. 텍스트 파일을 일괄 처리할 때는 대개 모든 텍스트가 하나의 리스트로 읽히며, 각 요소는 단일 파일의 텍스트이다. 위의 방법들은 모두 단일 문자열을 타겟으로 설계되었지만 이 방법은 텍스트로 이루어진 리스트 처리를 목적으로 설계되었다. 토크나이저 클래스는 매우 유용한 메소드를 포함하는데, 후속 모델링에 편리하도록 생성된 데이터에 대한 중요한 통계도 반환한다. 이 클래스가 취급하는 데이터에는 텍스트 리스트와 단어열로 이루어진 리스트가 있으며, 해당하는 메소드는 "texts"나 "sequences" 문구를 포함한다. 텍스트 리스트를 처리하는 방법은 모두 텍스트를 단어열로 분할하여 적절한 작업을 실행하는 것이다. 다음은 간단한 예이다.

open(file).read() 함수를 통해 리스트 변수인 alltext에 일련의 텍스트 파일을 읽은 것으로 가정하면 각 요소는 텍스트 파일의 텍스트이다. 모든 전처리 작업을 수행하기 전에 먼저 토크나이저 객체를 초기화한다.

```
1   from keras.preprocessing.text import Tokenizer
2   tokenizer = Tokenizer(nb_words=1000)
3   tokenizer.fit_on_text(alltext)
```

fit_on_text() 함수의 역할은 입력 텍스트에 대한 통계를 계산하고 내부 요소를 색인화하는 것이다.

- 첫째, 텍스트 요소를 차례대로 탐색하고 위에서 언급한 text_to_word_sequence 함수를 사용해 분할한 다음 소문자로 통일시킨다.
- 둘째, 단어 총 빈도와 파일별 빈도를 계산하고 정렬한다.
- 마지막으로, 총 단어 수를 계산하고 단어마다 전체적인 인덱스와 파일별 인덱스를 생성한다.

위의 작업을 완료하면 텍스트를 단어로 구성된 시퀀스로 나눌 수 있다.

```
word_sequences = tokenizer.texts_to_sequences(alltext)
```

모든 텍스트 문자열을 단어로 분할한 후에 같은 길이로 맞춰줘야만 최종적으로 모델링에 쓸 수 있는 배열로 변환할 수 있다. 이때 위에서 언급한 pad_sequences 함수가 사용되며 사용법은 동일하다.

```
padded_word_sequences = pad_sequences(word_sequence, maxlen= MAX_sequence_length);
```

토크나이저 클래스에는 텍스트 시퀀스를 배열로 변환시킬 수 있는 메소드인 texts_to_matrix와 sequences_to_matrix가 있다. 이름 그대로 텍스트와 시퀀스를 배열로 변환할 수 있는 메소드이다.

4.2.2 시퀀스 데이터 전처리

시퀀스 데이터의 처리에 관해서 우리는 이미 단어열 패딩에 대해 알아보았다. 하지만 시퀀스 데이터는 문자열뿐만 아니라 시계열 데이터도 포함한다. 다행히 시계열 데이터 처리도 위와 동일하므로 따로 언급은 하지 않겠다. 사실 데이터를 자르거나 채우는 작업은 결국 인접한 N개의 요소를 연결하는 것, 즉 자연어 처리의 N-Gram 모델과 유사하다.

　이와 비슷한 시퀀스 데이터 처리 방법으로는 Skip Gram 모델이 있다. 이것은 Tomas Mikolov가 2013년에 개발한 단어 표현(Word Representation) 모델로써, 단어를 M차원 공간에 매핑하며 Word2Vec이라는 이름으로 더 유명하다. 이 모델은 시퀀스 데이터를 처리하지만 단어의 순서를 고려하지 않고 단어에서 벡터로 단순히 매핑한다. Keras 전처리 모듈에 있는 skipgrams 함수는 단어 벡터 인덱스를 두 요소로 된 조합 ($w1$, $w2$)와 레이블 z로 변환한다. 만일 $w1$과 $w2$가 붙어 있으면 z는 1이고, $w2$가 인접하지 않은 요소에서 무작위로 추출됐으면 z는 0이 된다.

아래의 예제를 살펴보자.

```
1  from keras.preprocessing.sequence import skipgrams
2  z0 = skipgrams([1,2,3],3)
3  res=list(zip(z0[0], z0[1]))
4  for s in res:
5      print(s)
```

출력 결과는 다음과 같다.

```
1   ([3, 2], 0)
2   ([1, 1], 0)
3   ([2, 2], 0)
4   ([3, 2], 0)
5   ([2, 3], 1)
6   ([2, 2], 0)
7   ([1, 3], 1)
8   ([2, 1], 1)
9   ([1, 1], 0)
10  ([3, 2], 1)
```

```
11  ([3, 1], 1)
12  ([1, 2], 1)
```

4.2.3 이미지 데이터 입력

Keras는 이미지 데이터를 입력하기 좋은 인터페이스인 keras.preprocessing.image. ImageDataGenerator 클래스를 제공한다. 이 클래스는 제너레이터(Generator) 객체를 생성해 루프에 따라 이미지 정보에 해당하는 다차원 배열을 일괄적으로 생성한다. TensorFlow, Theano와 같은 다양한 백엔드 엔진에 따라 서로 다르지만 기본적으로 다차원 배열의 정보는 2차원 형태의 이미지 픽셀과 색상 채널을 포함한다. 흑백 이미지인 경우 단 하나의 색상 채널을 보유하고, RGB 이미지인 경우 빨강, 초록, 파랑의 세 개 색상 채널을 보유한다.

4.3 Keras 모델

Keras에서 딥러닝 모델은 연결 구조에 따라 시퀀스 모델(Sequential 클래스)과 일반 모델(Model 클래스)로 나눌 수 있다.

시퀀스 모델

시퀀스 모델은 일반 모델의 하위 클래스에 속하지만 많이 쓰이기 때문에 여기선 별도로 설명한다. 이 모델의 계층 간에는 선형 관계가 있으며, 여기에 다양한 요소를 추가해 신경망을 구성할 수 있다. 이러한 요소는 리스트로 묶여 시퀀스 모델에 매개변수로 전달되어 원하고자 하는 모델을 생성할 수 있다.

샘플 코드는 다음과 같다.

```
1  from keras.models import Sequential
2  from keras.layers import Dense, Activation
3
4  layers = [ Dense(32, input_shape=(784,)),
5      Activation('relu'),
6      Dense(10),
7      Activation('softmax')]
8  model = Sequential(layers)
```

처음에 모든 옵션을 지정하지 않고도 다음과 같이 계층별로 추가할 수도 있다.

```
1  from keras.models import Sequential
2  from keras.layers import Dense, Activation
3
4  model = Sequential()
5  model.add(Dense(32, input_shape=(784,)) )
6  model.add(Activation('relu'))
7  model.add(Dense(10))
8  model.add(Activation('softmax') )
```

일반 모델

일반 모델은 유방향 비순환 그래프(Directed Arcyclic Graph, DAG) 또는 공유 계층을 갖는 모델 등과 같이 복잡한 네트워크 구조를 갖는 신경망을 설계하는 데 사용할 수 있다. 시퀀스 모델과 마찬가지로 함수형 API를 통해 일반 모델을 정의할 수 있는데, 함수형 API의 장점은 다음과 같다. 함수의 실행 결과를 결정하는 유일한 요소는 반환값이며, 이 반환값을 결정하는 요소는 인수밖에 없어 코드 테스트에 필요한 작업량이 크게 줄어든다. 또한, 함수형 언어는 형식 체계에 근간을 두기 때문에 수학적인 표현이 가능하다면 이 언어를 통해 나타낼 수 있다. 이러한 측면은 코드 작성을 용이하게 하고 코드 효율성을 수학적으로 보장해 많은 시간을 절약할 수 있다. 관심 있는 독자는 함수형 프로그래밍에 관한 서적을 읽어 보길 권장한다.

　　함수형 프로그래밍에서 연산의 대상은 모두 함수이며, 함수는 매개변수로 전달되므로 다른 함수 호출을 위한 함수 인터페이스로 쉽게 전환할 수 있다. 예를 들어 임의의 두 실수를 서로 곱하는 함수 double times(double x, double y)가 있다고 가정했을 때, Triple = double times(double x, 3)이라 정의한다면 x에 3을 곱하는 새로운 함수가 탄생하는 것이다.

　　일반 모델에서도 동일한 방법을 사용하여 모델의 요소 및 구조를 정의한다. 정의할 때는 입력의 다차원 배열로 시작해서 각 계층과 요소를 정의하고 마지막으로 출력층을 정의한다. 입력층과 출력층을 일반 모델의 매개변수로 집어넣음으로써 모델 객체를 정의하고 컴파일 및 피팅을 진행할 수 있다. 다음 예제는 Keras 공식 문서에서 가져온 것으로, 손글씨 숫자 분류를 위한 완전 연결 신경망을 생성하고 컴파일 및 피팅을 진행하는 과정이다. 여기서 입력 데이터는 28×28 크기의 이미지이다.

　　먼저 관련된 모듈을 로드한다.

```
1  from keras.layers import Input, Dense
2  from keras.models import Model
```

　　입력 데이터인 다차원 배열의 크기를 정의하기 위해 입력층 inputs를 정의한다. 여기서는 모든 이미지를 784 픽셀의 벡터로 전개하므로 이 다차원 배열은 (784,) 크기의 벡터이다.

```
inputs = Input(shape = (784, ) )
```

　　활성화 함수를 포함한 연결층을 정의한다. 64개의 뉴런을 갖고 relu 활성화 함수를 사용한 두 개의 은닉층을 정의한다고 가정하면 다음과 같다.

```
1  x = Dense(64, activation='relu')(inputs)
2  x = Dense(64, activation='relu')(x)
```

첫 번째 은닉층은 입력층을 매개변수로 지정하고, 두 번째 은닉층은 첫 번째 은닉층을 매개변수로 지정한다. 여기서 우리는 함수형 프로그래밍의 편의를 체감할 수 있다. 이어서 마지막으로 정의한 은닉층을 매개변수로 지정한 출력층을 정의한다.

```
y = Dense(10, activation='softmax')(x)
```

모든 요소가 준비되면 모델 객체를 정의할 수 있다. 매개변수는 입력과 출력뿐이지만 출력에는 다양한 정보가 들어 있다.

```
model = Model(inputs = inputs, outputs = y);
```

마지막으로, 모델 객체를 정의했으면 컴파일을 진행하고 데이터에 맞춰 피팅할 수 있다. 피팅 시에는 입력 및 출력에 해당하는 두 개의 매개변수가 존재한다.

```
1  model.compile(optimizer='rmsprop', loss='categorical_crossentropy', metrics=['accuracy'])
2  model.fit(data, labels)
```

위의 내용에서 볼 수 있듯이, 시퀀스 모델과 일반 모델의 주요 차이점은 입력층에서 출력층까지의 계층 구조를 정의하는 방법에 있다.

- 첫째, 시퀀스 모델에서는 시퀀스 모델 객체가 우선적으로 정의되지만 일반 모델에 선 크기 및 구조를 포함하여 입력층에서 출력층까지의 요소를 먼저 정의한다.
- 둘째, 시퀀스 모델에서는 모델 객체를 생성하고 add 메소드를 통해 활성화 함수와 네트워크 크기를 포함한 각 계층의 정보를 추가해 전체적인 신경망을 정의할 수 있다. 반면에 일반 모델에서의 네트워크 구조는 각 계층의 정보를 담는 함수가 매 개변수가 되어 한층 한층 쌓이면서 구축된다.
- 마지막으로, 시퀀스 모델에서 각 계층은 순서에 따라 추가할 수밖에 없지만, 일 반 모델은 함수형 프로그래밍을 채택하므로 기존의 네트워크 구조에 새로운 구조

를 적용해 새로운 모델을 신속하게 생성할 수 있다. 특히 여러 유형의 입력 데이터가 있는 경우에 이 장점이 부각되는데, Keras 공식 문서에 나오는 Video QA 모델이 한 예이다. 이 모델은 비디오 이미지와 자연어로 이루어진 질문을 입력받는다. 먼저 시퀀스 모델을 통해 다층 합성곱 신경망을 구성함으로써 이미지를 벡터로 인코딩한다. 그런 다음 이 모델을 TimeDistributed 함수에 넣어 비디오를 인코딩하고 LSTM으로 모델링한다. 이와 동시에 자연어를 텍스트에서 벡터로 변환한다. 두 네트워크를 합쳐서 다음 완전 연결 계층의 매개변수로 입력하면 가능한 대답이 출력된다.

시퀀스 모델이 대부분의 작업에 효과적이지만 함수 API의 일반 모델은 분석가에게 더욱 강력한 도구를 제공한다.

4.4 Keras의 중요한 함수

Keras는 활성화 함수, 초기화 함수, 정규화 함수 등과 같이 네트워크 구조를 구성하는 데 도움이 되는 여러 함수를 제공한다. 이렇게 미리 정의된 함수는 사용자로 하여금 Keras를 더욱 쓰기 쉽게 만든다. 다음은 활성화 함수, 초기화 함수, 정규화 함수에 대한 간략한 소개이다.

활성화 함수

네트워크 계층을 정의할 때 어떤 활성화 함수를 사용할지 정하는 것은 매우 중요하다. Keras는 많은 활성화 함수를 제공함으로써 다양한 네트워크 구조를 커스터마이징하기 편하다. 활성화 함수를 사용하는 두 가지 방법이 있는데, 하나는 활성화 계층을 별도로 정의하는 것이고, 다른 하나는 계층을 정의하는 함수의 옵션을 통해 필요한 활성화 함수를 지정하는 것이다. 예를 들자면, 아래의 두 코드는 동일하다.

```
1  model.add(Dense(64, input_shape=(784,)))
2  model.add(Activation('tanh'))

   model.add(Dense(64, input_shape=(784, ), activation='tanh') )
```

Keras의 활성화 함수는 위 코드에서 tanh 활성화 함수를 사용한 것과 같이 미리 정의된 문자열로 참조할 수 있다. 이외에도 여러 활성화 함수가 있는데 아래에서 간략히 소개한다.

- softmax : 정규화된 지수 함수라고도 불리는 이 활성화 함수는 K차원의 실수를 $(0,1)$ 범위로 압축하며 K개 값의 합은 1이다. 이 함수는 다음과 같이 쓸 수 있다.

$$s(x)_j = \frac{\exp(x_j)}{\Sigma_i^K \exp(x_i)}, \quad j = 1, ..., K$$

  확률 이론에서 이 공식은 K개의 레이블을 갖는 확률 이산 분포를 나타내므로 다항 로지스틱 회귀분석, 다중 선형 분류기 등과 같은 다중 클래스 분류 알고리즘에 이 함수가 쓰인다.

- softplus : 이 활성화 함수는 softmax 함수를 적분한 것으로 양수를 출력한다. 즉 범위가 (0, Inf)로 바뀐다.

$$s(x) = \ln(1 + \exp(x))$$

- softsign : 이 활성화 함수는 실숫값을 (–1, 1) 범위 안의 값으로 조절하는 삼각 함수와 같은 역할을 한다.

$$s(x) = \frac{x}{1 + \|x\|}$$

- elu : Exponential Linear Unit의 약자로 매개변수 α를 포함하며 다음과 같이 나타낸다.

$$s(x) = x < 0?\alpha(\exp(x)-1) : x$$

즉 입력값이 0보다 작으면 $\alpha(\exp(x)-1)$을 출력하고, 0보다 크거나 같으면 입력
값을 그대로 출력한다. 따라서 치역은 $(-\alpha, \text{inf})$이다.

- relu : Rectified Linear Unit의 약자로 계단 함수이다. 입력값이 0보다 작으면 출력
  이 0이고, 0보다 크거나 같으면 들어온 값을 유지하므로 치역은 $[0, \text{inf})$이다.

- tanh : 쌍곡선 함수의 하이퍼볼릭 탄젠트 함수를 사용해 실숫값을 (–1, 1) 범위로
  축소하며, 공식은 다음과 같다.

$$s(x) = tahn(x) = \frac{2}{1+\exp(-2x)} - 1$$

- sigmoid : 실숫값을 (0, 1) 범위로 축소한다. 통계학 배경지식이 있는 독자라면 이
  함수가 매우 익숙할 것이다. 공식은 다음과 같다.

$$s(x) = \frac{1}{1+\exp(-x)}$$

  이 함수의 그래프는 S자 모양의 곡선을 나타낸다. 때로는 tanh 함수도 시그모이
  드 함수에 포함된다.

- hard_sigmoid : 이는 위에서 언급한 표준 시그모이드 함수에 부분 선형 근사를 적
  용한 함수로써 exp 연산을 피해 속도를 높이기 위해 설계되었다.

$$s(x) = \begin{cases} 0 & , x < 2\ 5 \\ 0.2{*}x+0.5 & , -2.5 \le x \le 2.5 \\ 1 & , x > 2.5 \end{cases}$$

- linear : 선형 함수는 입력값에 대해 어떠한 변환도 하지 않으므로 $f(x) = x$이다.
  선형 활성화 함수는 옵션이 None으로 설정된 경우 선택된다.

초기화 함수

초기화 함수(Initializer)는 네트워크 계층의 가중치(kernel_initializer)와 편향(bias_initializer)의 초 깃값을 임의로 설정하는 데 쓰인다. 초깃값을 알맞게 설정하면 모델의 수렴 속도를 크 게 높일 수 있다. Keras는 다음과 같은 다양한 초기화 함수를 제공하며 모두 keras. initializers 모듈에 속해있다.

- Zeros, 모든 매개변수 값을 0으로 초기화한다.

- Ones, 모든 매개변수 값을 1로 초기화한다.

- Constant(value=1), 모든 매개변수 값을 지정된 상수로 초기화한다.

- RandomNormal, 모든 매개변수 값을 정규 분포를 따르는 난수로 초기화한다. 기 본적으로 정규 분포의 평균은 0이고, 표준편차는 0.05이며, **mean, stddev** 옵션 을 통해 수정할 수 있다.

- TruncatedNormal, 모든 매개변수 벡터를 절단 정규 분포를 따르는 난수로 초기화 한다. 마찬가지로 평균은 0이고 표준편차는 0.05이다. 평균의 두 표준편차 이외의 난수는 버리고 다시 샘플링한다. 이 초기화 함수는 다양성을 가짐과 동시에 한쪽 으로 치우친 값을 생성하지 않아 선호하는 방법 중 하나이다. 또한, Keras는 이 함 수를 기반으로 한 glorot_normal과 he_normal 함수를 제공한다. 전자의 표준편차 는 0.05가 아닌 $\sqrt{2/(n_1+n_2)}$ 이고, 후자의 표준편차는 $\sqrt{2/n_1}$ 이다. 여기서 n_1은 입력 노드의 개수, n_2은 출력 노드의 개수를 의미한다.

- RandomUniform, 매개변수 값을 균일 분포를 따르는 난수로 초기화한다. 기본 적으로 최솟값은 −0.05이고 최댓값은 0.05이며 minval, maxval 옵션을 통해 변경 할 수 있다. 마찬가지로 Keras는 이 함수를 기반으로 한 glorot_uniform과 he_ uniform 함수를 제공한다. 전자의 하한 및 상한은 $-/+\sqrt{6/(n_1+n_2)}$ 이고, 후자 의 하한 및 상한은 $-/+\sqrt{6/n_1}$ 이다.

- 사용자 정의, 사용자는 초기화할 변수의 형상(shape)과 데이터형을 이용해 초기화 함수를 직접 정의할 수 있다. 아래의 예제는 Keras 공식 문서에서 가져온 것으로 백엔드의 정규 분포 함수를 사용해 초깃값을 생성한다. 따라서 네트워크 계층을 정의할 때 이 함수를 호출하기만 하면 된다.

```
1  from keras import backend as K
2
3  def my_init(shape, dtype=None):
4      return K.random_normal(shape, dtype=dtype)
5
6  model.add(Dense(64, kernel_initializer=my_init))
```

정규화 함수

모델링 시에 정규화는 오버피팅을 방지하는 수단 중 하나이다. 계층마다 규제를 적용할 수 있는데 kernel_regularizer, bias_regularizer, activity_regularizer를 통해 각각 가중치, 편향, 활성화 함수에 대해 정규화를 지정할 수 있다. 즉 이들은 keras.regularizers. Regularizer의 인스턴스로써 L1 정규화, L2 정규화, L1&L2 정규화를 l1(x), l2(x), l1_l2(x1, x2)와 같이 지정할 수 있다. 여기서 x는 모두 음이 아닌 실수이며 정규화의 가중치를 나타낸다.

이것도 마찬가지로 사용자가 직접 가중치에 대한 정규항을 설계할 수 있다. 가중치를 매개변수로 전달받아 단일 값을 출력하기만 하면 된다. Keras 공식 문서에서 제공하는 예제는 다음과 같다.

```
1  from Keras import backend as K
2
3  def l1_reg(weight_matrix):
4      return 0.01 * K.sum(K.abs(weight_matrix))
5
6  model.add(Dense(64, input_dim=64,  kernel_regularizer=l1_reg)
```

이 예제에서는 가중치 절댓값의 합에 0.01을 곱한 값을 반환하는 함수를 만들어 1차 정규화항을 정의한다. 이는 regularizer.l1(x) 객체와 동일하다.

4.5 Keras 계층 구조

위의 설명에서 알 수 있듯이, 신경망의 구체적인 구조는 여러 계층(Layer)을 쌓아 구현할 수 있으므로 다양한 네트워크 계층의 역할을 이해해야 한다.

핵심 계층

핵심 계층(Core Layer)에는 Dense, Activation, Dropout, Flatten, Reshape, Permute, RepeatVector, Lambda, ActivityRegularization, Masking과 같이 신경망을 구성하는 데 자주 쓰이는 계층이 있다. 모든 계층은 입력과 출력, 그 사이에 활성화 함수 및 기타 관련 매개변수 등을 포함한다.

① Dense 계층. 완전 연결 계층은 신경망에서 가장 자주 쓰이는 계층으로 신경망 뉴런의 활성화가 이루어진다. 한 예로, $y = g(x'w + b)$에서 w는 계층의 가중치 벡터, b는 편향, $g()$는 활성화 함수이다. 만일 use_bias 옵션을 False로 설정하면 편향은 0이 된다. 자주 인용되는 완전 연결 계층의 명령어는 다음과 같다.

```
model.add(Dense(32, activation='relu', use_bias=True, kernel_initializer=' uniform',
bias_initializer='uniform', activity_regularizer=regularizers. l1_l2(0.2, 0.5) )
```

위의 명령어에서

- 32, 출력 벡터의 크기를 나타낸다.
- activation='relu', 활성화 함수로 relu 함수를 지정하였다.
- kernel_initializer='uniform', 균일 분포를 사용해 가중치를 초기화하며, 위와 같이 편향에도 적용할 수 있다.
- activity_regularizer=regularizers.l1_l2(0.2, 0.5), L1, L2 정규화를 동시에 적용하였다. 여기서 L1 정규화 매개변수는 0.2이고 L2 정규화 매개변수는 0.5이다.

② **Activation 계층.** 활성화 계층은 이전 계층의 출력에 활성화 함수를 적용하는 계층으로써, activation 옵션 외에 활성화 함수를 지정하는 또 다른 방법이다. 용법은 매우 간단해 필요한 활성화 함수를 매개변수에서 지정하기만 하면 된다. 미리 정의된 함수는 이름의 문자열을 직접 참조하거나 TensorFlow 및 Theano에 내장된 활성화 함수를 사용한다. 만일 이것이 전체 네트워크의 첫 번째 계층인 경우 input_shape를 통해 입력 벡터의 크기를 지정해야 한다.

③ **Dropout 계층.** 드롭아웃은 해당 계층의 일부 입력 벡터를 무시하는 것이다. 모델 학습 중 매개변수 업데이트 단계에서 일부 은닉층의 노드는 정해진 비율에 따라 업데이트가 비활성화됨과 동시에 가중치는 그대로 유지하여 오버피팅을 방지한다. 여기서의 비율은 매개변수 rate를 통해 0과 1 사이의 실수로 설정된다. 모델 훈련 시에 이러한 노드의 매개변수를 업데이트하지 않기 때문에 당시 네트워크에 속하진 않지만 가중치를 유지함으로써 이후의 반복에 영향을 미칠 수 있으며 스코어링 과정에도 영향을 준다.

④ **Flatten 계층.** Flatten 계층은 이름 그대로 3차원 이상의 고차원 배열을 2차원 배열로 편평화한다. 첫 번째 차원의 크기는 유지하고 나머지의 모든 데이터를 두 번째 차원에 넣기 때문에 두 번째 차원의 크기는 기존 배열 첫 번째 차원을 제외한 모든 차원들의 크기를 서로 곱한 값이다. 첫 번째 차원은 일반적으로 각 반복에 필요한 배치 크기이고, 두 번째 차원은 원본 이미지를 나타내는 데 필요한 벡터의 길이이다.

예를 들어 입력 배열의 크기가 (1000, 64, 32, 32)라고 가정한다면, $64 \times 32 \times 32 = 65536$이므로 Flatten 계층을 지난 후의 크기는 (1000, 65536)이 된다. 마찬가지로 (None, 64, 32, 32) 크기의 입력 배열은 (None, 65536)이 된다.

⑤ **Reshape 계층.** Reshape 계층의 기능은 Numpy의 Reshape 메소드와 마찬가지로 다차원 배열의 요소는 유지하되, 이를 크기가 다른 배열로 다시 구성하는 것이다. 튜플(tuple)로 구성된 출력할 벡터의 크기가 매개변수로 지정되는데, 출력 벡터의 첫

번째 차원의 크기는 배치 크기라는 점에 유의해야 한다.

예를 들어 16개 요소를 갖는 입력 벡터를 (None, 4, 4) 크기의 새로운 2차원 배열로 바꿀 수 있다.

```
1  model = Sequential()
2  model.add(Reshape( (4, 4), input_shape=(16, ) ) )
```

최종적으로 출력된 벡터는 (4, 4)가 아닌 (None, 4, 4)이다.

⑥ Permute 계층. Permute 계층은 주어진 패턴에 따라 입력 벡터의 차원을 재정렬한다. 이 방법은 합성곱 신경망과 순환 신경망을 서로 연결할 때 매우 유용하다. 튜플로 구성된 입력 벡터의 차원 순서가 매개변수로 지정된다.

```
model.add(Permute((1, 3, 2), input_shape=(10, 16, 8)))
```

입력 벡터의 두 번째 차원과 세 번째 차원이 바뀌어 출력되지만 첫 번째 차원의 데이터는 그대로 유지함을 볼 수 있다. 이 예제에서 input_shape가 쓰이는데, 일반적으로 첫 번째 계층에서 사용하며 이후의 계층에선 Keras가 알아서 입력 배열의 크기를 분별할 수 있다.

⑦ RepeatVector 계층. 이름에서 알 수 있듯이 RepeatVector 계층은 입력 배열을 여러 번 반복한다. 아래의 예제 코드를 살펴보자.

```
1  model.add(Dense(64, input_dim=(784, )))
2  model.add(RepeatVector(3))
```

첫 번째 줄에서 완전 연결 계층의 입력 배열은 784개의 요소를 갖는 벡터이고 출력 벡터는 (one, 64) 크기의 배열이다. 두 번째 줄에선 이 배열을 3번 반복하므로 (None, 3, 64) 크기의 다차원 배열로 재구성된다. 여기서 반복 횟수는 두 번째 차원을 차지하며 첫 번째 차원은 항상 배치 크기이다.

⑧ Lambda 계층. Lambda 계층은 임의의 표현식을 계층의 객체로 래핑할 수 있다. 매개변수는 대개 사용자 정의 함수 또는 기존 함수인 표현식이다. 만일 Theano 와 사용자 정의 함수를 사용하는 경우 출력 배열의 크기를 정의해야 할 수도 있 다. 백엔드로 CNTK나 TensorFlow를 사용하면 출력 배열의 크기를 자동으로 인식 한다.

```
model.add(Lambda(lambda x: numpy.sin(x)))
```

기존 함수를 사용해 패키징한다. 이는 비교적 간단한 예로, 활성화 함수인 AntiRectifier를 사용자 정의하고 출력 배열의 크기 역시 명확히 정의해야 한다.

```
1  def antirectifier(x):
2      x -= K.mean(x, axis=1, keepdims=True)
3      x = K.l2_normalize(x, axis=1)
4      pos = K.relu(x)
5      neg = K.relu(-x)
6      return K.concatenate([pos, neg], axis=1)
7
8  def antirectifier_output_shape(input_shape):
9      shape = list(input_shape)
10     assert len(shape) == 2
11     shape[-1] *= 2
12     return tuple(shape)
13
14 model.add(Lambda(antirectifier,  output_shape=antirectifier_output_shape))
```

⑨ ActivityRegularization 계층. 이 계층의 역할은 입력에 대한 손실 함수의 정규항 을 업데이트하는 것이다.

⑩ Masking 계층. 이 계층은 주로 LSTM과 같은 시계열 관련 모델에 쓰인다. 시퀀스를 주어진 시간 간격마다 마스크 값으로 마스킹한다.
입력 시퀀스의 시간 간격은 보통 입력 시퀀스의 첫 번째 차원이다(차원은 0부터 계산된다).

만일 입력 시퀀스 값이 마스크 값과 같으면 이 데이터는 이후의 모든 마스킹 계층
을 그냥 넘어간다.

```
1  model = Sequential()
2  model.add(Masking(mask_value=0., input_shape=(timesteps, features)))
3  model.add(LSTM(32))
```

입력 시퀀스 X[batch, timestep, data]에 해당하는 timestep=5, 7의 값이 0, 즉 X[: ,
[5,7], :]=0이라면 위의 코드에서 LSTM은 시간 간격이 5와 7이고 데이터 값이 0인
경우 모두 무시한다.

합성곱 계층

Keras는 합성곱 신경망을 손쉽게 구현할 수 있도록 합성곱 연산, 스트라이드(Stride), 제
로 패딩(Zero-Padding) 등을 포함한 합성곱 계층 API를 지원한다.

합성곱(Convolution)은 두 함수 f와 g에 특정 연산을 거쳐 새로운 함수 z를 생성하는 수
학 연산자이다. 새 함수는 원래의 두 함수 중 하나(예: f)를 또 다른 함수(예: g)의 치역에 대
해 적분 또는 가중 평균한 것과 같다. 이것은 위키피디아(https://en.wikipedia.org/wiki/Convolution)
에 있는 그래프를 통해 쉽게 이해할 수 있다.

【그림 4-2】와 같이 두 함수 f와 g가 있다고 가정하면 두 함수에 대한 합성곱 연산 과
정은 다음과 같다.

① 두 함수를 t에 대한 함수로 나타낸다.

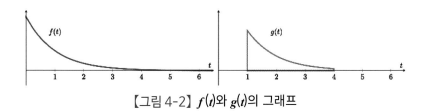

【그림 4-2】 $f(t)$와 $g(t)$의 그래프

② 임의의 변수 τ를 축으로 두 함수를 나타내고, 두 함수 중 하나(여기선 g)를 【그림 4-3】 과 같이 반전(time-invert)한다.

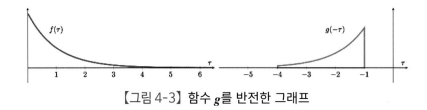

【그림 4-3】 함수 g를 반전한 그래프

③ 반전한 함수 g에 t를 더하면 【그림 4-4】와 같이 τ축에서 이동할 수 있다. 비록 정 적인 그래프지만 함수 g의 곡선이 좌표 축을 따라 움직일 수 있다고 상상해 보길 바란다.

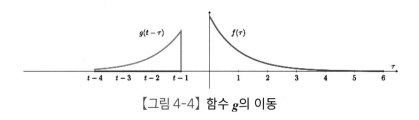

【그림 4-4】 함수 g의 이동

④ 음의 무한대에서 시작해 양의 무한대까지 움직이며 두 함수의 곱의 적분 값을 찾 는다. 【그림 4-5】는 이 과정을 보여준다.

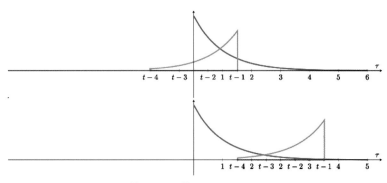

【그림 4-5】 합성곱 과정

이렇게 얻어진 파형은 두 함수의 합성곱이다.

합성곱 연산은 1차원, 2차원 및 3차원으로 나눠지며, 각각의 메서드는 Conv1D, Conv2D, Conv3D에 해당한다. 이를 첫 번째 계층으로 사용할 경우 입력 데이터의 크기를 input_shape 옵션에 지정해야 한다. 차원 수마다 데이터가 갖는 의미가 다르기 때문에 이에 대해 별도로 알아보자.

1차원 합성곱은 시간 영역(time-domain)에서의 합성곱이다. 시간 순서로 배치된 시퀀스 데이터에 주로 적용되는데, 1차원 데이터에 커널을 적용한 합성곱 연산을 통해 텐서를 생성한다. 2차원 합성곱은 공간 영역(space-domain)에서의 합성곱으로, 위와 같은 방법을 통해 이미지와 관련된 입력 데이터에 많이 쓰인다. 3차원 합성곱도 동일한 작업을 수행한다.

Conv1D, Conv2D 및 Conv3D의 옵션은 거의 동일하다.

- filters : 정수로 입력받은 필터 출력의 크기
- kernel_size : 정수나 정수로 이루어진 리스트 혹은 튜플로 입력받은 커널의 시간 또는 공간 길이
- strides : 정수나 정수로 이루어진 리스트 혹은 튜플로 입력받은 스트라이드 크기, 만일 설정된 스트라이드 크기가 1이 아니면 dilation_rate 옵션의 값은 무조건 1이어야 한다.
- padding : 제로 패딩 적용 방식을 결정하며 valid, same, causal 중 하나를 선택할 수 있다. causal은 팽창된 합성곱을 생성한다. 즉 output[t]는 input[t+1:]에 의존하지 않아 순서를 위반할 수 없는 시계열 신호를 모델링할 때 유용하다. *WaveNet: A Generative Model for Raw Audio, section 2.1*을 참고하길 바란다. valid는 제로 패딩을 적용하지 않고, same은 출력 데이터의 크기를 입력 데이터의 크기와 같게 만든다.
- data_format : 데이터 형식으로 channels_last와 channels_first가 있다. 이 옵션은 데이터 차원의 순서를 결정짓는데, channels_last는 (batch, steps, channels)에 해당하고 channels_first는 (batch, channels, steps)에 해당한다.
- activation : 활성화 함수. 내장 함수나 사용자 정의 함수를 지정할 수 있으며 4.4절

에서 다룬 활성화 함수를 참고하길 바란다. 별다른 지정이 없으면 어떠한 활성화 함수도 사용하지 않는다(즉 선형 함수 $a(x)=x$로 간주).

- dilation_rate: 이 옵션을 통해 팽창된 합성곱(Dilated Convolution)의 팽창 비율을 지정할 수 있으며, 비율은 정수 혹은 정수로 이루어진 리스트/튜플이어야 한다. dilation_rate가 1이 아닌 경우 스트라이드는 반드시 1로 설정해야 한다.
- use_bias: True/False로 편향 사용 여부를 결정한다.
- kernel_initializer: 4.4절에서 다룬 초기화 함수 또는 사용자 정의 함수를 지정할 수 있다.
- bias_initializer: 이것도 마찬가지로 4.4절에서 다룬 초기화 함수 또는 사용자 정의 함수를 지정할 수 있다.
- kernel_regularizer: 가중치에 정규항을 추가할 수 있으며 4.4절의 정규화 함수에 대한 내용을 살펴보길 바란다.
- bias_regularizer: 편향에 정규항을 추가한다.
- activity_regularizer: 출력에 정규항을 추가한다.
- kernel_constraints: 가중치에 제한을 둔다.
- bias_constraints: 편향에 제한을 둔다.

위에서 설명한 합성곱 계층 외에도 SeparableConv2D, Conv2DTranspose, UpSampling1D, UpSampling2D, UpSampling3D, ZeroPadding1D, ZeroPadding2D, ZeroPadding3D 등과 같은 특수한 합성곱 계층이 있다. 지면의 한계상 관심 있는 독자는 Keras 공식 문서를 참고하길 바란다.

풀링 계층

풀링(Pooling)은 합성곱 신경망에서 이미지 특징에 대한 일종의 처리 기법으로 보통 합성곱 연산 후에 이루어진다. 풀링의 목적은 특징들의 최댓값 또는 평균값에 기인해 특징의 전체 수를 줄여 오버피팅을 방지하고 계산량을 줄이는 것이다. 예를 들면 크기가 128×128인 이미지를 8×8 필터와 합성곱을 하면 121×121 특징 맵(feature map)을 얻을 수 있다. 만약에 70개의 필터가 적용됐다면 총 특징의 수는 $70 \times (128-8+1)^2 = 1,024,870$개에 달한다. 100만 개나 되는 특징을 학습시키면 오버피팅 되기 쉽다. 따라서 합성곱을 거쳐 나온 특징 맵에 평균값이나 최댓값 등을 사용한 풀링 기법을 통해 특징을 줄여나갈 수 있다. 물론 이 작업은 인접한 특징들이 안정적이어야 한다는 가정에 기반한다. 즉 인접한 공간 내의 충분통계량의 차이가 크지 않아야 한다. 대부분의 응용, 특히 이미지와 연관된 응용의 경우 이 가정이 성립한다고 볼 수 있다. 【그림 4-6】은 4개(2×2)의 서로 겹치지 않은 블록에서 풀링 기법을 사용한 결과를 간략히 보여준다.

Keras의 풀링 계층은 계산 방법에 따라 최대 풀링(Max Pooling)과 평균 풀링(Average Pooling)으로 나뉘며 차원 수에 따라 1차원, 2차원 및 3차원 풀링 계층으로 나뉜다.

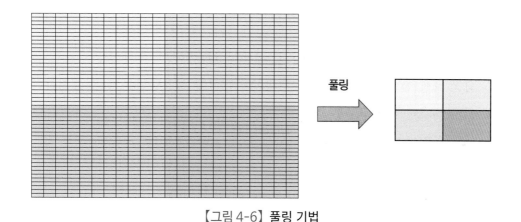

【그림 4-6】 풀링 기법

① 최대 풀링
- MaxPooling1D, 1차원 시계열 데이터에 대한 최대 풀링 함수이다. 입력 데이터의 형식은 (배치, 시간 간격, 각 차원의 특징값)이고 출력 데이터는 3차원 텐서(배치, 다운샘플링 이후의 시간 간격, 각 차원의 특징 개수)이다.
- MaxPooling2D, 2차원 이미지 데이터에 대한 최대 풀링 함수이다. 입력 및 출력 데이터는 4차원 텐서이며 형식은 data_format 옵션에 따라 다르다.
  data_format="channels_first": 입력 데이터=(샘플 수, 채널 수, 행, 열),
  출력 데이터=(샘플 수, 채널 수, 행, 열)

data_format="channels_last": 입력 데이터＝(샘플 수, 행, 열, 채널 수),

출력 데이터＝(샘플 수, 행, 열, 채널 수)

- MaxPooling3D, 3차원 시공간 데이터에 대한 최대 풀링 함수이다. 입력 및 출력 데이터는 5차원 텐서이며 형식은 data_format 옵션에 따라 다르다.

data_format="channels_first":

입력 데이터＝(샘플 수, 채널 수, 1D 길이, 2D 길이, 3D 길이),

출력 데이터＝(샘플 수, 채널 수, 1D 길이, 2D 길이, 3D 길이)

data_format="channels_last":

입력 데이터＝(샘플 수, 행, 1D 길이, 2D 길이, 3D 길이),

출력 데이터＝(샘플 수, 1D 길이, 2D 길이, 3D 길이, 채널 수)

② 평균 풀링

평균 풀링 함수는 풀링에 최댓값 대신에 평균을 사용한다는 점을 제외하면 옵션과 데이터 형식이 동일하다. 함수는 AveragePooling1D, AveragePooling2D, AveragePooling3D가 있다.

③ 글로벌 풀링

글로벌 풀링 함수는 모든 특징 차원의 통계를 적용해 특징을 나타내므로 차원을 축소시킨다. 일반 풀링 함수에서 특징 맵의 크기만 작아질 뿐, 차원 수는 변함이 없다. 하지만 글로벌 풀링 함수에서는 출력 차원이 입력 차원보다 작다. 한 예로 2차원 글로벌 풀링 함수에서 입력 차원이 (샘플 수, 채널 수, 행, 열)이라면 행과 열이 축소되어 2차원 (샘플 수, 채널 수)만 출력된다. 글로벌 풀링 함수도 마찬가지로 최대 풀링과 평균 풀링이 있으며 1차원 및 2차원으로 나뉜다.

- 1차원 풀링: 1차원 풀링 함수는 최대 풀링 및 평균 풀링 두 가지 유형으로 나뉘며 함수명은 각각 GlobalMaxPooling1D 및 GlobalAveragePooling1D이다. 입력 데이터 형식은 (배치, 스텝, 특징 값)이고 출력 데이터 형식은 (배치, 채널 수)이며, 둘 다 옵션은 없다.

- 2차원 풀링: 2차원 풀링 함수도 최대 풀링 및 평균 풀링 두 가지 유형으로 나뉘며 함수명은 각각 GlobalMaxPooling2D 및 GlobalAveragePooling2D이다. 입력 데이터 형식은 data_format 옵션에 따라 다르다. data_format="channels_first"인 경우 (배치, 채널 수, 행, 열) 이고 data_format="channels_last"인 경우 (배치, 행, 열, 채널 수)이다. 출력 데이터 형식은 모두 (배치, 채널 수)이다.

순환 계층

순환 계층(Recurrent Layer)은 시퀀스와 관련된 신경망을 구성하는 데 쓰인다. 이는 추상 클래스로써 객체를 인스턴스화 할 수 없기 때문에 LSTM, GRU 및 SimpleRNN 서브클래스를 통해 네트워크 계층을 구성해야 한다. 이러한 서브클래스의 사용법을 알아보기 전에 먼저 순환의 개념에 대해 이해해 보자. 순환 신경망과 완전 연결 신경망의 가장 큰 차이점은 이전의 은닉층 상태값이 현재 계층의 입력으로 들어오는가이다.

예를 들면 완전 연결 신경망의 정보 흐름은 다음과 같다. (현재 입력 데이터)→은닉층→출력. 이와 반면에 순환 신경망의 정보 흐름은 (현재 입력 데이터+이전 은닉층의 상태값)→현재 은닉층→출력과 같은 순서로 이루어진다.

다음 예제는 iamtrask.github.io의 설명을 차용한 것이다. 【그림 4-7】은 전형적인 순환 계층이 시간에 따라 변화하는 구조를 보여준다.

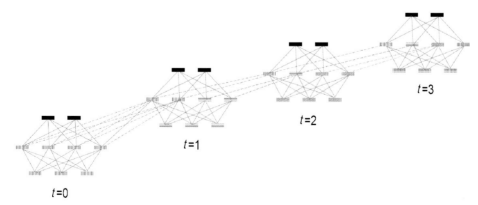

【그림 4-7】 전형적인 순환 계층이 시간에 따라 변화하는 구조

먼저 t가 0일 때 모든 영향은 입력으로부터 오지만, 그 이후부터는 이전 은닉층 정보의 영향을 받는다. 이전 은닉층의 정보는 기억을 구성하므로 신경망의 크기는 기억의 크기를 결정한다고 볼 수 있다. 또한, 어느 기억을 유지하고 제거할지를 선택함으로써 이전 은닉층 정보가 현재에 미치는 영향력, 즉 기억의 깊이를 제어할 수 있다.

위의 정보 흐름에 따라 이 네트워크를 표현하면【그림 4-8】과 같다.

```
(input + empty_hidden) -> hidden -> output
(input + prev_hidden) -> hidden -> output
(input + prev_hidden) -> hidden -> output
(input + prev_hidden ) -> hidden -> output
```

【그림 4-8】순환 계층의 정보 흐름을 표현한 형식

여기서 색상은 다른 시간대의 정보가 은닉층을 통해 전파되고 영향을 미치는 과정을 시각적으로 나타나는 데 쓰였다.

- SimpleRNN : 이는 완전 연결된 순환 계층을 구성하는 데 사용되는 하위 클래스로 가장 많이 쓰이며 recurrent.SimpleRNN으로 호출된다.
- LSTM(Long Short Term Memory) : 순환 계층의 또 다른 하위 클래스로 SimpleRNN과 비교해 은닉층의 가중치가 희소하다.
- GRU(Gated Recurrent Unit)

위 신경망들은 공통적으로 다음과 같은 옵션을 포함한다.
- units : 출력 벡터의 크기
- activation : 활성화 함수, 앞서 계속 언급한 활성화 함수명을 표기한다. 별도로 지정되지 않으면 어떠한 활성화 함수도 사용하지 않는다(즉 선형 함수 $a(x)=x$)
- use_bias : True 또는 False로 편향 사용 여부를 결정한다.
- kernel_initializer : 커널에 적용할 가중치 초기화 방법을 지정한다.
- recurrent_initializer : 순환 계층에 배치된 노드의 가중치 초기화 방법을 지정한다.
- bias_initializer : 편향 초기화 방법을 지정한다.
- kernel_regularizer : 가중치에 정규항을 적용한다.

- recurrent_regularizer: 순환 계층에 배치된 노드의 가중치에 정규항을 적용한다.
- bias_regularizer: 편향에 정규항을 적용한다.
- activity_regularizer: 출력에 정규항을 적용한다.
- kernel_constraint: 가중치에 제약을 둔다.
- recurrent_constraint: 순환 계층에 배치된 노드의 가중치에 적용할 제약 함수를 지정한다.
- bias_constraint: 편향에 적용할 제약 함수를 지정한다.
- dropout: 0과 1 사이의 실수, 버릴 입력 노드의 확률을 지정한다.
- recurrent_dropout: 0과 1 사이의 실수, 순환 계층에 배치된 노드의 드랍아웃 확률을 지정한다. LSTM과 GRU는 recurrent_activation 옵션을 통해 활성화 함수를 지정할 수 있다.

임베딩 계층

임베딩 계층(Embedding Layer)은 모델 첫 번째 계층에서 쓰이며 모든 인덱스를 고밀도 벡터로 바꾸는 데 목적을 둔다. 예를 들어 [[4], [32], [67]]→[[0.3, 0.9, 0.2], [−0.2, 0.1, 0.8], [0.1, 0.3, 0.9]]와 같이 3차원 벡터로 변환하며, 일반적으로 텍스트 데이터를 모델링하는 데 쓰인다. 입력데이터는 2차원 텐서(배치, 시퀀스 길이)이고 출력 데이터는 3차원 텐서(배치, 시퀀스 길이, 벡터 차원 크기)이다.

옵션은 다음과 같다.
- input_dim: 어휘 크기로 양의 정수여야 한다.
- output_dim: 출력 크기로 0보다 크거나 같은 정수여야 한다.
- embeddings_initializer: 임베딩 벡터의 초기화 함수
- embeddings_regularizer: 임베딩 벡터의 정규화 함수
- embeddings_constraint: 임베딩 계층의 제약 함수
- mask_zero: 0값에 대한 마스킹 여부. 보통 입력값의 0은 제로 패딩을 거친 결과임으로 마스크 처리해야 한다. 만일 입력 텐서가 모두 0이면 해당 데이터는 이후 마스킹을 지원하는 모든 계층을 건너뛴다. 즉 마스킹 처리된다. 반대로 이후의 일부 계층이 마스킹을 지원하지 않고 마스크 처리된 데이터를 전달받으면 예외가 발생한다.

합병 계층

합병 계층은 여러 네트워크에서 생성된 텐서를 특정 방법을 통해 합치는 것을 의미하며 다음 절에서 특이값 분해 예제를 참고할 수 있다. 여기서 특정 방법에는 추가(merge.Add), 곱셈(merge.Multiply), 평균(merge.Average), 최댓값(merge.Maximum), 결합(merge.Concatenate), 점곱(merge.Dot)이 있다.

여기서 추가, 곱셈, 평균, 최댓값 방법은 합칠 텐서의 차원 크기가 완전히 같아야 한다. 결합 방법은 어떤 차원(axis)에 맞춰 결합할지 지정해야 하며, 다른 차원 크기는 반드시 일치해야 한다. 곱셈 방법은 두 텐서를 곱하여 합치는데, 텐서는 고차원 배열이기 때문에 어떤 차원(axis)에 따라 연산을 진행할지 지정해야 한다.

*MIT Technology Review*에서 발췌한 【그림 4-9】는 네트워크 병합 구조를 잘 보여준다.

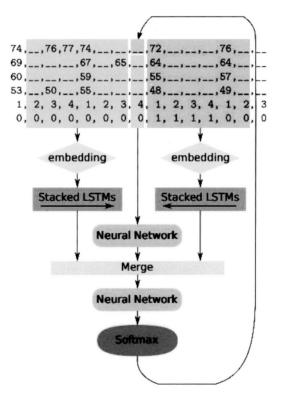

【그림 4-9】 네트워크 병합 구조

4.6 Keras를 이용한 특이값 분해

Keras는 다양한 딥러닝 모델 설계를 목적으로 개발되었지만 네트워크 구조를 교묘하게 구성하면 특정한 전통 알고리즘을 구현해낼 수 있다. 다음은 Keras를 이용해 특이값 분해(SVD)를 구현하는 방법이다.

특이값 분해는 일종의 기본적인 수학 도구로써 비교적 유명한 협업 필터링(Collaborative Filtering), 주성분 분석(PCA) 등의 많은 데이터 마이닝 알고리즘에 쓰인다. 특이값 분해의 목적에는 배열 구조 해석, 중요 정보 획득, 노이즈 제거, 데이터 압축 구현 등이 있다. 예를 들어 특이값 분해에서 정보는 처음 몇 개의 특징 벡터에 집중되어 있어 이 벡터들을 사용하여 기존 행렬을 더 잘(평균 제곱 오차가 최대한 작게) 복구할 수 있으며 더 적은 데이터만 유지하면 된다.

여기서 우리는 Keras를 이용한 특이값 분해에 대해 알아볼 것이다. SVD는 주로 협업 필터링 알고리즘에 적용되어 데이터를 줄이고 계산 속도를 향상시킨다. 이 알고리즘은 보통 사용자와 상품 간의 상관관계를 결정하는 행렬에 이용되며 【그림 4-10】은 이에 해당하는 간단한 행렬이다. 여기서 행은 사용자를 나타내고 열은 아이템을 나타내며 각 숫자는 상품에 대한 구매자의 평점 또는 구매 이력을 의미한다. 만일 구매하지 않았거나 평가하지 않았다면 null 값 혹은 0으로 대체한다. 구매한 적이 있다면 보통 1이나 구매 횟수 또는 평점이다.

	상품 1	상품 2	상품 3	상품 4	상품 5	상품 6	상품 7	...
사용자 1	1				5			
사용자 2		2						
사용자 3				3				
사용자 4	2			3			3	
사용자 5						2	1	
사용자 6			4					
사용자 7	2	1		5	3			
사용자 8						3	5	
사용자 9			1		2			
...								

【그림 4-10】 사용자와 상품 간의 상관관계를 결정하는 행렬

SVD는 다음과 같은 선형대수학 정리에 기초한다. 크기가 $m \times n$인 임의의 실수 행렬 X는 다음 3개 행렬의 곱으로 표현할 수 있다. 좌 특이벡터로 이루어진 $m \times r$ 크기의 직교 행렬 U, 특이값으로 이루어진 $r \times r$ 크기의 대각 행렬 S와 우 특이벡터로 이루어진 $r \times n$ 크기의 직교 행렬 $V^T_{(r \leq n)}$.

$$X_{m \times n} = U_{m \times r} S_{r \times r} V^T_{r \times n}$$

위의 행렬 분해를 직관적으로 표현하면 【그림 4-11】과 같다.

$$
\begin{array}{cccc}
X & U & S & V^T
\end{array}
$$

$$
\begin{pmatrix} x_{11} & x_{12} & \dots & x_{1n} \\ x_{21} & x_{22} & & \\ \vdots & \vdots & \ddots & \\ x_{m1} & & & x_{mn} \end{pmatrix} = \begin{pmatrix} u_{11} & \dots & u_{1r} \\ \vdots & \ddots & \\ u_{m1} & & u_{mr} \end{pmatrix} \begin{pmatrix} s_{11} & 0 & \dots \\ 0 & \ddots & \\ \vdots & & s_{rr} \end{pmatrix} \begin{pmatrix} v_{11} & \dots & v_{1n} \\ \vdots & \ddots & \\ v_{r1} & & v_{rn} \end{pmatrix}
$$

$$
\begin{array}{cccc}
m \times n & m \times r & r \times r & r \times n
\end{array}
$$

【그림 4-11】 특이값 분해

위에서 볼 수 있듯이 SVD는 기존의 행렬을 행 정보에 해당하는 행렬 U와 열 정보에 해당하는 행렬 V로 분해하는 것이다. 특이값을 포함하는 대각 행렬이 제곱근을 취해 좌우 직교 행렬에 들어가므로 이들의 곱과 기존 행렬의 평균 제곱 오차가 최대한 작아지도록 기존 행렬을 조밀한 실수 행렬로 분해해야 한다. Keras를 통해 행렬을 분해할 때도 이 방식을 따르며 임베딩(Embedding) 계층과 합병(Merge) 계층이 쓰인다. 임베딩 계층은 일련의 양의 정수(시퀀스의 인덱스 등)를 정해진 차원의 실수로 변환할 수 있고, 합병 계층은 추가, 결합, 점곱과 같은 여러 방법을 통해 두 네트워크를 합칠 수 있다.

- 첫째, 사용자와 아이템에 번호를 매겨 임베딩을 통해 사용자와 아이템을 고정된 공간에 매핑할 수 있도록 한다. 예를 들어 아래의 예제 코드에서 첫째 줄과 둘째 줄은 사용자 시퀀스의 입력을 정의하고 임베딩을 통해 n_users만큼의 사용자를 n_factor 차원의 새 공간에 매핑한다. 처음에는 새 공간의 위치가 임의로 지정된다. 즉 무작위 벡터로 초기화되지만 이후에 모델 피팅 단계에서 최적화가 이루어진다.

- 둘째, 각각 새로운 공간에 매핑된 두 임베딩 계층을 합병 계층에서 합쳐 피팅 후의 UV'를 얻는다. mode='dot'을 보면, 점곱을 통해 합쳐졌음을 알 수 있다.
- 마지막으로 모델을 정의하고 평균 제곱 오차(MSE)가 최대한 작아지도록 확률적 경사 하강법을 사용해 모델을 피팅한다. 아래의 코드로 이를 구현할 수 있다.

```
1  model = Model([user_in, movie_in], x);
2  model.compile(Adam(0.001), loss='mse')
```

전체 코드는 다음과 같다.

```
1   user_in = Input(shape=(1,), dtype='int64', name='user_in')
2   u = Embedding(n_users, n_factors, input_length=1)(user_in)
3   movie_in = Input(shape=(1,), dtype='int64', name='movie_in')
4   v = Embedding(n_movies, n_factors, input_length=1)(movie_in)
5
6   x = merge([u, v], mode='dot')
7   x = Flatten()(x)
8   model = Model([user_in, movie_in], x)
9   model.compile(Adam(0.001), loss='mse')
10
11  model.fit([trn.userId, trn.movieId], trn.rating, batch_size=64, epochs=1))
```

CHAPTER

5

추천 시스템

추천 시스템

5.1 / 추천 시스템 소개

추천 시스템은 머신러닝의 가장 많이 응용되는 분야 중 하나이다. 우리에게 익숙한 아마존, 디즈니, 구글, Netflix 등의 회사는 모두 웹 페이지에 그들의 추천 시스템 인터페이스를 가지고 있어 사용자가 방대한 양의 정보로부터 가치 있는 정보를 더 빠르고 쉽게 찾을 수 있도록 도와준다.

예를 들어 아마존www.amazon.com은 사용자에게 책, 음악 등을 추천하고 디즈니 (video.disney.com)는 사용자가 가장 좋아하는 만화 캐릭터 및 디즈니 영화를 추천하며 구글 검색은 물론 GooglePlay, Youtube 등도 자신만의 추천 엔진, 추천 비디오 및 어플리케이션이 있다.

아마존 및 구글의 추천 웹 페이지는 【그림 5-1】 및 【그림 5-2】에서 보여준다.

【그림 5-1】아마존 추천 웹 페이지

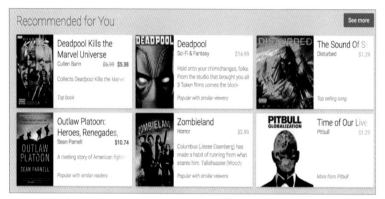

【그림 5-2】구글 앱 스토어 추천 웹 페이지

추천 시스템의 최종 목표는 수백만 개 심지어 수억 개의 콘텐츠 또는 상품에서 유용한 정보를 효율적으로 사용자에게 보여주는 것이다. 이를 통해 사용자가 직접 검색하는 시간을 절약할 수 있으며 사용자가 놓칠 수 있는 콘텐츠 및 상품을 제시함으로써 사용가 웹 사이트에서 더 많은 시간을 할애하길 원하도록 만들어 트래픽 자체가 판매자가 광고에서 이윤을 얻도록 할 뿐만 아니라 판매자가 콘텐츠 및 상품에서 더욱 많은 이윤을 얻을 수 있도록 한다.

그렇다면 추천 시스템 뒤에 있는 마법은 무엇일까? 우리는 추천 시스템이 본질적으로 정렬 문제를 수행하고 있다고 생각할 수 있다. 시스템의 모든 음악, 영화, 응용 프로그램 등을 사용자가 선호하는 순서대로 정렬하고 순위가 높은 것을 사용자에게 추천하며 사용자가 이러한 추천을 좋아하는 경우 추천 시스템의 가치는 자연스레 상승한다. 독자들은 아마 정렬의 전제가 선호에 대한 예측임을 알아챘을 것이다.

그렇다면 사용자가 선호하는 데이터는 어디에서 얻는 것일까? 여기에 몇 가지 경로가 있다. 예를 들어 사용자가 제품과 상호작용하거나 아마존 몰에서 몇몇 책을 읽거나 구매하면 사용자의 취향을 시스템이 배워서 몇 가지 가정을 기반으로 사용자의 초상화를 구축하고 모델을 만든다.

사용자가 제품과의 상호작용이 많을수록 데이터 포인트는 더욱 많아지고 초상화는 더욱 완벽해진다. 또한, 사용자가 크로스 플랫폼 행위를 하면 각 플랫폼의 데이터는 한데 모여 사용자의 선호를 종합적으로 학습할 수 있다. 예를 들어 Google 검색, 지도 및 앱 스토어 등 모두 사용자와 구글 제품의 상호작용 정보를 가지고 있고 이러한 플랫폼의 데이터는 통용될 수 있으며, 이러한 데이터를 응용할 수 있는 시나리오는 매우 많다. 플랫폼은 또한 제3자의 데이터를 이용할 수 있다. 예를 들어 몇몇 휴대전화 운영사의 데이터를 구독하여 다차원으로 고객을 형상화하는데 사용할 수 있다.

다음은 데이터를 수집하고 처리하는 몇 가지 핵심 사항이다.

① 먼저, 사용자의 데이터를 이해해야 한다. 예를 들어 사용자가 어떠한 동영상을 클릭했을 때 동영상을 마음에 들어 하는지 어떻게 알 수 있을까? 한 가지 해결책은 훈련 데이터의 선호도 점수를 합리적으로 정의하는 것이다. 예를 들어 사용자가 클릭할 뿐만 아니라 많은 시간을 머무르거나 비디오 재생 도중에 뒤로 먼저 넘기지 않거나, 사용자가 여러 번 시청했거나, 사용자가 좋아요를 누르는 등의 신호는 모두 긍정적인 신호이다. 부정적인 신호 역시 이와 같은 방식으로 정의할 수 있다. 여기서 통계적 방법을 사용하여 긍정적인 지표와 부정적인 지표를 정의해야 한다. 긍정적인 지표는 후속 모델에서 최대화해야 하며 부정적인 지표는 최소화해야 한다.

② 둘째, 누락된 데이터를 합리적으로 다루고 처리해야 한다. 예를 들어 플랫폼이 완벽하지 않아 데이터가 손실되거나 나이, 지역 등과 같이 채워 넣어도 되고 채워 넣지 않아도 되는 데이터의 경우 만약 대부분의 사용자가 채워 넣지 않으면 플랫폼

은 많은 이러한 종류의 데이터를 누락하게 된다. 게다가 이러한 누락은 랜덤으로 누락되는 것이 아니고 대부분의 경우 경향성을 가지고 누락되기 때문에 후속 분석에 어려움을 발생시킨다. 물론 일부 데이터는 누락된 경우에도 예측될 수 있다. 예를 들어 사용자가 애니메이션을 보면, 이 사용자는 어린이 혹은 젊은 사람일 가능성이 비교적 크다고 추측할 수 있다. 이러한 일부 데이터를 복원하려면 더 깊은 모델링이 필요하다.

③ 셋째, 플랫폼 간 데이터를 서로 주고받을 수 있도록 해야 한다. 플랫폼은 일반적으로 각 사용자에게 계정, 설비 혹은 브라우저의 Cookie 등에 기반한 유일한 ID를 제공한다. 사용자 ID는 플랫폼마다 다를 수 있으며 제3자의 데이터를 사용하는 경우 ID를 거의 일치시킬 수 없다. 즉 여기서는 데이터 정합 및 소통의 문제를 직면하게 된다. 일반적으로 이를 처리하는 방법은 두 가지가 있다. 하나는 IP 주소, 설비 유형 등의 특징을 사용하여 두 방면의 데이터를 근사치로 정합화하는 것이다. 모델을 사용하여 두 플랫폼의 사용자를 매칭하는 방법을 예측하는 것은 매우 복잡하다. 또 다른 하나는 ID의 정보를 제거하여 익명을 사용하는 것이다. 사용자의 브라우징 행위가 반드시 로그인을 요구하는 것은 아니며 다른 설비를 통해 브라우징할 수 있기 때문에 이러한 방법은 자주 쓰인다. 우리는 사용자의 행위에 포커싱 한다.

사용자의 일련의 행위 간의 규칙을 상위 분석하며 어떠한 사용자가 이전에 무엇을 했는지는 관심을 가지지 않는다. 예를 들어 첫 번째와 두 번째 사용자가 모두 A를 본 뒤 B를 본 경우 이 두 사용자가 동일한 인물인지 아닌지와는 관계없이 우리는 A와 B가 관련이 있음을 알 수 있다. 이러한 관점에서 이 방법은 데이터의 가치를 제공한다. 또 다른 예로, 만약 두 번째 사용자가 A만 보았다면 이 사용자가 B를 매우 높은 확률로 좋아할 것이라고 여겨도 되는지 생각해 볼 수 있다. 인터넷 회사는 반드시 사용자의 데이터 및 프라이버시를 보호하는 것을 매우 중시해야 한다는 것을 고려 했을때 익명의 또 다른 장점은 기록되는 정보가 적을수록 사용자의 정보 안전 보장성이 커진다는 것이다.

④ 마지막으로 모델 측면에서 보면 빅데이터 환경에서는 매우 복잡할 수 있다. 사용자와 콘텐츠 제품 간의 상호작용 외에도 연령, 콘텐츠 태그를 모델에 추가해야 한다. 사용자가 관심을 가지는 부분은 시간과 관련이 있을 수 있다. 특히 뉴스를 읽는 경우 사용자는 일반적으로 오래된 기사보다는 새로운 기사를 읽고 싶어 한다. 이런한 경우 시간 요소를 어떻게 다룰지 고려해야 한다.

모델은 추천 시스템의 일부분이다. 우리는 추천 시스템 모델을 구축한 뒤에 다음과 같은 몇 가지 공정상의 실질적인 문제를 고려해야 한다.

첫째, 모델을 실시간으로 호출하는 방법. 좋은 추천 시스템은 데이터 처리 및 계산을 실시간으로 진행할 수 있어야 한다. 만약 데이터가 너무 느리게 업데이트되거나 모델이 최신 사용자 정보를 포함할 수 없다면 추천이 제대로 이루어질 수 없다. 이러한 경우 온라인 업데이트 모델의 개발이 필요할 뿐만 아니라 동시에 데이터는 스트림 형식으로 데이터베이스 및 모델에 입력되어야 한다. 계산할 때는 어떤 데이터가 메모리에 저장되어야 하는지도 역시 고려해야 한다.

둘째, 신속한 모델 호출을 보장하는 방법. 사용자가 추천 시스템의 추천 결과를 반나절 동안 기다릴 수는 없으므로 시스템은 신속하게 반응해야 한다. 추천 시스템 플랫폼은 대규모 배치, 로드의 평행 및 스트레스 테스트를 실시해야 한다.

셋째, 모델 심사 기준을 어떻게 설정할 것인가. 현재 일반적으로 정보 수집의 정확성(Precision) 및 회상률(Recall)을 평가 지표로 사용하는 반면 평균 백분위수(Mean Percentile Rank)와 같은 좀 더 풍부한 지표들을 사용할 수도 있다.

넷째, 새로운 모델을 온라인 상태로 만드는 방법. 일반적으로 여러분들은 모두 다음과 같이 실험을 진행할 수 있다. 먼저 1%의 사용자가 새로운 추천 시스템을 사용하되 다른 1%의 사람은 기존의 추천 시스템을 사용한다. 통계적으로 볼 때 만약 새로운 모델의 효과가 좋다면 새로운 모델을 5%, 10% 등으로 확장하고 최종적으로는 100%까지 확장하여 완전 온라인 상태로 만든다. 플랫폼에서 얻은 사용자 로그 데이터의 시간은 동일하지 않으며 실험은 장기 지표가 나오는 순간까지 기다릴 수 없기 때문에 일반적으로 최종적으로 개선될 필요가 있는 장기 지표(예: 유지율) 대신 단기 지표를 사용한다. 지표를 설정하는 방법 또한 하나의 학문이다. 지표는 표본에 따라 변화하기 때문에 노이즈 제거 방법, 희소 데이터 처리 방법 및 통계적 유의성을 묘사하는 방법 등은 실험 설계의 최우선 과제이다. 또한, 설정된 단기 지표는 장기 지표와 동일한 것을 나타내야 하며 좋은 단기 지표를 찾기 위해서는 어느 정도 시간을 써서 탐색 및 데이터를 통해 검증해야 한다.

다섯째, 모니터링 시스템을 설계해야 한다. 만에 하나 지표에 이상 상태가 발생할 경우 이상 검출 및 원인을 찾아내고 또한 이전 버전으로 신속하게 복귀할 수 있는 메커니즘이 필요하다. 모니터링 시스템을 구축할 때 이상 검출과 같은 머신러닝 모델을 결합해야 하며 여기서 더이상 하나하나 설명하지는 않겠다.

이번 장에서는 중점적으로 추천 시스템의 두 종류의 중요한 알고리즘인 매트릭스 분해 모델 및 딥 모델을 다룬다. 그런 다음 모델을 평가하기 위해 일반적으로 사용되는 지표에 대해 논의할 것이다.

5.2 매트릭스 분해 모델

매트릭스 분해는 사실상 수학에서 매우 전형적인 문제이다. 마치 1보다 큰 양의 정수는 모두 여러 소수의 곱으로 분해할 수 있는 것처럼 선형 대수에서 알 수 있듯 매트릭스는 SVD 분해, Cholesky 분해 등을 할 수 있다. 여기서 언급된 매트릭스 분해는 임의의 매트릭스 $R_{m \times n}$에 대해서 낮은 차원의 두 개의 매트릭스 $X_{m \times k}$와 $Y_{k \times n}$의 곱으로 근사화할 수 있는지를 나타낸다. 여기서 k가 크면 분해의 의미가 없기 때문에 여기서 우리는 k 값이 비교적 작기를 희망한다. 예를 들어 X가 R과 동일하고 Y가 단위 매트릭스라면 $X \times Y = R$이 된다. 이러한 분해의 경우 비록 정보는 누락되지 않지만 우리에게 어떠한 도움도 되지 않는다.

　매트릭스 분해는 일종의 정보 압축으로 여겨질 수 있다. 이는 다음과 같이 두 가지로 이해될 수 있다. 첫 번째로, 사용자와 콘텐츠가 독립적이지 않고 사용자의 선호도는 유사점이 있고 콘텐츠도 유사성이 있다. 압축은 사용자와 콘텐츠를 k 차원 벡터로 압축하는 수량화 과정이다. 그러면 독자는 원-핫(One Hot) 인코딩, 즉 사용자를 0,1 형식의 표현하면 왜 좋지 않은지 궁금해할 것이다. 이는 원-핫 인코딩에 필요한 공간이 너무 크기 때문이다. 예를 들어 원-핫 인코딩을 할 경우 10억 명의 사용자가 있으면 반드시 10억 개 차원의 벡터로 표현해야 하며 이러한 벡터 사이에는 어떠한 관계도 없다. 이와 반대로 사용자 벡터의 차원을 압축하여 벡터 차원을 작게 만드는 것은 그 자체로 정보 압축의 한 형태이며, 벡터 간 코사인(Cosine) 유사성과 같은 각종 계산을 진행할 수 있으므로 벡터 간의 거리, 유사한 정도 등을 수량화할 수 있다.

　두 번째로, 딥러닝 관점에서 볼 때 사용자가 나타내는 입력층(User Representation)은 일반적으로 원-핫 인코딩을 사용하지만 이는 문제가 되지 않는다. 그러나 첫 번째 계층인 완전 연결 신경망을 통해 소위 말하는 임베디드 계층(Embedding Layer)인 은닉 계층으로 도달할 수 있으며 이러한 과정은 우리가 앞에서 언급한 벡터 압축 과정에 속한다. 이 은닉 계층에 이어 다시 하나의 완전 연결 네트워크 계층을 통과하면 최종 입력층이 되며 이는 일반적으로 실제 표기된 데이터와 비교를 진행하여 갭을 찾아 가중치를 업데이트하는 데 사용된다. 이러한 의미에서 볼 때 전체 데이터를 신경 시스템의 틀에 넣고 얕은 학습을 통해 가중치를 찾는 것은 완전히 가능한 일이며 이렇게 찾아진 가중치들이 바로 우리가 원하는 벡터 집합이다.

　위와 같은 분석을 통해 우리는 매트릭스 분해가 추천 시스템에서 어떻게 응용되고 있는지는 매우 명백하게 알 수 있다. 사용자와 콘텐츠(예: 영화) 간에 상호작용하는 데이터가 있다고 가정한다면 다음과 같은 두 가지 상황을 예로 들 수 있다. 첫 번째는 사용자가 영화에 1~5 사이의 점수를 매기는 Netflix의 평점 모드와 같은 상황이다. 두 번째는 사용자가 특정 영화를 봤는지 혹은 얼마나 오랜 시간 봤는지 등과 같은 사용자 행위에 기반한 상황이다. 일반적으로 두 번째 상황이 더욱 신뢰성이 있다. 왜냐하면, 점수를 매길 때 사람마다 판단 기준이 다를 뿐만 아니라 많은 사람들은 설령 영화를 보았더라도 점수를 매기지 않을 수 있으며 점수를 매긴다 하더라도 자신이 만족하거나 불만인 영화에 대해서만 점수를 매길 수 있기 때문에 체계적인 편차가 발생하기 쉽고 이러한 문제를 나중에 처리하기에는 비교적 복잡하다. 반대로 사용자가 영화를 보는 행위는 기계의 로그에 기록되며 이는 실제 데이터이므로 데이터가 부정확하거나 편차가 있을 것을 우려할 필요가 없다.

이러한 두 가지 상황 모두 매트릭스 분해를 사용하여 해결할 수 있다. 데이터베이스에 m명의 사용자와 n개의 영화가 있다고 가정하면, 사용자와 영화의 매트릭스의 크기는 $m \times n$이다. 각 유닛 (i, j)는 R_{ij}에 0 혹은 1값을 취함으로써 사용자가 특정 영화를 보았는지를 나타낸다. 우리는 사용자와 영화를 Word2Vec과 유사한 방법을 사용하여 벡터로 표현한다. 각 사용자 i를 d차원 벡터 X_i로 나타내고 각 영화 j를 d차원 벡터 Y_j로 나타낸다. 우리는【그림 5-3】에서와 같이 매트릭스 R_{ij}에 최대한 유사한 $X_i \times Y_j$에 해당하는 X_i와 Y_j를 찾아야 한다. 이러한 방식으로 아직 발생하지 않은 사용자-영화 그룹에 대해서도 $X_i \times Y_j$ 표현식을 통해 임의 사용자의 영화에 대한 평점을 예측할 수 있다.

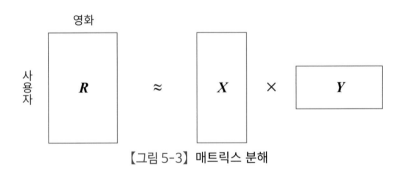

【그림 5-3】 매트릭스 분해

주의: 여기서 d는 m, n보다 훨씬 작은 수이다. 머신러닝 관점에서 보면 모델은 데이터의 주요 특징을 포착하기 위해 노이즈를 제거해야 한다. 복잡하고 유연한 모델일수록 더 많은 노이즈가 발생하며 차원을 줄임으로써 효과적으로 오버 피팅 현상의 발생을 피할 수 있다.

수식을 사용하여 다음과 같이 나타낼 수 있다: $\Sigma_{i,j}(r_{ij} - X_i \times Y_j)^2$

일반적으로 오버 피팅을 피하기 위해 정규항을 추가한다. 최적화(미분) 계산을 용이하게 하기 위해 일반적으로 L_2를 사용한다. 그러나 실제 응용 과정에서는 L_0, L_1 등 더욱 복잡한 정규항을 사용할 수 있다. 정규항의 선택에 대해서 우선 계산의 요구 사항에 적합해야 하며 추가된 표현식은 최적화 계산에 편리해야 한다. 또한, 일부 계수가 같거나 일부 계수가 모두 0이거나 모두 0이 아니라고 가정하는 것과 같이 모델에 대한 가정을 기반으로 한다. 이 모든 것의 최종 목표는 모델을 단순화하고 오버 피팅을 피해 더욱 좋은 보편성을 달성하는 것이다

정규항을 추가한 후의 표현 식은 다음과 같이 나타낼 수 있다:

$$\sum_{i,j}(r_{ij} - X_i \times Y_j)^2 + \lambda(\sum_i \|X_i\|^2 + \sum_j \|Y_j\|^2)$$

여기서 λ는 처벌의 정도를 제어하는 데 사용되는 조정 가능한 매개변수이다. λ가 매우 큰 경우 모든 X_i, Y_j는 0이 되어야 하며 반대로 λ가 매우 작은 경우 마치 제약이 없는 것처럼 X_i, Y_j의 선택지는 비교적 넓어진다. 원리를 파악한 후 우리는 Keras를 사용하여 매트릭스 분해 코드를 구현할 수 있다. 추천 시스템의 가장 전형적인 공개된 데이터는 100만 개의 평점 데이터를 가지고 있는 Movielens이다. 우리는 이러한 데이터를 사용하여 추천 시스템 모델을 만드는 방법을 보여주도록 하겠다.

먼저 오픈 소스 Keras(설명 문서 https://keras.org 및 소스 코드 https://github.com/ fchollet/keras.git를 참조한다) 필수 패키지를 로드하고 신경망 모듈을 구축한다.

```
1  import math
2  import pandas as pd
3  import numpy as np
4  import matplotlib.pyplot as plt
5  from keras.models import Sequential
6  from keras.layers import Embedding, Dropout, Dense, Merge
```

딥러닝 신경망 모델을 구축하는 기본 아이디어를 직관적으로 얘기하면 임의의 사용자와 영화 조합에 평점 예측을 진행하는 것이다. 입력은 사용자와 영화의 조합이고 출력은 평점이다. 우리는 사용자와 영화를 각각 임베디드 계층의 벡터로 나타내므로 실질적인 입력층은 바로 사용자 벡터 및 영화 벡터가 되고 실질적인 출력 계층은 바로 평점이된다. 평점의 범위는 1~5이므로 예측 시에 이를 연속적인 변수로 여기고 값을 예측할 수있다. 또한, 문제를 분류 문제로 여기고 마지막 계층은 Softmax로 구축하고 손실 함수는 교차 엔트로피(*Cross Entropy*)의 표준을 사용할 수 있다.

매트릭스 분해의 사고방식을 어떻게 Keras를 사용하여 빌드 할 수 있을까? 임베디드 계층에서 두 개의 벡터를 곱하고 이미 알고 있는 평점과 비교를 하고 만약에 편차가 있으면 최종 예측 점수와 이미 알고 있는 평점이 비슷해질 때까지 역전파 방법을 사용하여 임베디드 계층의 벡터를 조정한다

물론, 실질적인 조작 과정에서는 오버 피팅을 방지하기 위해 Dropout 등의 기술을 추가할 수 있다. 먼저 임베디드 계층의 차원을 선택한다(여기서는 128을 선택함). 이것은 조정 가능한 매개변수이므로 독자가 직접 선택할 수 있으며 일반적으로 몇백 범위 내의 선택이 비교적 적절하다. 구글의 유명한 Word2Vec 모델(https://code.google.com/archive/p/word2vec/)은 300차원을 사용한다.

우리는 Pandas를 사용하여 데이터를 읽는다(데이터는 먼저 movielens 웹사이트 http://files.grouplens. org/datasets/movielens/ml−1m.zip에서 다운로드해야 한다). 또한, 몇 명의 사용자, 몇 개의 영화 등의 몇 가지 데이터 통계량을 계산했다. 여기서 사용자 및 영화는 모두 1부터 시작되는 색인화를 진행하였다. 실제 적용 과정에서 데이터는 일반적으로 색인이 생성되지 않은 상태이므로 독자가 직접 색인화해야 한다.

```
1  k = 128
2  ratings = pd.read_csv("ratings.dat", sep = '::', names = ['user_id',' movie_
   id','rating','timestamp'])
3  n_users = np.max(ratings['user_id'])
4  n_movies = np.max(ratings['movie_id'])
5  print([n_users, n_movies, len(ratings)])
```

간단한 분석을 통해 우리는 데이터 세트에 6,040명의 사용자, 3,952개의 영화 및 1,000,209개의 평점이 있음을 알 수 있다.

데이터 세트가 얼마나 희소한지 살펴보겠다:

$$1000209/(6040.0 * 3852.0) = 4.29\%$$

이는 단지 4.29%의 사용자 영화 조합만이 평점을 가지고 있음을 나타낸다. 즉 매트릭스의 대부분 데이터는 모두 누락되었다. 위에서 언급했듯이 사용자가 평균적으로 본 영화 수는 제한적이며 영화를 보았을 경우에도 평점을 매기지 않을 수 있는 점을 고려했을 때 이는 상식에 부합하는 일이다.

그렇다면 평점의 분포는 어떠할까? 다음은 평점의 분포를 보여주는 코드이다.

```
1  plt.hist(ratings['rating'])
2  plt.show()
3  print(np.mean(ratings['rating']))
```

전체 평점의 평균 점수는 3.58이며【그림 5-4】에서 나타내듯 대부분의 평점은 3~5사이에 분포해 있다.

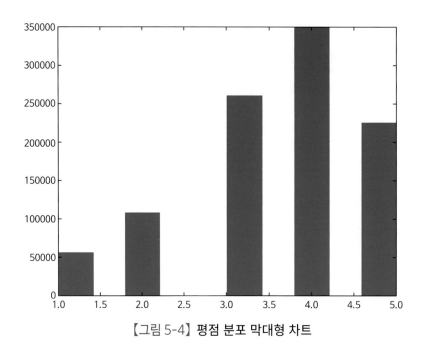

【그림 5-4】평점 분포 막대형 차트

독자는 어떠한 사용자가 평균적으로 더 높게 평점을 하는지 등의 다른 분석도 진행할 수 있다. 다음으로 모델을 만들 수 있다. 이 모델의 특수한 구조로 인해 우리는 두 개의 작은 신경망을 만들 수 있으며【그림 5-5】와 같이 세 번째 작은 신경망은 이전의 두 개의 작은 신경망의 입력에 대해 연산을 하는데 쓰인다.

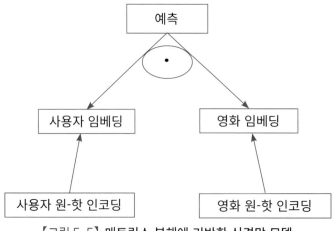

【그림 5-5】매트릭스 분해에 기반한 신경망 모델

첫 번째 작은 신경망은 사용자 임베디드 계층을 처리한다. 사용자 임베디드 계층의 첫 번째 매개변수는 반드시 가장 큰 색인 값보다 커야 하므로n_user+1을 사용하였다. 두 번째 매개변수는 임베디드 계층의 차원을 나타내며 앞에서 언급한 128을 취한다. 세 번째 매개변수는 데이터가 입력될 때마다 임베디드 계층의 몇 개의 색인을 쓸 것인지를 나타내며 일반적으로 이 숫자는 고정하여 사용한다.

이 예제에서는 매번 (하나의 영화와 매칭이 되는) 한 명의 사용자를 입력하기 때문에 input_length=1로 설정한다. 텍스트 감정 분석에서도 우리는 이와 비슷한 기술을 사용하였다.

```
1  model1 = Sequential()
2  model1.add(Embedding(n_users + 1, k, input_length = 1))
3  model1.add(Reshape((k,)))
```

두 번째 작은 신경망은 영화 임베디드 계층을 처리한다.

```
1  model2 = Sequential()
2  model2.add(Embedding(n_movies + 1, k, input_length = 1))
3  model2.add(Reshape((k,)))
```

세 번째 작은 신경망은 첫 번째 및 두 번째 네트워크 기반에 곱셈 연산을 더한 것이다.

```
1  model = Sequential()
2  model.add(Merge([model1, model2], mode = 'dot', dot_axes = 1))
```

출력 계층과 마지막 평점을 비교하고 역방향 전파 알고리즘을 사용하여 네트워크 매개변수를 업데이트한다.

```
model.compile(loss = 'mse', optimizer = 'adam')
```

또한, RMSPROP 혹은 ADAGRAD 알고리즘을 사용해 볼 수도 있다. 이 두 알고리즘에 대해서는 http://cs231n.github.io/neural-networks-3/#update 웹사이트의 소개를 참조할 수 있다.

```
1  model.compile(loss = 'mse', optimizer = 'rmsprop')
2  model.compile(loss = 'mse', optimizer = 'adagrad')
```

다음으로 우리는 사용자 색인 데이터 및 영화 색인 데이터를 얻는다. 이에 상응하는 특징 매트릭스 X_train는 이 두 개의 색인 데이터를 사용하여 구성해야 한다.

```
1  users = ratings['user_id'].values
2  movies = ratings['movie_id'].values
3  X_train = [users, movies]
```

평점 데이터는 다음과 같은 방식으로 얻을 수 있다.

```
y_train = ratings['rating'].values
```

모든 것이 준비되면 크기가 100인 작은 배치를 사용한 50번의 반복을 진행하여 가중치를 업데이트한다. 일반적으로 배치 크기는 수백으로 설정하며 반복 횟수는 백에서 수백의 범위까지 설정할 수 있다. 일반적으로 손실은 처음에는 빠르게 감소하지만 나중에는 느리게 감소한다. 일반적으로 손실이 안정화된 후에 훈련을 끝내는 것이 비교적 좋다.

```
model.fit(X_train, y_train, batch_size = 100, epochs = 50)
```

모델의 훈련이 끝난 뒤에 우리는 주어지지 않은 평점을 예측할 수 있다. 예를 들어 아래의 코드를 사용하면 10번째 사용자의 99번으로 번호가 매겨진 영화에 대한 평점을 예측할 수 있다.

```
1  i=10
2  j=99
3  pred = model.predict([np.array([users[i]]), np.array([movies[j]])])
```

훈련 샘플 오차를 계산한다.

```
1  sum = 0
2  for i in range(ratings.shape[0]):
3      sum += (ratings['rating'][i] - model.predict([np.array([ratings['user_id'][i]]),
       np.array([ratings['movie_id'][i]])])) ** 2
4  mse = math.sqrt(sum/ratings.shape[0])
5  print(mse)
```

결과는 훈련 데이터 세트에서 피팅 오차가 단지 0.34로 비교적 작음을 나타낸다.

여기서는 단지 시범을 보인 것에 불과하며 실제 모델링에서는 모델의 좋고 나쁨을 정확하게 평가하기 위해 데이터를 시간 축별로 훈련 데이터, 교정 데이터 및 테스트 데이터로 나누어야 한다. 훈련 데이터의 피팅이 잘 된 것은 단지 알고리즘 자체가 올바르게 최적화를 수행하고 있음만 설명할 수 있으며 모델이 미지의 데이터 세트에서의 성능이 좋은지는 설명할 수 없고 또한 모델이 본질을 포착하고 노이즈를 제거했는지 역시 설명할 수 없다.

모델의 좋고 나쁨을 평가하는 방법은 나중에 설명하겠다. 우리는 또한 위에서 언급한 신경망에 Dropout 등의 기술을 추가할 수 있다. 다음으로 업그레이드된 버전의 딥러닝 네트워크 모델을 보여주도록 하겠다. 위에서 묘사한 것은 매트릭스 분해 알고리즘에 대한 신경망 모델의 구현이며 사실 본질적으로는 단지 신경망의 최적화 알고리즘 및 구조를 빌려 매트릭스 분해를 계산한 것이다. 매트릭스 분해와 관련해서 더욱 간단한 계산 방법이 있으며 여기서는 일종의 교체 최소 제곱법(ALS)을 소개하겠다.

Dropout의 정규 방식과 유사하게 매트릭스 분해에서도 일반적으로 분해된 매트릭스에 대해 제한한다. 예를 들어 L_1, L_2를 더해 다음과 같은 형식으로 나타낼 수 있다:

$$(M - A \times B)^2 + \lambda(L_2(A) + L_2(B))$$

교체 최소 제곱법의 원리는 매우 간단하다. 우리가 해결해야 하는 것은 분해 매트릭스 M이 두 개의 새로운 매트릭스 A와 B의 곱과 거의 동일해야 한다는 것이며 제약 조건은 A, B의 값이 너무 크면 안 되고 M의 부분 데이터를 이미 알고 있다는 것이다. 좌표 하강법(Coordinate Descent)의 원리와 유사하게 우리는 먼저 A를 고정할 수 있으며 이렇게 되면 B를 구하는 것은 하나의 최소 제곱법 문제가 되며 마찬가지로 B가 얻어진 후에 B를 고정하면 A를 구할 수 있다. 계속 이렇게 반복하여 최종적으로 A, B가 모두 수렴하면(즉 두 번 반복 간의 변환이 설정된 임계값보다 작으면) 문제에 대한 해를 찾았다고 여길 수 있다.

통계를 배우는 학생의 경우 유일성 개념에 비교적 민감하다. 예를 들어 선형 회귀를 수행할 때 독립변수 간의 상관성이 매우 높으면 해의 유일성은 문제가 된다. 매트릭스 분해의 문제에서는 매우 유감스럽게도 유일성의 문제는 극복할 수 없다. 왜냐하면, A 또는 B 모두 직교 매트릭스 T를 곱할 수 있기 때문에 $A \times T \times T^T \times B$와 같은 매트릭스도 해가 되기 때문이다.

그렇다면 어떤 독자는 "이것이 해에 영향을 미칠 수 있습니까?"라고 물어볼 수 있으며 이에 대한 답안은 "아니오"이다. 왜냐하면 최종 예측은 분해된 매트릭스의 곱을 사용하며 $A \times B$와 $A \times T \times T^T \times B$의 결과는 동일하기 때문이다.

5.3 딥 신경망 모델

다음으로 업그레이드된 버전의 딥 모델을 보여주도록 하겠다. 우리는 다층 딥러닝 모델을 구축하고 Dropout 기술을 삽입할 것이다.

이 모델은 매우 유연하다. 왜냐하면, 사용자의 나이, 지역, 영화 속성, 배우 등의 사용자, 영화 이외의 데이터가 있는 경우 모델에 추가할 수 있고 임베딩의 개념을 사용하여 이 데이터들을 하나로 연결하여 입력층으로 사용하고 그 위에 다양한 신경망 모델을 구축하고 마지막 계층은 평점 등을 출력 계층으로 사용할 수 있다. 이러한 모델은 여러 가지 상황에 적용될 수 있다.

또한, 구글에 넓고 딥(deep)한 모델(Wide and Deep Model)을 논하는 매우 훌륭한 연구 논문이 있다는 점을 주목하자. https://arxiv.org/abs/1606.07792에서 관련된 상세 논문을 볼 수 있다. 넓고 딥한 모델을 적용할 수 있는 경우는 많은 특징을 가지고 있으며, 일부 특징은 교차항 특징 합성(넓은 모델)을 사용해야 하며 일부 특징은 고차원 추상화(딥 모델)를 진행해야 한다. 넓고 딥한 모델은 넓은 모델 및 깊은 모델을 매우 잘 결합하였고 동시에 기억성 및 보편성을 가짐으로써 정확도를 향상시켰다.

넓고 딥한 모델의 구조는 【그림 5-6】과 같다.

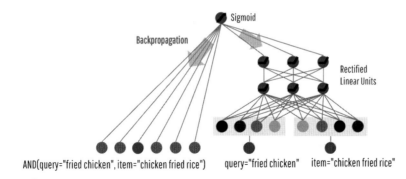

【그림 5-6】 넓고 딥한 모델 구조 (이미지 출처 : https://research.googleblog.com/2016/06/wide-deep-learning-better-together-with.html)

넓고 딥한 모델은 이번 장에서 설명할 모델보다 교차항이라는 한 가지 내용을 더 포함하고 있다. 우리가 딥 모델을 사용하는 이유는 데이터는 기본적으로 사용자, 영화 및 평점만 다루기 때문에 넓고 딥한 모델로는 제대로 보여줄 수 없다. 즉 우리의 데이터 세트는 넓은 모델보다는 딥 모델에 더욱 적합하다. 그러나 넓고 딥한 모델의 구조 및 【그림 5-7】에서 보여주는 딥 모델이 어떻게 딥러닝을 사용하여 추천을 하는지 관찰을 통해 더욱더 잘 이해할 수 있다.

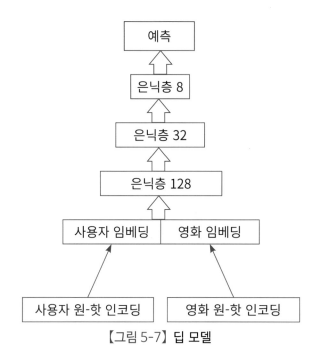

【그림 5-7】딥 모델

먼저 사용자와 영화의 임베딩 계층을 만든다.

```
1   k = 128
2   model1 = Sequential()
3   model1.add(Embedding(n_users + 1, k, input_length = 1))
4   model1.add(Reshape((k,)))
5   model2 = Sequential()
6   model2.add(Embedding(n_movies + 1, k, input_length = 1))
7   model2.add(Reshape((k,)))
```

세 번째 작은 신경망은 위에서 묘사한 매트릭스 분해 모델 처리와는 다르게 첫 번째 및 두 번째 네트워크 기반으로 사용자와 영화의 벡터를 결합하여 말단의 입력층으로써 사용된다. 사용자와 영화 데이터를 사용하여 평점을 예측할 것을 고려하면 이렇게 사용자와 영화를 결합하여 입력으로 사용하는 것이 매우 자연스럽다.

```
1  model = Sequential()
2  model.add(Merge([model1, model2], mode = 'concat'))
```

그런 다음 비선형 변환 항목 Dropout과 relu를 추가하여 다층 딥 모델을 구성한다. 독자는 다른 계층 수 및 Dropout 확률을 시도하여 데이터 세트에 대한 교정을 진행할 수 있다.

```
1  model.add(Dropout(0.2))
2  model.add(Dense(k, activation = 'relu'))
3  model.add(Dropout(0.5))
4  model.add(Dense(int(k/4), activation = 'relu'))
5  model.add(Dropout(0.5))
6  model.add(Dense(int(k/16), activation = 'relu'))
7  model.add(Dropout(0.5))
```

연속 변수인 평점을 예측해야 되기 때문에 마지막 계층은 직접적으로 선형 변환을 할 수 있다. 물론 독자는 분류 문제를 시도해볼 수 있고 Softmax를 사용하여 각 평점 분류의 확률을 시뮬레이션할 수 있으며 이에 상응하는 activation은 sigmoid 등을 사용해야 된다.

```
model.add(Dense(1, activation = 'linear'))
```

출력 계층과 마지막 평점에 대한 비교를 진행하고 역방향 전파를 사용하여 네트워크 매개변수를 업데이트한다.

```
model.compile(loss = 'mse', optimizer = "adam")
```

그런 다음 모델에 대한 훈련 데이터를 준비한다. 먼저 사용자 인덱스 데이터 및 영화 인덱스 데이터를 수집한다.

```
1  users = ratings['user_id'].values
2  movies = ratings['movie_id'].values
```

평점 데이터를 수집한다.

```
label = ratings['rating'].values
```

훈련 데이터를 구성한다.

```
1  X_train = [users, movies]
2  y_train = label
```

그런 다음 작은 배치를 사용하여 가중치를 업데이트한다.

```
model.fit(X_train, y_train, batch_size = 100, epochs = 50)
```

모델 훈련이 끝나면 평점을 예측한다.

```
1  i,j = 10,99
2  pred = model.predict([np.array([users[i]]), np.array([movies[j]])])
```

마지막으로 훈련 세트에 대한 오차 평가를 진행한다.

```
1  sum = 0
2  for i in range(ratings.shape[0]):
3      sum += (ratings['rating'][i] - model.predict([np.array([ratings['user_id'][i]]),
        np.array([ratings['movie_id'][i]])])) ** 2
4  mse = math.sqrt(sum/ratings.shape[0])
5  print(mse)
```

훈련 데이터의 오차는 약 0.8226(< 1)이며 이는 한 등급의 평점보다는 작은 오차이다. 독자가 왜 이 오차와 이전 매트릭스 분해의 얕은 계층 모델 오차 간의 차이가 비교적 크냐고 물어본다면, 저자는 여기의 Dropout 정규항이 매우 큰 역할을 했을 것으로 여긴다라고 답할 것이다. 비록 우리는 딥 네트워크를 만들었지만 Dropout이라는 정규항이 있으므로 필연적으로 훈련 데이터의 정보를 손실했을 것이다(이러한 정보 손실은 우리가 데이터를 테스트할 때 유리하게 작용한다). 이는 L_1, L_2와 같은 정규항을 추가한 후에 추정되는 매개변수가 편향되는 것과 비슷한 원리이다. 즉 Dropout은 훈련 오차가 증가하는 원인이며 이는 설계 모델의 필연적인 결과이다. 그러나 여기서 우리는 테스트 세트 상의 예측에 대한 평가를 진행하길 원하고 훈련 세트의 오차는 단지 최적화 방향 및 알고리즘이 대략 효과가 있는지를 확인하기 위한 것임을 기억해야 한다.

5.4 자주 사용되는 알고리즘

지면의 제한이 있기 때문에 여기서는 추천 시스템의 다른 자주 사용되는 알고리즘을 간단히 소개하겠다.

5.4.1 협업 필터링

협업 필터링은 대중의 데이터를 이용하여 판단을 돕는 것을 의미한다. 하나의 전형적인 예로 많은 사람이 우유를 살 때 빵도 같이 사기 때문에 손님이 우유를 샀다는 사실을 알고 있는 상황에서 손님에게 빵을 추천하는 것은 매우 자연스럽다. 그러나 실제 데이터의 관점에서 보면 이러한 방법의 효과가 그다지 뛰어나지는 않다. 그 이유는 아마존과 비슷한 류의 웹사이트의 제품은 너무 많이 있으며 사용자 간 많이 중복되는 상품 항목을 거의 찾을 수 없으므로 비슷한 사용자의 구조가 부정확할 수 있기 때문이다. 그러므로 비슷한 규칙은 많은 노이즈를 가지게 된다.

협업 필터링의 설명도는【그림 5-8】과 같다.

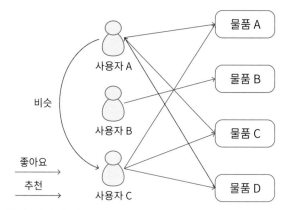

【그림 5-8】협업 필터링 설명도 (이미지 출처 : https://my.oschina.net/dillan/blog/164263)

5.4.2 인수 분해 머신

인수 분해 머신은 구글의 연구 과학자 S.Rendle 교수가 제기한 것이다. 이는 매트릭스 분해에서 파생된 것이기 때문에 다차원 특징 변수를 사용할 수 있다. 이 모델은 회귀의 관점에서 종속변수와 독립변수 간의 관계를 명확한 수식으로 설명한다. 해를 구하는 것도 교체 최소 제곱, 몬테 카를로 시뮬레이션 등의 알고리즘이 지원되는 이 모델은 매우 강력한 범용 모델이다. (【그림 5-9】 참조)

이 모델은 또한 SVD++ 등과 같은 다른 여러 모델의 특례임을 증명하였다. 이 모델의 여러 알고리즘 구현은 Rendle 교수가 집필한 『*Factorization Machines with libFM, in ACM Intelligent System and Technology*』를 참조할 수 있으며 오픈 소스 구현은 http://www.libfm.org를 참조할 수 있다. 논문에서 언급했듯이 구현을 위해 먼저 데이터를 인덱싱하고 SGD, ALS 등의 알고리즘을 사용하여 모델의 매개변수를 계산해야 한다. libFM를 사용하여 평점 데이터를 조작하는 것은 매우 편리하다. 숨겨진 데이터의 경우 어느 정도의 데이터 수정이 필요하고 샘플링 등의 기술을 결합해야만 공정에서 libfm를 적용할 수 있다. 구체적인 내용은 *ICDM'10 Proceedings of the 2010 IEEE International Conference on Data Mining*에서 발표된 문장 *Factorization Machines*을 참조할 수 있다.

$$\hat{y} := w_0 + \sum_{i=1}^{n} w_i x_i + \sum_{i=1}^{n-1} \sum_{j=i+1}^{n} <v_i, v_j> x_i x_j$$

【그림 5-9】 인수 분해 머신 모델

5.4.3 볼츠만 벡터 머신

볼츠만 벡터 머신은 구글의 부회장이자 딥러닝의 창시자 Geoffrey Hinton 및 그의 연구팀이 제기한 것이다. 이 모델은 영화와 그 표면적 특징 간의 확률적 연결을 구축한다. 사용자의 행동으로부터 사용자가 영화의 표면적 특징의 선호도에 대한 확률을 추론할 수 있다. 거꾸로 영화 표면적 특징의 선호도는 다시 사용자에게 영화를 추천하는 데 사용될 수 있다. 이러한 확률적 연결은 RBM 모델을 통해 학습된 것이다. 이 기술은 *Proceedings of the 24th International Conference on Machine Learning*에서 발표되었다. 볼츠만 벡터 머신의 설명도는 【그림 5-10】과 같다.

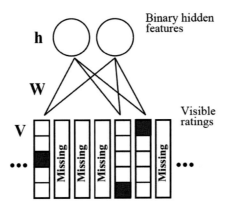

【그림 5-10】 볼츠만 벡터 머신 설명도 (이미지 출처 : Ruslan. S et al, Restricted Boltzmann Machines for Collaborative Filtering, Proceedings of the 24th International Conference on Machine Learning)

전반적으로 말하면 추천 시스템의 알고리즘은 계속해서 생겨나고 있으며 상업적으로도 추천 시스템의 가치는 증명되었다. 위에서 설명한 다양한 모델들은 독자가 구체적인 비즈니스 상황에 따라 모델 알고리즘을 적절하게 수정한다면 모든 평점류 혹은 숨겨진 피드백 데이터(탐색, 클릭 등)의 문제에서 사용될 수 있다.

5.5 평가 모델 지표

마지막으로 어떻게 모델을 평가하는지 간단하게 토론해 보겠다. 모델 평가에는 일반적으로 온라인과 오프라인 두 가지의 지표가 있다. 온라인상 실험을 설계해야 하며 특정 임의 규칙에 따라 사용자, 설비 혹은 브라우저 Cookie에 대한 그룹화를 진행한 다음 몇 가지 지표를 설정하여 이러한 지표가 실험 기간 동안 새로운 모델이 이전 모델보다 더 좋음을 나타내는지 관찰한다.

결론이 통계적으로 긍정적이면, 새로운 모델은 더욱 큰 그룹의 실험에 점차적으로 적용될 수 있으며 최종적으로는 100% 온라인에 적용될 수 있다.

온라인 실험의 지표는 빠르게 수집되도록 설정되어야 하므로 반드시 클릭률, 전환율, 구매율 및 방문 수 등과 같은 단기 지표여야 한다

또한, 이러한 데이터를 스트리밍 데이터의 형식을 사용하여 실험 플랫폼에 가져오도록 함으로써 더욱 빠르게 지표를 관찰하여 새로운 모델을 더욱 확장할지 여부를 결정할 수 있도록 한다.

온라인 지표의 장점은 빠르고 인과 관계가 명확하다는 것이다. 단점은 장기 목표에 미치는 영향을 테스트할 수 없으며 신기 효과(Novelty Effect) 혹은 실험 투과율 등의 영향을 받기 때문에 안정적인 상태가 되기 쉽지 않다는 것이다.

오프라인 지표에 대한 요구 사항은 훨씬 덜 엄격하기 때문에 단기 목표를 계산할 수

있을 뿐만 아니라 유지율 등의 장기 목표도 계산할 수 있다. 오프라인 지표의 단점은 인과 관계가 명확하지 않고 추가적인 요소들이 결과에 영향을 줄 수 있다는 것이다.

일반적으로 오프라인으로 모델을 구축할 때 오프라인 지표를 사용하여 가장 좋은 모델을 만들고 이 새로운 모델과 현재 사용 중인 온라인 모델을 온라인으로 가져와서 데이터 수집 및 통계 분석을 진행하고 단기 지표를 사용하여 새로운 모델을 확장할지 여부를 결정한다.

추천 시스템에서 평점류의 데이터는 일반적으로 평균 제곱 오차를(Mean Squared Error)를 평가 기준으로 사용한다.

암시적 피드백 데이터의 경우 일반적으로 정보 검색 개념에서의 정확도(10개의 영화를 추천하였을 때 사용자가 몇 개의 영화를 보았는지) 및 리콜(사용자가 관심을 가지는 5개의 영화가 모두 추천 목록에 있는지)은 가장 많이 사용되는 지표이다.

일반적으로 우리는 기존의 히스토리 데이터를 이용하여 근사 추정을 할 수밖에 없다. 예를 들어 오프라인 모델에서 우리는 사용자가 보지 않은 이유가 몰라서인지 아니면 좋아하지 않아서인지 알 수 없으며 이는 사용자가 이전에 보았던 추천 목록이 새로운 모델이 제공하는 추천 목록과 다를 수 있기 때문이다. 물론 이러한 추천 목록들은 기계 로그를 통해 구분될 수 있다.

마찬가지로 우리는 사용자가 관심을 가지는 모든 영화를 알 수는 없다. 온라인 실험에서 클릭률 등은 비교적 좋은 지표이다. 왜냐하면, 추천은 실시간으로 진행되며 사용자가 클릭했는지는 사용자가 보았던 추천 목록과 직접적인 관련이 있기 때문이다.

마지막으로 한마디 더 하자면, 암시적 피드백 데이터에서 이전에 언급했던 평균 백분위수(Mean Percentile Rank)와 같은 사용자 시청 진행의 지표를 결합할 수 있다. 시스템은 만약 추천된 콘텐츠가 사용자에 의해 클릭되고 사용자가 많은 시간을 들여다 보았다면 추천이 유효하다고 여긴다. 이 또한 매우 상식에 부합하는 사고방식이다.

CHAPTER

6

이미지 인식

이미지 인식

이미지 인식 입문

이미지 인식은 딥러닝의 가장 전형적인 응용 중 하나이다. 딥러닝과 관련된 이미지 인식은 오래된 역사를 가지고 있으며 그중 가장 대표적인 예제로는 필기체 인식 및 이미지 인식이 있다. 필기체 인식은 주로 기계를 이용하여 필기된 숫자 0~9를 정확하게 구분해 내는 것이다. 은행 수표의 필기체 인식 기술이 바로 이러한 기술을 기반으로 한 것이다. ImageNet은 이미지 인식을 대표하는 대회 중 하나이다. 이 대회에 참가한 팀은 이미지 중의 동물 혹은 물체를 인식하여 이들을 천여 개의 분류 중의 하나로 정확하게 분류해야 한다.

【그림 6-1】과 【그림 6-2】는 ImageNet의 2가지 훈련 예제이다. 그들은 모두 고양이를 나타내지만, 고양이의 자세는 각기 다르기에 어떻게 이미지에서 고양이의 특징을 추출하는지 그리고 이미지를 변형할 때(이동, 회전, 크지 조정 등) 기계가 여전히 고양이를 인식할 수 있게 하는 것은 매우 어려운 과제이다.

【그림 6-1】 **고양이**(이미지 출처: https://github.comBVLCcaffe)

【그림 6-2】 **고양이**(이미지 출처: http://www.image-net.orgsearch?q=cat)

6.2 합성곱 신경망 소개

이미지 인식은 여러 가지 기술들을 통해 실현 가능하다. 현재 가장 많이 쓰이는 기술은 심층 신경망이며 그중 합성곱 신경망이 가장 유명하다. 합성곱 신경망(그림 6-3) 참조)은 특징을 자동으로 추출하는 일종의 머신러닝 모델이다. 수학적인 관점에서 보면, 모든 그림이 화소에 따라 224×224×3 또는 32×32×3과 같은 3차원 벡터에 해당될 수 있다. 우리의 목표는 이러한 3차원 벡터(텐서라고도 불림)를 N개의 분류 중 하나에 매핑하는 것이다. 신경망은 바로 이러한 매핑 관계 혹은 함수를 만드는 것이다. 신경망은 그물망(mesh) 구조를 만들어 배열의 더하기, 곱하기 등의 연산을 도와 최종적으로 각 이미지가 각 부류에 속할 확률을 출력한 뒤 확률이 가장 높은 것을 근거로 결론을 도출한다.

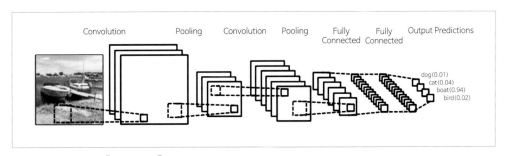

【그림 6-3】 합성곱 신경망(이미지 출처: http://www.wildml.com)

직관적으로 보았을 때 딥러닝을 통해 이미지 인식 문제를 해결하는 것은 세부적인 것으로부터 추상화하는 과정이다. 예를 들어 한 장의 이미지가 주어졌을 때, 대뇌에서 가장 빠르게 반응하는 요소는 점과 변이다. 그다음은 점과 변으로부터 원형, 직사각형, 십자형 등 각종 형태로 추상화시킨 다음 얼굴과 귀와 같은 분류의 특징으로 추상화시킨다. 마지막으로 이러한 특징을 근거로 그림이 어떤 분류에 속하는지 판단하게 된다. 예를 들어 얼굴은 타원형이고 귀는 머리의 양 측면에 45도 각도로 되어 있는 등의 여러 특징에 근거하여 이것이 고양이인지 개인지 혹은 다른 동물인지를 판단한다. 여기서 핵심은 추상화이다. 추상화란 이미지에서의 각종 흩어져 있는 특징들이 어떠한 방식으로 집계되어 새로운 특징을 만들어 내는 것이며 이러한 새로운 특징들을 이용하여 더욱 쉽게 이미지가 어떤 분류에 속하는지 구분해낼 수 있다. 이와 같은 지도학습의 분류 작업은 더욱 분별력 있는 추출된 특징을 이용하여 더욱더 완벽하게 수행될 수 있다. 심층 신경망은 다음 계층으로 가면 갈수록 점점 더 추상화되는 특징이 있다.

추상화의 핵심은 특징을 구성하는 특징 공정이며, 전통적인 특징 공정에선 필터(Filter)라 불리는 도구를 정의하였다. 필터는 특징을 나타내는 성질이 있다. 예를 들어 십자형 필터는 이미지에 십자형 특징이 있는지 만약 있다면 구체적으로 어느 위치에 있는지를 탐지한다. 십자형 필터는 이미지의 일부 화소에 합성곱 연산을 진행하여 필터링 후의 새로운 이미지가 기존의 이미지 대비 십자형 특징이 있던 부분의 신호를 더 강하게 하고 십자형 특징이 없던 부분의 신호를 더욱 약하게 하도록 만든다. 이는 필터를 통하여 원하는 부분을 남기고 노이즈를 제거하는 과정이다. 일반적으로 일련의 사전 정의된 필터를 구성 후에 좌우로 이미지의 모든 영역을 스캔한다. 이러한 방식으로 각 필터는 하나의 필터링 후의 이미지를 생성하고 이러한 이미지는 필터가 나타내는 특징이 있는지 만약 있다면 어느 위치에서 이러한 형상이 나타나는지 나타냄으로써 추상화 작용을 한다. 이러한 추상화에 서포트 벡터 머신(SVM) 등과 같은 분류 방법을 더하여 분류 작업을 완료한다. 여기서 대량으로 각종 필터를 시도하고 구성하는 것은 쉽지 않다.

먼저 아래의 합성곱 신경망의 필터 예제를 보면, 필터는 RGB 이미지를 스캔하고 매번 한 부분을 스캔할 때마다 이렇게 하나의 평면을 반환한다. 여러 개의 필터가 작용할 때 이러한 평면들은 서로 겹쳐져 3차원의 입체 모양을 형성한다. 일반적으로 RGB 이미지를 스캔할 때는 3차원 필터를 사용하며, 【그림 6-4】와 같이 총 75개의 매개변수가 있는 (5,5,3) 있는 필터를 예로 들 수 있다.

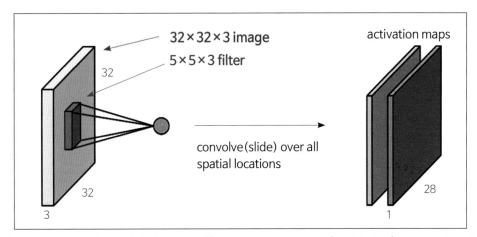

【그림 6-4】 필터 (이미지 출처: https://www.slideshare.net/nmhkahn/case-study-of-convolutional-neural-network-61556303)

합성곱 신경망의 위력은 필터를 스스로 배울 수 있다는 점이다. 그렇다면 합성곱 신경망은 어떻게 스스로 배울 수 있는 것일까? 주된 이유는 합성곱 신경망이 피드백 메커니즘을 가지고 있기 때문이다. 이는 다음의 몇 가지 사항을 결정한다. 첫째, 필터는 반드시 분류에 도움이 되어야 한다. 결코 아무렇게나 필터를 정의하면 안 된다. 만약 아무렇게나 필터를 정의한다면 필터는 효과적으로 분류를 할 수 없게 되며 정확도가 매우 떨어진다. 둘째, 네트워크에는 조정 메커니즘이 있어야 한다. 만약 작업이 무작위의 필터에 지정되어 분류를 할 수 없으면 어떻게 될까? 이러한 경우 시스템은 어느 부분에서 어느 방향으로 필터의 가중치를 조정해야 하는지 및 각 계층의 네트워크 간의 가중치를 어떻게 조정해야 하는지 알 수 있다.

매번 조정할 때마다 시스템이 분류 작업에 대해 더욱 정확해지므로 수백, 수천 번 또는 그 이상의 반복 후엔 최종 모델이 점점 더 정확해진다. 이것이 바로 제3장에서도 언급했던 역전파 알고리즘(Back Propagation)이다. 역전파 알고리즘의 본질은 대수학에서의 연쇄 법칙이다. 이는 기계가 계속해서 기존 매개변수가 배치 데이터상에서 얻은 레이블과 이러한 배치 데이터의 실제 레이블 간의 차이를 통해 네트워크에게 어떻게 네트워크 모델과 필터를 조정할 것인지 지시하는 원리이다. 즉 다양한 매개변수가 그다음 배치 데이터에서 업무를 더욱 잘 수행하게 만든다. 배치 데이터가 조정된 이후의 모델은 여전히 큰 오류가 있을 수도 있으며, 이러한 경우 네트워크는 어떻게 추가로 모델의 가중치와 필터를 조정할지 알려준다. 이러한 작업이 계속 반복되고, 최종적으로 필터와 네트워크 가중치가 안정화되면 네트워크 훈련이 완료된다. 이것이 바로 가장 기본적인 합성곱 신경망의 알고리즘이다. 물론, 실제 적용 과정에서는 나중에 설명할 정규화와 같은 다양한 다른 처리 방식이 있을 수도 있다.

합성곱 신경망은 일종의 딥러닝 모델이며, 일반적인 딥러닝 모델과의 주요한 차이점은 모델에 대해 두 가지 강력한 가정이 있다는 점이다. 일반적인 딥러닝 모델은 여러 계층을 가지고 있으며, 각 계층마다 여러 개의 노드가 있고, 상하 계층 간의 노드들을 전부 연결되었다고 가정한다. 이러한 모델은 유연하다는 장점이 있으며, 이러한 유연성이 가져오는 오버 피팅 부작용이 있다.

모델의 매개변수가 너무 많기 때문에 훈련 데이터의 노이즈가 같이 시뮬레이션 되어 모델의 보편성을 크게 저하시킨다. 합성곱 신경망과 순환 신경망, 장단기 기억 네크워크 등을 포함하여 다른 모델들이 더욱 인기가 있는 이유는 모델에 대한 두 가지 강력한 가정이 있기 때문이다. 이러한 강력한 가정은 합성곱 신경망이 이미지 인식에 쓰이거나 순환 신경망과 장단기 기억 네크워크가 자연언어처리 작업에서 쓰이는 등의 몇몇 특정한 작업에서는 매우 합리적이다.

여기서 언급된 두 가지 강력한 가정 중 첫 번째는 매개변수 공유이다. 필터는 일반적으로 비교적 적은 매개변수를 필요로 한다, 예를 들어 5×5×3 필터는 75개의 매개변수만 있으면 된다. 심층 신경망과는 다르게, 단지 숨겨진 계층과 부분 입력을 연결하며 이러한 두 가지 계층 사이의 가중치는 단지 75개의 매개변수만 있으면 되며, 다른 이러한 부분 범위를 벗어난 구역의 네트워크 가중치는 전부 0이 된다. 물론 단지 하나의 필터로는 충분하지 않아, 여러 개의 필터를 구성해야 하지만 전반적으로는 많은 매개변수를 생략할 수 있다. 두 번째 가정은 이미지에서의 부분 데이터 포인트의 상관성이다. 즉 부분 영역의 화소 값은 일반적으로 크게 다르지 않다. 이러한 것을 기반으로 하여 최대 풀링 (Max Pooling)이 파생되었다. 즉 224×224 등의 부분 그리드에서 화소 값의 최댓값이 취해진다. 이미지에서 부분 화소값 간에는 상관성이 존재하기 때문에 부분 영역 가장 큰 화소 값을 취하더라도 많은 정보가 손실이 되지는 않는다. Max Pooling 이후 얻어진 이미지의 차원은 제곱 비율의 속도로 줄어든다. 이러한 간단한 가정 덕분에 후속 매개변수를 크게 생략할 수 있다.

앞서 언급하였듯이, 합성곱 신경망은 필터를 이용하여 이미지에 부분 스캔을 진행하지만, 완전연결 신경망은 글로벌 스캔으로 간주될 수 있다.

이렇듯 합성곱 신경망과 완전연결 신경망의 관계는 변증법적이다: 224×224×3 이미지를 1000개의 224×224×3 필터로 스캔을 진행하게 되면 우리에게 익숙한 완전연결 신경망 모델이 된다. 여기서 필터가 스캔 한 '부분 구역'은 '전체 구역'이 된다. 이러한 방식으로 이해해 보자, 하나의 카테고리가 하나의 필터와 매칭된다. 1000개의 필터가 주어지면 1000개의 카테고리에 해당하는 값이 주어지며 최종으로 분류를 진행할 때 1000개의 값에서 가장 큰 값을 취하면 된다. 여기서 필터는 완전연결 신경망의 각 출력 노드 및 모든 입력층 노드의 가중치와 같다.

다른 관점에서 볼 때, 모든 합성곱 신경망은 사실상 모두 전체 신경망 가중치 부가 매개 변수에 이러한 제약을 공유함으로써 실현된다. 따라서 합성곱 신경망과 완전연결 신경망은 상호 변환될 수 있다. 일반적으로 하나의 합성곱 계층은 3가지 부분으로 구성된다: 합성곱 단계, 비선형 변환(일반적으로 relu, tanh, sigmoid 등을 사용함) 및 Max Pooling. 일부 네트워크는 Dropout 단계도 포함한다. 요약하면 LeNet, VGG16 등과 같은 일부 인기 있는 합성곱 신경망은 모두 여러 계층의 합성곱 계층을 구성하여 원래의 '짧고 두꺼운' 형태의 이미지 입력층의(224×224×3) 입체를, 1×1×4096과 같은 '얇고 긴' 형태의 입체로 변형하여 최종에는 단일 계층의 네트워크를 만들어 '얇고 긴' 형태의 입체와 출력 계층(카테고리)을 연결한다.

다음에 몇 가지 인기 있는 합성곱 신경망을 소개한다.

6.2.1 AlexNet(【그림 6-5】 참조, 출처: *ImageNet Classification with Deep Convolutional Neural Networks,* NIPS 2012)

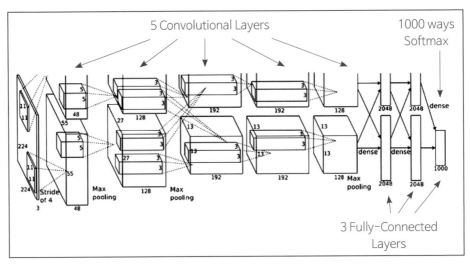

【그림 6-5】 AlexNet(이미지 출처: https://world4jason.gitbooks.ioresearch-log)

6.2.2 LeNet(【그림6-6】 참조, 네트워크 구조 관련해서는 *Gradient-based Learning Applied to Document Recognition.* Proceedings of the IEEE, ovember 1998 참조)

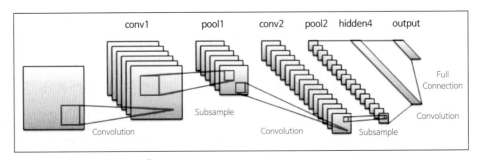

【그림 6-6】 LeNet(이미지 출처: http://www.pyimagesearch.com)

6.2.3 VGG16(【그림6-7】 참조, 네트워크 구조 관련해서는 *Very Deep Convolutional Net- works for Large-Scale Image Recognition* 참조)

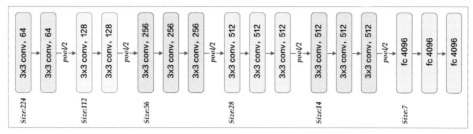

【그림 6-7】 VGG16(이미지 출처: http://blog.christianperone.com)

6.2.4 VGG19(【그림6-8】 참조, 위와 동일한 자료 참조)

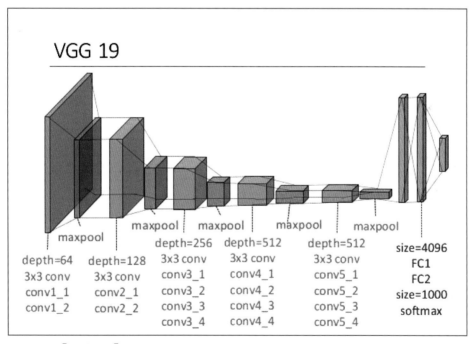

【그림 6-8】 VGG19(이미지 출처: https://www.slideshare.net/ckmarkohchang)

합성곱 신경망에 대해 두 가지 보충할 내용이 있다. 첫째, 부분 스캔 과정 중에 스트라이드라 불리는 매개변수가 있으며 필터가 얼마나 넓은 폭(span)으로 상하 혹은 좌우로 평행이동하여 스캔하는 정도를 나타낸다. 둘째는, 필터의 부분 스캔 이후의 합성곱 계층 이미지의 경계 처리가 다르기 때문에 일반적으로 두 가지 처리 방식이 있다. 하나는 부분 스캔 과정 중 이미지의 경계 이외의 하나 혹은 다중 경계에 0을 채워 넣어 평행이동 시 0을 채워 넣은 부분까지 이동 가능하도록 하는 방식이며. 이러한 제로패딩(zero padding, same padding)이라 불리는 방식은 스트라이드가 1인 부분 스캔이 끝난 후 얻은 새로운 이미지가 기존 이미지와 길이 및 너비가 일치하는 장점이 있다. 또 다른 하나는 경계 밖 영역에서 어떠한 0이라는 가정을 하지 않고, 모든 평행이동이 경계 내에서 이루어지도록 하는 것이다. 이러한 valid padding이라 불리는 방식을 사용하면 일반적으로 스캔 이후의 이미지의 크기가 원본보다 작다.

【그림6-9】는 비교적 구체적으로 두 방식의 차이를 비교한다. 왼쪽 그림이 same padding(zero padding)이며, 오른쪽 그림이 valid padding 이다.

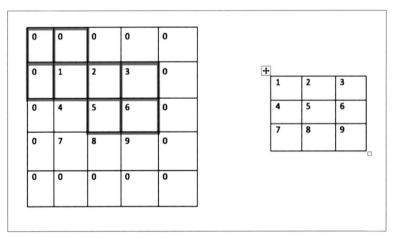

【그림 6-9】 패딩 선택

이론적인 부분은 여기까지만 소개하고, 다음으로는 두 가지 예제를 소개하겠다. 첫 번째 예제는 손으로 적은 숫자를 식별하기 위해 MNIST 글꼴 데이터베이스를 이용하여 합성곱 신경망을 구성하는 것이며, 어떻게 종단 간(End-To-End)의 딥러닝 시스템을 만드는지 시연할 것이다. 두 번째 예제는 VGG16 모델을 사용해 모델 프레임워크로서 동일한 글꼴 인식 문제를 처리하는 것이다. 이러한 유형의 모델링 방식은 전이학습이라 불리며, 다른 사람의 모델을 자신의 모델의 입력 혹은 자신의 문제 중의 이미 알고 있는 부분으로 이용하는 것이다. 이러한 유형의 학습은 타인에게 의존할 수 있기 때문에, 자신의 모델 조정 및 모델링 시간을 크게 줄일 수 있다. 한편으론, 이미 모델링 된 모델 및 모델의 매개변수를 이용하는 방식을 선택할 경우 실제 문제의 요구 조건에 따라 적절하게 간단한 모델 및 모델의 소량 매개변수를 추가하여 최종적으로 본인이 추가한 부분의 매개변수 값만 계산하면 된다.

6.3 종단 간의 MNIST 숫자 인식 훈련

아래에 종단 간의 MNIST 숫자 인식 훈련 과정에 대해 소개하였다.

이 데이터 세트는 LeCun Yang 교수와 그의 팀에 의해 정리된 것이며, 6만 개의 훈련 세트와 1만 개의 테스트 세트가 포함되어 있다. 각 샘플은 모두 32×32 화소 값을 가진 R, G, B 3개의 계층이 없는 흑백이며 우리가 할 것은 각 이미지를 0~9 카테고리에 할당하는 것이다.

【그림 6-10】은 손으로 쓴 숫자의 일부 샘플이다.

【그림 6-10】 MNIST 글꼴 샘플(이미지 출처: http://myselph.deneuralNet.html)

다음으로 Keras로 합성곱 신경망 훈련 모델을 구축한다. 다행스럽게도 Keras는 훈련 및 테스트 세트도 함께 제공한다. 우리가 해야 할 것은 Keras 모듈을 만들고 훈련 세트 및 테스트 세트의 데이터와 모듈의 매개변수가 일치하는지 확인하는 것이다.

```
1  import numpy as np
2  from keras.datasets import mnist
```

Dropout, Conv2D와 MaxPooling2D를 포함한 Keras의 합성곱 모듈을 도입한다.

```
1  from keras.models import Sequential
2  from keras.layers import Dense, Dropout, Flatten
3  from keras.layers.convolutional import Conv2D, MaxPooling2D
```

먼저 데이터를 읽는다.

```
(X_train, y_train), (X_test, y_test)=mnist.load_data()
```

데이터 세트의 모양을 확인한다.

```
1  print(X_train[0].shape)
2  print(y_train[0])
```

결괏값은 각각 (28,28)과 5를 나타낸다. 따라서 훈련 데이터 세트 이미지는 28×28 형식이며, 태그의 카테고리는 0~9의 숫자이다. 다음은 훈련 세트 중에 손으로 쓴 흑백 글꼴이 표준 4차원 텐서 형태로 변환하는 것을 표현한 것이다. 즉 (샘플의 수량, 길이, 넓이, 1)로 변환되며 화소 값은 부동 소수점 형식으로 변환된다.

```
1  X_train = X_train.reshape(X_train.shape[0],28,28,1).astype('float32')
2  X_test = X_test.reshape(X_test.shape[0],28,28,1).astype('float32')
```

모든 화소의 값이 0~255 사이에 있으므로 모두 255로 나눠서 화소 값이 0~1 범위 내에 있도록 한다.

```
1  X_train /= 255
2  X_test /= 255
```

입력층이 10개의 노드를 필요로 하기 때문에, 대상 숫자 0~9를 One-Hot 인코딩 형식으로 만드는 것이 가장 좋다.

```
1  def tran_y(y):
2      y_ohe = np.zeros(10)
3      y_ohe[y] = 1
4      return y_ohe
```

라벨을 원-핫(One Hot) 인코딩으로 다시 표시한다.

```
1 y_train_ohe = np.array([tran_y(y_train[i]) for i in range(len(y_train))])
2 y_test_ohe = np.array([tran_y(y_test[i]) for i in range(len(y_test))])
```

이어서 합성곱 신경망을 빌드 한다.

```
model = Sequential()
```

한 개의 합성곱 계층을 추가하여 3×3×1의 범위를 가지는 64개의 필터를 구성한다.
필터의 이동 스트라이드는 1이며, 이미지의 사면은 한 둘레의 0으로 채운 뒤 relu를 이용
하여 비선형 변환을 진행한다.

```
model.add(Conv2D(filters = 64, kernel_size = (3, 3), strides = (1, 1), padding =
'same', input_shape = (28,28,1), activation = 'relu'))
```

Max Pooling 계층을 하나 추가하여 2×2의 그리드 중 가장 큰 값을 취한다.

```
model.add(MaxPooling2D(pool_size = (2, 2)))
```

Dropout 확률이 0.5인 Dropout 계층을 추가한다. 독자는 일반적으로 쓰이는 0.2 혹은
0.3 등의 확률을 설정할 수도 있다.

```
model.add(Dropout(0.5))
```

이러한 방식을 반복하여 깊은 네트워크를 구축한다.

```
1 model.add(Conv2D(128, kernel_size = (3, 3), strides = (1, 1), padding = ' same',
  activation = 'relu'))
```

```
2  model.add(MaxPooling2D(pool_size = (2, 2)))
3  model.add(Dropout(0.5))
4  model.add(Conv2D(256, kernel_size = (3, 3), strides = (1, 1), padding = ' same',
   activation = 'relu'))
5  model.add(MaxPooling2D(pool_size = (2, 2)))
6  model.add(Dropout(0.5))
```

현재 계층의 노드를 평평하게 만든다.

```
model.add(Flatten())
```

완전연결 신경망 계층을 구성한다.

```
1  model.add(Dense(128, activation = 'relu'))
2  model.add(Dense(64, activation = 'relu'))
3  model.add(Dense(32, activation = 'relu'))
4  model.add(Dense(10, activation = 'softmax'))
```

마지막으로 손실 함수가 정의된다. 일반적으로 분류 문제의 손실 함수는 모두 교차 엔트로피(Cross Entropy) 사용을 선택한다.

```
model.compile(loss = 'categorical_crossentropy', optimizer = 'adagrad', metrics =
['accuracy'])
```

배치 샘플을 넣어 훈련을 진행한다.

```
model.fit(X_train, y_train_ohe, validation_data = (X_test, y_test_ohe), epochs = 20,
batch_size = 128)
```

테스트 세트에서 모델의 정확도를 평가한다.

```
scores = model.evaluate(X_test, y_test_ohe, verbose = 0)
```

최종 정확도는 99.4%이다.

6.4 VGG16 네트워크를 이용한 손글씨 인식

다음은 전이 학습의 개념을 사용할 것이며, VGG16을 템플릿으로 사용하여 모델을 만들고 손글씨 숫자를 인식하는 훈련을 진행한다. VGG16 모델은 K. Simonyan와 A. Zisserman가 작성한 Very Deep Convolutional Networks for Large-Scale Image Recognition, arXiv: 1409.1556를 기반으로 한다.

```
from keras.applications.vgg16 import VGG16
```

그다음은 Keras 모델을 로드한다.

```
1  from keras.layers import Input, Flatten, Dense, Dropout
2  from keras.models import Model
3  from keras.optimizers import SGD
```

손글씨 숫자 데이터셋(MNIST)을 훈련 샘플로 로드한다. 만약 첫 번째로 로드한다면, Keras가 AWS의 스토리지 계정에서 데이터를 다운로드한다.

```
from keras.datasets import mnist
```

Open CV를 로드하자(명령 창에 pip install opencv−python을 입력해라). 이는 나중에 크기 및 Channel 변환과 같은 이미지 처리에 쓰인다. 이러한 변환을 하는 이유는 이미지를 VGG16에서 요구하는 입력 형식에 맞게 하기 위함이다.

```
1  import cv2
2  import h5py as h5py
3  import numpy as np
```

그런 다음 Keras의 Model 클래스 객체인 새 모델을 만든다. 이러한 모델은 VGG16의 최상위 계층을 제거하고 나머지 네트워크 구조만 남길 것이다. 여기서 include_top = False를 사용한다는 것은 최상위 계층을 제외한 나머지 네트워크 구조를 자신의 모델으로 전이하는 것을 의미한다.

```
1  model_vgg = VGG16(include_top = False, weights = 'imagenet', input_shape =
   (224,224,3))
2  model = Flatten(name = 'flatten')(model_vgg.output)
3  model = Dense(10, activation = 'softmax')(model)
4  model_vgg_mnist = Model(model_vgg.input, model, name = 'vgg16')
```

요구된 매개변수를 포함한 모델의 구조를 프린트한다.

```
model_vgg_mnist.summary()
```

```
1  -----------------------------------------------------------
2  Layer (type)            Output Shape          Param #
3  ===========================================================
4  input_10 (InputLayer)   (None, 224, 224, 3)   0
5  vgg16 (Model)           (None, 7, 7, 512)     14714688
6  flatten (Flatten)       (None, 25088)         0
7  dense_15 (Dense)        (None, 10)            250890
8  ===========================================================
9  Total params: 14,965,578
```

```
10  Trainable params: 14,965,578
11  Non-trainable params: 0
```

여기서 볼 수 있듯이, 우리가 네트워크 구조를 전이했으나 VG116의 네트워크 가중치는 전이를 하지 않았기 때문에 1,496만 개의 네트워크 가중치(VGG16 네트워크 가중치 와 우리가 구축한 가중치) 모두 훈련이 필요하다. 네트워크 가중치를 전이하는 것의 이점은 네트워크 가중치를 다시 훈련할 필요가 없으며 빌드한 최상위 계층의 빌드한 부분만 훈련하면 된다는 것이며, 단점은 이미 훈련이 완료된 가중치는 다른 데이터 훈련에 기반한 것이기 때문에 새로운 데이터는 이미 훈련된 가중치에 반드시 적합한 것은 아니며, 데이터 분포가 우리가 관심을 가지는 문제와는 완전히 다를 수도 있다는 점이다. 여기서는 비록 ImageNet에서의 VGG의 구조가 소개되었지만, 구체적인 모델은 VGG16의 프레임워크에서 가공되어야 한다.

또한, Kill: 9의 메모리 부족이 발생하여 로컬 컴퓨터가 전체 모델과 데이터를 메모리에 넣어 훈련을 진행할 수 없을 가능성이 크다. 훈련을 원한다면, 적은 수의 샘플을 사용하거나 샘플을 대량으로 32 정도로 줄이는 것을 추천한다. 조건이 있는 경우 AWS의 EC2 GPU Instance g2.2xlarge/g2.8xlarge를 사용하여 훈련을 진행할 수 있다. 비교를 위해 VG116 네트워크의 구조와 가중치를 동시에 전이하는 특징을 가진 또 다른 모델을 만들어 보겠다.

여기서 중요한 것은 다시 훈련할 필요가 없는 가중치를 "고정"하는 것이다. 여기서는 trainable = false라는 옵션을 사용한다. 여기서 우리는 입력의 차원을 (244,244,3)로 정의하기 때문에 독자가 데이터 생성기를 이용하여 객체를 반복하지 않는 한 비교적 큰 메모리가 필요하다. 만일 메모리가 비교적 작다면, 입력의 차원을 (112,112,3)으로 줄여 32GB 메모리의 기계에서도 잘 작동하게 할 수 있다.

```
1  ishape=224
2  model_vgg = VGG16(include_top = False, weights = 'imagenet', input_shape = (
   ishape, ishape, 3))
3  for layer in model_vgg.layers:
```

```
4        layer.trainable = False
5   model = Flatten()(model_vgg.output)
6   model = Dense(10, activation = 'softmax')(model)
7   model_vgg_mnist_pretrain = Model(model_vgg.input, model, name = ' vgg16_pretrain')
```

필요한 매개변수를 포함한 모델 구조를 프린트한다.

```
    model_vgg_mnist_pretrain.summary()
```

```
1   ------------------------------------------------------------
2   Layer (type)                   Output Shape              Param #
3   ============================================================
4   input_11 (InputLayer)          (None, 224, 224, 3)       0
5   block1_conv1 (Conv2D)          (None, 224, 224, 64)      1792
6   block1_conv2 (Conv2D)          (None, 224, 224, 64)      36928
7   block1_pool (MaxPooling2D)     (None, 112, 112, 64)      0
8   block2_conv1 (Conv2D)          (None, 112, 112, 128)     73856
9   block2_conv2 (Conv2D)          (None, 112, 112, 128)     147584
10  block2_pool (MaxPooling2D)     (None, 56, 56, 128)       0
11  block3_conv1 (Conv2D)          (None, 56, 56, 256)       295168
12  block3_conv2 (Conv2D)          (None, 56, 56, 256)       590080
13  block3_conv3 (Conv2D)          (None, 56, 56, 256)       590080
14  block3_pool (MaxPooling2D)     (None, 28, 28, 256)       0
15  block4_conv1 (Conv2D)          (None, 28, 28, 512)       1180160
16  block4_conv2 (Conv2D)          (None, 28, 28, 512)       2359808
17  block4_conv3 (Conv2D)          (None, 28, 28, 512)       2359808
18  block4_pool (MaxPooling2D)     (None, 14, 14, 512)       0
19  block5_conv1 (Conv2D)          (None, 14, 14, 512)       2359808
20  block5_conv2 (Conv2D)          (None, 14, 14, 512)       2359808
21  block5_conv3 (Conv2D)          (None, 14, 14, 512)       2359808
22  block5_pool (MaxPooling2D)     (None, 7, 7, 512)         0
23  flatten_2 (Flatten)            (None, 25088)             0
24  dense_16 (Dense)               (None, 10)                250890
25  ============================================================
26  Total params: 14,965,578
27  Trainable params: 250,890
28  Non-trainable params: 14,714,688
```

이전보다 60배 적은 25만 개의 매개변수만 있으면 된다.

```
1  sgd = SGD(lr = 0.05, decay = 1e-5)
2  model_vgg_mnist_pretrain.compile(loss = 'categorical_crossentropy', optimizer =
   sgd, metrics = ['accuracy'])
```

VGG16 네크워크가 입력층에 대한 요구 사항 때문에, OpenCV를 사용하여 이미지를 32×32에서 224×224로(cv2.resize 명령어), 흑백 이미지를 RGB 이미지로(cv2.COLOR_GRAY2BGR 명령어) 변환하고, 훈련 데이터는 Keras 입력을 위한 텐서 형식으로 전환한다.

```
1  (X_train, y_train), (X_test, y_test) = mnist.load_data()
2  X_train = [cv2.cvtColor(cv2.resize(i, (ishape, ishape)), cv2.COLOR_GRAY2BGR) for i
   in X_train]
3  X_train = np.concatenate([arr[np.newaxis] for arr in X_train]).astype(' float32')
4  X_test = [cv2.cvtColor(cv2.resize(i, (ishape, ishape)), cv2.COLOR_GRAY2BGR) for i
   in X_test]
5  X_test = np.concatenate([arr[np.newaxis] for arr in X_test]).astype('float32 ')
```

훈련 데이터의 차원은 다음과 같다. 6만 개의 샘플이 있으며 각 샘플은 224×224x3의 텐서이다.

```
1  X_train.shape
2  (60000, 224, 224, 3)
3  X_test.shape
4  (10000, 224, 224, 3)
```

```
1  X_train = X_train/255
2  X_test = X_test/255
```

데이터 손실 유무를 판단하기 위해 훈련 데이터를 살펴보면, 0이 아닌 항목을 찾은 후에는 문제가 없어 보인다.

```
1  np.where(X_train[0]!= 0)
2  (array([ 36, 36, 36, ..., 203, 203, 203]), array([103, 103, 103, ..., 95, 95, 95]),
   array([0, 1, 2, ..., 0, 1, 2]))
```

이 시점에서 훈련 데이터 및 테스트 데이터 세트의 이미지 부분은 이미 완성되었다. 마지막으로, 훈련 데이터 및 테스트 데이터 세트의 레이블 (0~9)를 One-Hot 코딩 형식으로 전환한다.

```
1  def tran_y(y):
2  y_ohe = np.zeros(10)
3  y_ohe[y] = 1
4  return y_ohe
```

```
1  y_train_ohe = np.array([tran_y(y_train[i]) for i in range(len(y_train))])
2  y_test_ohe = np.array([tran_y(y_test[i]) for i in range(len(y_test))])
```

MINST 데이터 세트에 대하여 학습을 진행한다.

```
model_vgg_mnist_pretrain.fit(X_train, y_train_ohe, validation_data = (X_test, y_test_
ohe), epochs = 200, batch_size = 128)
```

6.5 요약

이 장에서는 합성곱 신경망을 검토하고, 손글씨 숫자 분류 진행에 쓰이는 Keras를 이용해 종단 간 합성곱 신경망을 설립하는 것을 소개하였다. 게다가 이 장에서는 몇 가지 고전적인 합성곱 신경망을 검토하였으며 VGG16 모델의 기초에서 전이 학습을 이용한 가공을 진행하여 딥러닝 네트워크를 구성하고 글꼴 인식 훈련을 진행하였다.

CHAPTER

7

자연언어 감정 분석

자연언어 감정 분석

7.1 자연언어 감정 분석에 대한 소개

감정 분석은 어디에든 존재하며 이는 자연언어 처리에 기초한 분류 기법이다. 주로 해결하는 문제는 한 구절을 주고, 이 구절이 긍정적인지 부정적인지 판단하는 것이다. 예를 들어 아마존 또는 트위터에서 사람들이 특정 제품, 사건 또는 인물에 대한 의견을 제시한다. 판매자는 감정 분석 도구를 사용하여 사용자가 제품을 사용하며 느낀 점 및 제품에 대한 평가를 알 수 있다. 대규모로 감정 분석이 필요할 때, 육안의 처리 속도는 매우 제한적이다. 감정 분석의 본질은 이미 알려진 문자와 감정 부호를 바탕으로 문자가 긍정적인지 부정적인지 추측하는 것이다. 감정 분석을 잘 다룸으로써, 사람들이 사물을 이해하는 효율을 크게 향상시킬 수 있으며, 감정 분석의 결론을 이용하여 다른 사람 혹은 사물에 이바지할 수 있다. 예를 들자면, 많은 펀드 회사들이 미래 주식의 상승과 하락을 예측하기 위해 사람들의 특정 회사, 특정 산업, 특정 사건에 대한 견해와 태도를 이용한다.

감정 분석을 진행하는 것은 다음과 같은 어려움이 있다. 첫째, 문자는 구조가 규칙적이지 않으며 길이가 일정하지 않고 고전적인 머신러닝 분류 모델에 일반적으로 적합하지 않다. 둘째, 특징을 추출하기가 쉽지 않다. 문자는 어떠한 특정 주제에 대해 이야기한 것일 수도 있고 사람, 물건 혹은 사건에 대해 이야기한 것일 수도 있다. 특징을 인공적으로 추출하는 것은 너무 많은 에너지를 소비하고 효과도 나쁘다. 셋째, 단어와 단어 사이에도 연결이 되어 있는데, 이러한 부분의 정보를 모델에 통합하는 것도 쉽지 않다.

이번 장에서는 감정 분석에서의 딥러닝의 응용을 탐구한다. 딥러닝은 문자 처리 및 언어의 뜻을 이해하는데 적합하다. 딥러닝의 유연한 구조 덕분에 하위 계층에서 단어 임베딩 기술을 이용하여 문자의 길이가 균일하지 않아 생기는 처리 상의 어려움을 피할 수 있다. 딥러닝 추상 특징을 사용하면 인공적으로 많은 특징을 추출하지 않아도 된다. 딥러닝은 단어와 단어 사이의 연결을 시뮬레이션할 수 있으며, 부분 특징 추상화와 메모리 기능이 있다. 이러한 장점 덕분에 딥러닝이 감정 분석 및 텍스트 분석과 이해에 있어서 중요한 작용을 할 수 있다.

추가로, Twitter는 그들만의 감정 분석 API(http://help.sentiment140.com/api)를 게시했다. 독자는 이를 자신의 응용 프로그램에 통합하거나 자신만의 API를 개발할 수 있다. 다음은 영화리뷰에 대한 예제를 통해 감정 분석에서 딥러닝 핵심 기술에 대한 자세한 설명이다.

이번 장에서는 영화 리뷰 문자를 예제로 사용한다. 데이터는 http://ai.stanford.edu/~amaas/data/sentiment/에서 얻을 수 있다.

필요한 스프트웨어 패키지를 아래의 명령어를 입력하여 설치한다.

```
1  pip install numpy scipy
2  pip install scikit-learn
3  pip install pillow
4  pip install h5py
```

다음은 데이터 처리 부분이다. Keras는 imdb의 데이터와 이러한 데이터를 추출하는 load.data() 함수를 제공한다.

```
1  import keras
2  import numpy as np
3  from keras.datasets import imdb
4  (X_train, y_train), (X_test, y_test) = imdb.load_data()
```

먼저 데이터가 어떻게 생겼는지 아래 명령어를 입력하여 살펴본다.

```
X_train[0]
```

다음과 같은 결괏값이 출력된다.

```
1   array([[    1,     14,     22,     16,     43,    530,    973,   1622,   1385,
2              65,    458,   4468,     66,   3941,      4,    173,     36,    256,
3               5,     25,    100,     43,    838,    112,     50,    670,  22665,
4               9,     35,    480,    284,      5,    150,      4,    172,    112,
5             167,  21631,    336,    385,     39,      4,    172,   4536,   1111,
6              17,    546,     38,     13,    447,      4,    192,     50,     16,
7               6,    147,   2025,     19,     14,     22,      4,   1920,   4613,
8             469,      4,     22,     71,     87,     12,     16,     43,    530,
9              38,     76,     15,     13,   1247,      4,     22,     17,    515,
10             17,     12,     16,    626,     18,  19193,      5,     62,    386,
11             12,      8,    316,      8,    106,      5,      4,   2223,   5244,
12             16,    480,     66,   3785,     33,      4,    130,     12,     16,
13             38,    619,      5,     25,    124,     51,     36,    135,     48,
14             25,   1415,     33,      6,     22,     12,    215,     28,     77,
15             52,      5,     14,    407,     16,     82,  10311,      8,      4,
16            107,    117,   5952,     15,    256,      4,  31050,      7,   3766,
17              5,    723,     36,     71,     43,    530,    476,     26,    400,
18            317,     46,      7,      4,  12118,   1029,     13,    104,     88,
19              4,    381,     15,    297,     98,     32,   2071,     56,     26,
20            141,      6,    194,   7486,     18,      4,    226,     22,     21,
21            134,    476,     26,    480,      5,    144,     30,   5535,     18,
22             51,     36,     28,    224,     92,     25,    104,      4,    226,
23             65,     16,     38,   1334,     88,     12,     16,    283,      5,
```

```
24           16,  4472,   113,   103,    32,    15,    16,  5345,    19,
25          178,    32]])
```

원래 Keras와 함께 제공되는 load_data 함수를 사용하여 아마존 S3에서 데이터를 다운로드하고 각각의 단어에 인덱스(index)을 표기하여 사전을 만들었다. 각 단락의 하나의 단어는 하나의 숫자에 매칭된다.

```
print(y[:10])
```

array([1, 0, 0, 1, 0, 0, 1, 0, 1, 0])를 얻게 된다. 여기서 y가 바로 레이블이며 1이 양수를 의미하고 0은 음수를 의미함을 알 수 있다.

```
1  print(X_train.shape)
2  print(y_train.shape)
```

여기서 얻은 2개의 텐서의 차원은 모두 (25000)이다. 다음으로 리뷰당 평균적으로 얼마나 많은 단어가 있는지 살펴보자.

```
avg_len = list(map(len, X_train))
print(np.mean(avg_len))
```

평균 단어 길이가 238.714임을 알 수 있다. 다음은 직관적으로 나타내기 위해 분포도를 그린다([그림 7-1] 참조).

```
1  import matplotlib.pyplot as plt
2  plt.hist(avg_len, bins = range(min(avg_len), max(avg_len) + 50, 50))
3  plt.show()
```

만약 다른 유형의 데이터를 마주하거나 본인이 데이터를 가지고 있을 경우 직접 데이터를 처리하는 스크립트를 작성해야 한다. 대략적인 단계는 다음과 같다.

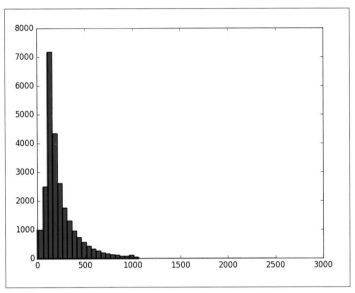

【그림 7-1】단어 빈도 분포 막대그래프

- 첫째, 문장의 단어 분리, 영어를 단어로 나누는 것은 공백 기준으로 나눌 수 있으며, 중국어를 단어로 나누는 것은 jieba를 참조할 수 있다.
- 둘째, 각각의 단어에 번호 표기를 하여 사전을 만든다.
- 셋째, 단락은 사전을 참조해 숫자로 변환하고 array로 만든 후 모델링을 시작한다.

7.2 문자 감정 분석 모델링

7.2.1 단어 임베딩 기술

문자의 길이가 균일하지 않고 단어와 단어 사이의 연결을 모델으로 집어넣는 어려움을 극복하기 위해, 사람들은 단어 임베딩이라는 기술을 사용하였다. 간단히 말해서, 각 단어에 벡터를 지정하는 것이다. 벡터는 공간 상의 점이며 의미가 가까운 단어는 벡터도 가까움을 나타낸다. 이렇듯 단어에 대한 조작을 벡터에 대한 조작으로 전환할 수 있다. 딥러닝에서는 이것을 텐서(Tensor)라 부른다. 단어를 표현하기 위해 텐서를 사용하는 것의 이점은 첫째, 문자의 길이가 불균일한 문제를 극복할 수 있다. 왜냐하면, 만약 모든 단어가 이미 이에 상응하는 단어 벡터를 가지고 있다면, 길이가 N인 텍스트의 경우 상응하는 N개의 단어가 대표하는 벡터를 선택하고 텍스트의 단어 순서대로 배열하면 된다. 즉 각 단어의 벡터의 크기 모두 동일한 텐서를 입력하는 것이다. 둘째, 단어 자체는 특징을 형성할 수 없지만, 텐서는 심층 신경망의 계층화된 추상화를 통해 계산된 추상의 정량화이다.

셋째, 텍스트는 단어의 집합으로 구성되며, 텍스트의 특징은 단어의 텐서로 결합될 수 있다. 텍스트의 텐서는 여러 개 단어 간 결합된 의미를 포함한다, 이는 텍스트의 특징 프로세스로 여겨지며 기계가 텍스트 분류를 학습하는데 기초를 제공한다. 단어 임베딩의 가장 고전적인 작품은 Word2Vec이며 https://code.google.com/archive/p/word2vec/에서 볼 수 있다. 수십억의 단어를 포함한 뉴스 기사에 대해 훈련을 진행하여 Google은 일련의 단어 벡터 결과를 제공한다. 이러한 결과는 http://word2vec.googlecode.com/svn/trunk/에서 얻을 수 있다. 여기서 주요한 사고방식은 여전히 단어를 원-핫(One Hot) 인코딩 아닌 벡터의 형식으로 표시한다는 것이다.

【그림 7-2】는 이 모델에서의 단어와 단어 사이의 관계를 보여준다.

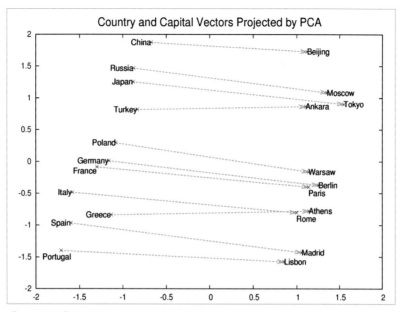

【그림 7-2】 단어 벡터의 설명도(이미지 출처: https://deeplearning4j.org/word2vec)

7.2.2 여러 계층 완전연결 신경망 훈련 감정 분석

이미 훈련된 단어 벡터와는 달리, Keras는 임베딩 계층(Embedding Layer)을 디자인하기 위한 템플릿을 제공한다. 모델링할 때 Embedding Layer 함수의 코드를 한 줄 추가하면 된다. 주의할 점은 임베딩 계층은 일반적으로 데이터 학습을 진행해야 한다. 독자는 Word2Vec와 같이 이미 훈련된 임베딩 계층에서 사전 훈련된 단어 벡터를 모델에 바로 넣거나 사전 훈련된 단어 벡터를 임베딩 계층의 초기의 값으로 설정 후 다시 훈련을 진행할 수 있다. 임베딩 함수는 임베딩 계층의 프레임워크를 정의하며 일반적으로 사전의 길이(즉 텍스트에서 단어 벡터가 몇 개 있는지), 단어 벡터의 크기 및 각 텍스트의 입력 길이 이렇게 3개의 변수를 가지고 있다. 주의할 점은 위에서 언급하였듯이 각 텍스트는 길 수도 있고 짧을 수도 있으므로 Padding 기술을 사용하면 가장 긴 텍스트 대비 길이가 짧은 텍스트의 여백을 공백으로 채워 넣어 가장 긴 텍스트의 길이를 텍스트의 입력 길이로 채택할 수 있다. 즉 공백을 하나의 특수문자로 처리하는 것이다. 머신러닝을 통해 훈련될 수 있는 단어 벡터가 공백 자체에도 부여되며 Keras는 텍스트 처리 및 채우기에 도움이 되는 sequence.pad_sequences 함수를 제공한다.

먼저 코드를 정리한다.

```
1  from keras.models import Sequential
2  from keras.layers import Dense
3  from keras.layers import Flatten
4  from keras.layers.embeddings import Embedding
5  from keras.preprocessing import sequence
6  import keras
7  import numpy as np
8  from keras.datasets import imdb
9  (X_train, y_train), (X_test, y_test) = imdb.load_data()
```

아래의 명령어를 사용하여 가장 긴 테스트의 길이를 계산한다.

```
1  m = max(list(map(len, X_train)), list(map(len, X_test)))
2  print(m)
```

여기서 우리는 2,494개의 글자를 가지고 있는 유난히 긴 텍스트를 발견할 수 있다. 이러한 이상치는 배제되어야 하며 텍스트의 평균 길이가 230개의 글자임을 고려하여 최대 입력 텍스트의 길이를 400자로 설정할 수 있다. 400자 미만의 텍스트는 공백으로 채워지고 400자 이상의 텍스트는 400자로 잘린다. Keras의 디폴트 최대 입력 텍스트 길이는 400이다.

```
1  maxword = 400
2  X_train = sequence.pad_sequences(X_train, maxlen = maxword)
3  X_test = sequence.pad_sequences(X_test, maxlen = maxword)
4  vocab_size = np.max([np.max(X_train[i]) for i in range(X_train.shape[0])]) + 1
```

여기서 1은 공백을 나타내고 해당 인덱스는 0으로 간주된다. 가장 간단한 심층 신경 망부터 시작해 보겠다. 먼저 시퀀스 모델을 만들고, 점진적으로 위로 네트워크를 구축 한다.

```
1  model = Sequential()
2  model.add(Embedding(vocab_size, 64, input_length = maxword))
```

첫 번째 계층은 임베딩 계층이고, 임베딩 계층의 배열 vocab_size ×64로 정의하였다. 각 훈련의 단락은 maxword ×64배이며 데이터의 입력으로써 입력층을 채워넣는다.

```
model.add(Flatten())
```

입력층을 평평하게 하여, 원래 maxword×64 크기의 배열을 1차원의 길이가 maxword× 64인 벡터로 변환시킨다.

다음으로 relu 함수를 사용하여 완전연결 신경망을 끊임없이 빌드한다. Relu는 간단 한 비선형 함수이다. $f(x) = \max(0, x)$. 신경망의 본질은 입력에 비선형 변환을 시키는 것 임을 주목하자.

```
1  model.add(Dense(2000, activation = 'relu'))
2  model.add(Dense(500, activation = 'relu'))
3  model.add(Dense(200, activation = 'relu'))
4  model.add(Dense(50, activation = 'relu'))
5  model.add(Dense(1, activation = 'sigmoid'))
```

Sigmoid는 선형을 비선형으로 변환시키고 목표인 값을 0~1로 제어하기 위한 logistic regression 링크 함수와 유사하다. 여기서 마지막 계층은 0, 1 변수의 확률을 예측하는 Sigmoid를 사용하므로 여기서 최종 출력은 0 또는 1일 확률이다.

```
1  model.compile(loss = 'binary_crossentropy', optimizer = 'adam', metrics = ['
   accuracy'])
2  print(model.summary())
```

여기서 교차 엔트로피(Cross Entropy)와 Adam Optimizer 두 가지 개념을 언급하겠다. 교차 엔트로피는 주로 예측된 0,1 확률 분포와 실제의 0,1 값이 매칭이 되는지 가늠하기 위한 것이며, 교차 엔트로피가 작을수록 매치도가 정확하고 모델의 정밀도가 높다는 것이다.

다음은 교차 엔트로피의 수식이다.

$$y \log(\hat{y}) + (1 - y) \log(1 - \hat{y})$$

여기서는 교차 엔트로피를 손실 함수로 사용한다. 우리의 목적은 적절한 모델의 선택이며 미지의 데이터 세트에서 손실 함수의 평균값을 낮게 할수록 좋다. 그러므로 우리가 봐야 하는 것은 테스트 데이터(훈련할 때는 가려져야 함)상에서의 모델 성능이다.

Adam Optimizer는 일종의 최적화 방법으로, 모델 훈련 중에 사용하는 경사 하강법에서 합리적으로 매 단계의 경사 하강 폭을 나타내는 학습 속도(Learning Rate)를 동적으로 선택하기 위함이다. 직관적으로 얘기하자면, 만약 훈련 중에 손실 함수가 최소의 값에 근접하면 각 단계의 경사 하강 폭은 자연히 줄어들어야 하며, 만약 손실 함수의 곡선이 여전히 가파른 경우 감소의 하강 폭이 약간 클 수는 있다. 최적화 관점에서 볼 때, 딥러닝 네트워크에는 Adagrad와 같은 다른 경사 하강 최적화 방법들도 있다. 이들의 본질은 모두 신경망 모델을 조정하는 과정에서 학습 속도를 어떻게 제어하는지에 대한 문제를 해결하는 것이다.

Keras가 제공하는 모델링 API는 우리가 데이터를 훈련할 수 있도록 해주고 데이터를 검증할 때 모델의 테스트 효과를 볼 수 있게 해준다.

```
1  model.fit(X_train, y_train, validation_data = (X_test, y_test), epochs = 20,
   batch_size = 100, verbose = 1)
2  score = model.evaluate(X_test, y_test)
```

모델의 정확도는 85%이다. 만약 더 여러 번 반복하면 정확도는 더 높아질 것이다. 독자들은 더 많은 사이클을 실행해보길 바란다.

위에서 언급한 것은 가장 일반적으로 쓰이는 심층 완전 연결 신경망 모델이다. 이는 모델의 모든 상하 계층이 상호 연결되어 있다고 가정하는 가장 광범위한 모델이다.

7.2.3 합성곱 신경망 훈련 감정 분석

완전연결 신경망은 네트워크 모델에 거의 어떠한 제약이 없지만 오버 피팅, 즉 너무 많은 노이즈를 피팅 하는 단점이 있다. 완전연결 신경망 모델의 특징은 유연하고 매개변수가 많다는 점이다. 실제로 사용할 때는 데이터의 특성에 적합해지도록 모델에 몇 가지 제한을 부과할 수 있으며 모델의 제한으로 인해 매개변수가 크게 줄어들 수 있다. 이는 모델의 복잡도를 줄이기 때문에 모델의 보편성은 높아진다.

다음으로 자연 언어에서의 합성곱 신경망(CNN)의 전형적인 응용을 소개한다. 자연언어 영역에서 문자의 부분 특징을 이용하는 데에 합성곱이 작용한다. 하나의 단어 앞뒤에 나오는 몇 개의 단어는 필연적으로 이 단어와 관련이 있으며, 이는 이 단어가 대표하는 단어 그룹을 구성한다. 단어 그룹은 단락 텍스트의 의미에 영향을 미치며 이 단락이 긍정적인지 부정적인지 결정한다. 단어 주머니(Bags of Words)와 TF-IDF 등을 사용하는 전통적인 방법과 비교했을 때 동일한 부분이 있지만, 가장 큰 차이점은 전통적인 방법은 분류의 특징에 쓰이기 위해 인위적으로 만들어졌으며 딥러닝의 합성곱은 신경망이 특징을 만들도록 한다는 것이며 이것이 자연언어 처리에서 합성곱이 널리 응용되는 이유이다.

다음으로 감정 분석의 분류 문제를 처리하기 위해 어떻게 Keras를 이용하여 합성곱 신경망을 빌드하는지 소개한다.

```python
1   from keras.layers import Dense, Dropout, Activation, Flatten
2   from keras.layers import Conv1D, MaxPooling1D
3   model = Sequential()
4   model.add(Embedding(vocab_size, 64, input_length = maxword))
5   model.add(Conv1D(filters = 64, kernel_size = 3, padding = 'same', activation =
    'relu'))
6   model.add(MaxPooling1D(pool_size = 2))
7   model.add(Dropout(0.25))
8   model.add(Conv1D(filters = 128, kernel_size = 3, padding = 'same',activation=
    'relu'))
9   model.add(MaxPooling1D(pool_size = 2))
10  model.add(Dropout(0.25))
11  model.add(Flatten())
12  model.add(Dense(64, activation = 'relu'))
13  model.add(Dense(32, activation = 'relu'))
14  model.add(Dense(1, activation = 'sigmoid'))
15  model.compile(loss = 'binary_crossentropy', optimizer = 'rmsprop', metrics =
    ['accuracy'])
16  print(model.summary())
```

다음으로 모델에 피팅을 진행한다.

```python
1   model.fit(X_train, y_train, validation_data = (X_test, y_test), epochs = 20,
    batch_size = 100)
2   scores = model.evaluate(X_test, y_test, verbose = 1)
3   print(scores)
```

정확도가 약간 올라서 85.5%로 출력되었다. 독자는 모델의 매개변수를 조정하거나 훈련 횟수를 늘리거나 다른 최적화 방법을 사용하는 등 여러 시도를 할 수 있다. 코드에는 Dropout 기법을 사용하였다, 이는 각 대량의 훈련 과정에서 각 노드에 대해 입력층이던 혹은 은닉 계층이던 모두 노드가 0으로 변할 독립적인 확률이 있다는 것이다. 이러한 랜덤 작업 과정과 랜덤 포레스트의 무작위로 특징을 선택하여 단일 의사결정 트리를 만드는 것을 진행하는 것에 있어 유사점과 차이점이 모두 존재한다. 이것의 장점은, 각각의 배치 훈련이 다른 작은 신경망에서 계산을 하는 것과 동일하다는 것이다. 훈련 데이터가 클 때 각 노드의 가중치는 모두 여러 번 조정된 것이다. 또한, 매번 훈련할 때 시스템은 제한된 노드와 작은 신경망에서 가장 적절한 가중치를 찾아내려 노력하기에 최대한으로 중요한 특징을 찾아내고 오버 피팅을 피할 수 있다.

7.2.4 순환 신경망 훈련 감정 분석

LSTM은 일종의 순환 신경망이다. 본질적으로 시간순으로 정보를 효과적으로 통합하고 선별하여 일부 정보는 유지되고 일부 정보는 삭제된다. 시간 t에서 얻은 정보(단락 텍스트에 대한 이해 등) 당연히 이전 정보(이전에 언급한 사건, 인물 등)를 포함한다. LSTM에 따르면, 내 수중에 있는 훈련 데이터를 토대로, 가장 가치 있는 정보를 끝까지 유지하기 위해 효과적인 정보의 취사선택이 가능한 방법을 찾아야 한다. 가장 자연스러운 방법은 이전 시각($t-1$)을 처리하고 현재 t 시각의 정보와 병합할 수 있는 규칙을 만드는 것이다. 재귀적 성질 때문에 이전 시각($t-1$)의 정보를 처리할 때 그 이전의 정보를 고려해야 된다, 그래서 시간 단위 t에 도달했을 때 시간 단위 1에서 현재까지의 모든 정보의 일부분은 유지되며 일부분은 폐지된다. LSTM는 주로 배열의 곱셈 연산을 통해 정보 처리를 한다([그림 7-3] 참조).

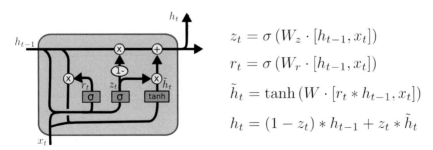

$$z_t = \sigma\left(W_z \cdot [h_{t-1}, x_t]\right)$$
$$r_t = \sigma\left(W_r \cdot [h_{t-1}, x_t]\right)$$
$$\tilde{h}_t = \tanh\left(W \cdot [r_t * h_{t-1}, x_t]\right)$$
$$h_t = (1 - z_t) * h_{t-1} + z_t * \tilde{h}_t$$

【그림 7-3】 **장단기 메모리 신경망 설명도**(이미지 출처: http://colah.github.io/posts/2015-08-Understanding-LSTMs/)

LSTM 신경망 구조는 다음의 코드를 사용하여 만들 수 있다.

```
1  from keras.layers import LSTM
2  model = Sequential()
3  model.add(Embedding(vocab_size, 64, input_length = maxword))
4  model.add(LSTM(128, return_sequences=True))
5  model.add(Dropout(0.2))
6  model.add(LSTM(64, return_sequences=True))
7  model.add(Dropout(0.2))
8  model.add(LSTM(32))
9  model.add(Dropout(0.2))
10 model.add(Dense(1, activation = 'sigmoid'))
```

그다음은 모델을 포장한다.

```
1  model.compile(loss = 'binary_crossentropy', optimizer = 'rmsprop', metrics =
   ['accuracy'])
2  print(model.summary())
```

마지막으로 데이터 세트를 입력하여 모델을 훈련한다.

```
1  model.fit(X_train, y_train, validation_data = (X_test, y_test), epochs = 5,
   batch_size = 100)
2  scores = model.evaluate(X_test, y_test)
3  print(scores)
```

예측된 정확도는 대략 86.7%이다. 독자는 더 좋은 효과를 얻을 수 있도록 다른 매개
변수를 디버깅하고 순환 횟수를 늘리길 시도해 볼 수 있다.

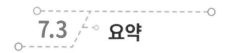

7.3 요약

이번 장에서는 다 계층 신경망(MLP), 합성곱 신경망(CNN) 및 장단기 메모리 모델(LSTM)을 비롯한 다양한 유형의 신경망을 소개했다. 이러한 신경망의 공통점은 오류 역전파로 업데이트해야 하는 많은 매개변수가 있다는 것이다. CNN과 LSTM은 다른 유형의 신경망 모델이지만 상대적으로 적은 매개변수를 필요로 한다. 이는 매개변수 공유라는 그들의 공통성을 반영한다. 이는 전통적인 머신러닝 원리와 유사하다. 매개변수나 모델에 대한 제한이 많을수록 모델의 자유도가 낮으며 오버 피팅이 덜 발생한다. 반대로 모델의 매개변수가 많을수록 모델의 유연성이 높아지며 더욱 쉽게 노이즈를 피팅하게 되므로 예측에 부정적인 영향을 미친다. 일반적으로 교차 검증 기술을 사용하여 최상의 매개변수(몇 개의 계층 모델을 사용할 것인지, 각 계층의 노드 수, Dropout의 확률 등)를 선택한다. 마지막으로, 감정 분석의 본질은 하나의 지도 학습의 일종인 분류 문제이다. 위의 모델 이외에도, 독자는 SVM, 랜덤 포레스트, 로지스틱 회귀 등과 같은 다른 고전적인 머신러닝 모델을 테스트해 보고 이를 신경망 모델과 비교해볼 수 있다.

CHAPTER

8

텍스트 생성

텍스트 생성

8.1 텍스트 생성 및 챗봇

텍스트 정보는 가장 넓은 정보를 가지고 있는 형식 중 하나이며, 딥러닝의 시퀀스 모델(Sequential Model)은 텍스트 생성 모델링(Generative Model) 방면에서 고유한 이점을 가지고 있다. 텍스트 자동 생성은 자연언어 대화 모델링 및 자동 문서 생성에서 응용될 수 있어 소매 고객 서비스, 온라인 쇼핑 가이드 및 저널리즘의 생산 효과를 크게 향상시킨다. 현재 비교적 숙달된 시스템으로는 단일 라운드 대화 시스템 및 단일 라운드 대화 시스템을 기반으로 한 간단한 다중 라운드 대화 시스템이 있으며, 이러한 종류의 시스템은 응용분야가 광범위하며 상대적으로 성숙한 기술을 가지고 있어 소매 고객 서비스, 온라인 쇼핑 가이드 등의 분야에서 매우 높은 한계 수익이 있다. 애플의 휴대전화의 Siri와 마이크로소프트사의 초기 샤오빙(XiaoBing) 로봇이 모두 이러한 시스템의 사용 예제에 속한다.

응용 범위에서 보면 자연 대화 시스템은 소위 채팅(chit-chat) 대화 시스템과 전문(Do-Main-Specific) 대화 시스템으로 나뉜다. 채팅 대화 시스템을 전형적으로 대표하는 것은 애플의 Siri, 마이크로소프트사의 샤오빙 로봇 등이 있으며 이는 Wechat 그룹 채팅 데이터, Weibo의 대화 데이터 등의 대량의 화제가 얕지만 광범위하고 매우 다양한 대화의 데이터의 기반으로 만들어졌다. 이러한 대화 시스템은 "오늘 날씨가 좋습니까?", "체리 자동차(奇瑞汽车)에 대해 어떻게 생각하십니까?", "후이궈러우(回锅肉)가 엄청 맛있네요." 등의 다양한 문제 혹은 화제에 응답할 수 있다. 이러한 시스템은 모델링 데이터의 분포에 따라 "날씨가 좋군요!", "사실 질레트사의 Brem(吉列的博瑞)도 괜찮은 편입니다." "그러게 말입니다." 등으로 별도로 응답할 수 있다. 구체적인 응답은 시스템의 모델링 데이터 분포 및 피드백시스템의 엔트로피 설정(즉 다양화 설정)을 기반으로 한다.

전문 대화 시스템은 특정 유형의 상품에 대한 쇼핑 가이드 혹은 고객 서비스 같은 다양한 구체적인 업무 영역에서 주로 응용되며, 모델링 데이터는 일반적으로 본 영역에서 정리된 데이터이다. 이러한 유형의 시스템은 비교적 좁은 화제만 대처할 수 있지만, 매우 깊이 있고 다중 라운드 대화 시스템일 가능성이 매우 높다. 고객은 비교적 적게 발생하는 문제에 대한 대답의 기대치가 비교적 낮으며 인공 서비스에 연결할 수 있기 때문에 포괄적이지 않은 화제를 대처하는 방식이 비교적 간단할 수 있다.

또한, 위의 "오늘의 날씨는 좋습니까?"와 같은 문제에 대하여 전문 대화 시스템은 "오늘 날씨 나쁘지 않습니다, 구름이 많다가 때때로 개고, 최고기온은 27도 최저기온은 21도이며 습도는 75%입니다."처럼 더 깊게 대답할 수 있다. 채팅 시스템에서 적응성 개조를 진행할 수 있다. 화제 인식을 하여 특정 범위 내에서 전문 시스템으로 강화할 수 있지만 대량의 작업과 그에 상응하는 데이터가 필요하다.

기술적으로, 짧은 대화 채팅 시스템은 검색 기반 시스템(Retrieval Based System)과 텍스트 생성 기반 시스템(Generative System) 두 종류로 분류된다.

검색 기반 시스템은 기술적 복잡성은 낮지만 대처하는 능력은 제한되어 있으며 매우 좁은 전문 서비스 영역에 비교적 적합하다. 검색 기반 대화 시스템은 일반적으로 기존의 단어의 의미 분석 이론에 기반하며, 자주 보이는 문장 구조에 대해 사전에 레이블을 달고 가능한 텍스트 입력을 각기 다른 부분으로 분해하고 주어, 목적어 등의 해당 부분을 모델링 객체로 설정하여 비슷한 문법 구조를 가지는 다른 화제에 대한 대처가 가능하도록 한다. 비교적 유명한 검색기반 대화 시스템은 알리스 채팅 로봇(Alicebot) 및 이 로봇의 다양한 변형이다. 이러한 종류의 채팅 로봇은 인공지능 마크업 언어(AIML)를 기반으로 하며 현재 데이터베이스에서 가지고 있지 않은 문장을 데이터베이스에 로드하여 기본 학급 능력을 가지게 되지만, 이는 채팅하는 사람의 응답이 정확하다는 실제 응용에서는 매우 만족하기 어려운 강력한 가정에 기반한다.

텍스트 생성 시스템에 기반한 것은 데이터에 의해 구동되며 대처 능력이 강하고 다양한 피드백 및 자기 학습 능력이 있어 더욱더 지능적이지만, 기술적 요구 사항이 더욱 높고 시스템의 견고성이 떨어지며 사전에 많은 경계 조건을 고려해야 한다. 예를 들어 마이크로소프트 연구소에서 2016년 발명한 Tay 채팅 로봇은 경계 조건을 사려 깊게 고려하지 못해 온라인 후에 수신된 실시간 교육 데이터가 부정적이거나 부적절했지만, 이러한 시스템은 이러한 문제를 고려하지 않은 채 설계되었으며, 여전히 이러한 데이터를 사용하여 훈련을 진행하여 대화 시스템의 응답도 매우 부정적이게 되었고 많은 사용자가 이러한 시스템의 욕설 혹은 화제에 대한 부적절한 응답 등에 대해 피드백을 주었다. 이러한 문제를 기술적으로 해결하는 것은 어렵지 않지만, 모든 종류의 경계 조건을 처음부터 고려하는 것은 매우 어렵다.

8.2 검색 기반 대화 시스템

이번 섹션에서는 어떻게 인공지능 표식 언어(AIML, Artificial Intelligence Markup Language)를 사용하여 검색 기반 대화 시스템을 구축하는지 설명한다. 비교적 좁은 응용 분야에서 이 시스템은 구축이 빠르고, 강력하며, 유연하므로 텍스트 생성에 기반한 대화 시스템과 결합하여 혼합 시스템을 구축하여 서로 보완할 수 있다.

AIML 시스템은 다음과 같은 몇 가지 장점이 있다.
- AIML 시스템은 검색 기반 대화 시스템이 비교적 널리 응용되는 시스템이며, 이 시스템의 여러 변종이 이미 상용화되어 일부 업계에 적용되었다.

- 딥러닝, 데이터 기반의 대화 엔진이 대량으로 등장하기 이전에 AIML 시스템은 일반적으로 검색 기반 대화 시스템 중에서 가장 좋은 시스템 중의 하나였다.
- AIML 시스템은 오픈소스 소프트웨어이며 C++, Java, NET, Python과 같은 다른 언어 인터페이스를 가지고 있다. 따라서 원래 시스템은 영어를 기반으로 하지만, 쉽게 중국어 시스템으로 개조할 수 있다.
- 오픈소스 AIML 시스템은 이미 개발자가 사용하고 참조할 수 있도록 많은 문법 규칙을 제공했으므로 개발자는 업무 환경을 고려하여 자신의 요구에 맞도록 개조할 수 있다.
- AIML 시스템은 엔진이므로 개발자가 자신의 시스템에 쉽게 임베딩 할 수 있다.
- AIML 일종의 XML 문법과 호환되는 통용 표식 언어이므로 매우 배우기 쉽다.

AIML은 일련의 꺾쇠괄호로 묶인 요소(Tag)들로 구성되며, 그중 일부 중요한 요소들은 다음과 같다.

- ⟨aiml⟩: 이 요소는 AIML 문서의 시작을 표시한다.
- ⟨category⟩: 이 요소는 지식 클래스를 표시하며 AIML의 기본 대화 구성 부분이다. 지식 클래스에 대해서는 나중에 자세히 설명하도록 하겠다.
- ⟨pattern⟩: 이 요소는 문법 패턴을 표시하며 문장 구조에 대한 요약 및 추상화이다.
- ⟨template⟩: 템플릿 요소는 위 문법 패턴에 대한 응답을 포함한다.
- ⟨that⟩: 객체 식별 요소를 나타낸다.
- ⟨topic⟩: 문맥에 대한 분류 요소.
- ⟨random⟩: 랜덤 선택 요소이며, 템플릿에서 포함하고 있는 여러 응답 중에 랜덤으로 하나를 선택해 채팅 로봇이 더 똑똑하게 보이게 한다.
- ⟨srai⟩: 재귀 식별 요소.
- ⟨think⟩: 조건부 제어 명령문과 유사하게 목표성을 가지고 응답을 제어한다.
- ⟨get⟩: AIML 변수에 저장된 값을 가져온다.
- ⟨set⟩: 지정된 AIML 변수에 값을 저장한다.

- ⟨star⟩ : 와일드를 나타내는 요소이다. ⟨pattern⟩ 요소에서 임의 문자 기호 *를 사용하여 모든 언어 요소를 대체하고, 그 뒤에 오는 ⟨star⟩에서는 임의 문자 기호에 해당하는 언어 요소를 참조할 수 있다.

AIML의 기본 지식 검색의 단위는 지식 클래스라고 불리며, ⟨category⟩ 요소로 표기한다. 이 단원에는 입력 패턴, 응답 템플릿 및 기타 옵션 등의 3가지 하위 요소를 포함한다.

입력 패턴은 ⟨pattern⟩ 요소로 나타내며, AIML 원래 설계에서 일반적으로 하나의 문제이지만 이것에만 국한적인 것은 아니며 사실 어떠한 문장도 될 수 있다.

템플릿에 대해서는 ⟨template⟩ 원소로 나타낸다. 일반적으로 하나의 해당되는 답변 또는 입력된 문장 구조에 상응하는 답변 문장 구조이다. 예를 들어 입력이 질문이 아니라 안부 말일 때 "잘 지내니?"에 대한 응답은 "잘 지내, 너는 잘 지내니?" 혹은 "요즘 바빠, 너는 어때?" 등으로 설정할 수 있다.

기타 옵션으로는 객체를 나타내는 ⟨that⟩ 요소와 화제를 나타내는 ⟨topic⟩ 요소가 있다.

AIML을 사용하여 검색 기반과 시스템을 만드는것은 매우 간단하다. 다음은 표준 지식 클래스 ⟨category⟩를 정의한 가장 간단한 AIML 문법 라이브러리이다.

```
1  <aiml version="1.0.1" encoding = "UTF-8">
2      <category>
3          <pattern>안녕</pattern>
4          <template>
5              안녕,최근에 매우 바쁘네
6          </template>
7      </category>
8  </aiml>
```

이 템플릿에서 가장 간단한 지식 클래스를 정의했다. "안녕"이라는 입력 문장 구조를 사용하였고 AIML은 정확하게 정합화를 진행한다. 응답 템플릿에서는 "안녕, 최근에 매

우 바쁘네"라는 고정 응답 패턴을 설계했다. 이 지식 클래스는 AIML 문법 구성을 보여
주기 위해 사용된 고정된 문답 패턴이다.

다음으로 몇 가지 기능을 확장하였다. 만일 시스템이 다양하게 응답하길 원한다면,
랜덤 선택 요소 ⟨random⟩을 설정하여 응답 템플릿을 확장할 수 있다. AIML이 매칭되는
입력에 대해서 응답을 랜덤으로 선택할 수 있도록 다음 예제에서는 세 가지 응답 방식
을 포함한 랜덤 선택 요소를 만들었다.

```
1   <aiml version="1.0.1" encoding = "UTF-8">
2       <category>
3           <pattern>안녕</pattern>
4           <template>
5               <random>
6                   <li>안녕, 최근에 매우 바쁘네</li>
7                   <li>잘 지내지, 너는 어때?</li>
8                   <li>방금 밥 먹었어, 너는 먹었니?</li>
9               </random>
10          </template>
11      </category>
12  </aiml>
```

랜덤성이 시스템의 반응이 더욱 사람처럼 보이게 하지만, 여전히 매우 융통성이 없다.
첫째, 매칭 패턴이 유연하지 않다. 안부를 묻는 방식은 다양하기에 우리는 문장 구조를
지정하는 비교적 유연한 방법이 필요할 수 있다. 둘째, 이러한 응답은 문맥까지 확장될
수 없다.

다음은 임의 문자 기호를 사용하여 특정 문장 구조의 유연성을 향상시킨다.
안무 말의 경우, 몇 가지 기본 문장을 일반화할 수 있다. 예를 들어, "당신의 건강 상
태가 어떠합니까?", "당신의 자동차 성능이 어떠합니까?"에서 임의 문자 기호 "*"을 사용
해서 "건강 상태", "자동차" 등을 대신할 수 있다. 그리고 나서 응답에서 ⟨star⟩를 사용하

여 임의 문자 기호가 지정한 대상을 나타낼 수 있으며, index= 로그에 상응하는 번째의
임의 문자 기호를 지정할 수 있다.

```
1   <aiml version="1.0.1" encoding = "UTF-8">
2       <category>
3           <pattern>당신의*어떠합니까 ? </pattern>
4           <template>
5               저의<star/>나쁘지 않습니다 。
6           </template>
7       </category>
8
9       <category>
10          <pattern>*의*가 좋습니까 ? </pattern>
11          <template>
12              <star index="1"/>의<star index="2"/>t꽤 괜찮습니다.
13          </template>
14      </category>
15  </aiml>
```

여러 라운드 대화가 단일 라운드 대화 대비 상하 문맥의 대한 감지가 어렵다. AIML은
문맥을 연결해주는 데 도움을 주는 ⟨that⟩과 ⟨topic⟩ 두 가지 요소를 제공한다. ⟨that⟩
요소는 앞서 언급한 응답에 추가로 응답할 때 쓰인다.

예를 들어 아래와 같은 대화가 있다고 하면
사람: "당신은 무엇을 좋아합니까?"
프로그램: "당신은 스포츠카에 대해 이야기하고 싶습니까?"

이때 사람은 "좋아한다" 혹은 "좋아하지 않는다"로 대답할 수 있다.
사람의 대답에 따라 프로그램은 다른 응답을 가져야 하며 이때 바로 ⟨that⟩ 요소가
쓰인다. 다음 프로그램은 어떻게 ⟨that⟩ 요소를 사용하여 두 번째 응답을 구성하는지
보여준다.

```
1  <aiml version="1.0.1" encoding = "UTF-8">
2      <category>
3          <pattern>당신은 무엇을 좋아합니까?</pattern>
4          <template>
5              스포츠카에 대해 이야기하고 싶습니까?
6          </template>
7      </category>
8
9      <category>
10         <pattern>좋습니다</pattern>
11         <that>스포츠카에 대해 이야기하고 싶습니까?</that>
12         <template>
13             <random>
14                 <li> 너무 좋습니다. 저는 미국의 대배기량 스포츠카를 좋아합니다.</li>
15                 <li> 너무 좋습니다. 저는 소배기량 고속 엔진 스포츠카를 좋아합니다.</li>
16                 <li>최고입니다. 저는 비싼 스포츠카를 좋아합니다.</li>
17             </random>
18         </template>
19     </category>
20
21     <category>
22         <pattern>그러죠</pattern>
23         <that>스포츠카에 대해 이야기하고 싶습니까?</that>
24         <template>
25             <random>
26                 <li> 너무 좋습니다. 저는 미국의 대배기량 스포츠카를 좋아합니다.</li>
27                 <li> 너무 좋습니다. 저는 소배기량 고속 엔진 스포츠카를 좋아합니다.</li>
28                 <li>최고입니다. 저는 비싼 스포츠카를 좋아합니다.</li>
29             </random>
30         </template>
31     </category>
32
33     <category>
34         <pattern>그러고 싶습니다</pattern>
35         <that>스포츠카에 대해 이야기하고 싶습니까?</that>
36         <template>
37             <random>
38                 <li> 너무 좋습니다. 저는 미국의 대배기량 스포츠카를 좋아합니다.</li>
```

```
39          <li> 너무 좋습니다. 저는 소배기량 고속 엔진 스포츠카를 좋아합니다.</li>
40          <li>최고입니다. 저는 비싼 스포츠카를 좋아합니다.</li>
41        </random>
42      </template>
43    </category>
44
45    <category>
46      <pattern>싫습니다</pattern>
47      <that>스포츠카에 대해 이야기하고 싶습니까?</that>
48      <template>
49        <random>
50          <li> 아이고. 그럼 영화에대해 이야기 하는건 어떻습니까?</li>
51          <li> 차를 싫어한다니. 정말 재미없군요.</li>
52        </random>
53      </template>
54    </category>
55  </aiml>
```

이 예제에서, "스포츠카에 대해 이야기하고 싶습니까?"라는 첫 번째 응답에 4가지의 두 번째 응답을 하였고, 그중 3개는 긍정적인 응답이었고 1개는 부정적인 응답이었다. 각 응답에서 〈pattern〉 요소 뒤에 〈that〉 요소를 사용하여 첫 번째 응답을 인용하였다.

〈topic〉 요소는 나중에 해당 응답을 검색할 수 있도록 대화의 지식 클래스를 정의하는데 사용된다. 〈that〉 요소와 마찬가지로 긍정 응답과 부정 응답에서 일반적으로 사용된다. 단 이 요소는 특정 응답이 아닌 전체 지식 클래스를 보존한다는 다른 점이 있다.

예를 들어 다음 대화는 〈topic〉 요소를 사용하여 응답을 도울 수 있다.

사람: "스포츠카에 대해 이야기해 봅시다."

프로그램: "좋습니다, 스포츠카에 대해 이야기하십시오."(여기서 스포츠카라는 topic 을 정의함)

사람: "미국 스포츠카는 좋다."

프로그램: "스포츠카 이야기만 나오면 흥분된다."

사람: "나는 특히 미국의 대배기량 엔진의 스포츠카를 좋아한다."

프로그램: "나도 미국의 대배기량 엔진의 스포츠카를 좋아한다."

이 대화는 다음의 AIML 프로그램을 사용하여 설정할 수 있다.

```
1   <aiml version="1.0.1" encoding = "UTF-8">
2       <category>
3           <pattern>스포츠카에 대해 이야기해 봅시다</pattern>
4           <template>
5               좋습니다. <set name="topic">스포츠카</set>에 대해 이야기 하십시오.
6           </template>
7       </category>
8
9   <topic name="스포츠카">
10      <category>
11          <pattern> * </pattern>
12          <template>
13              스포츠카 이야기만 나오면 흥분된다.
14          </template>
15      </category>
16
17      <category>
18          <pattern>나는 특히 * 스포츠카를 좋아한다</pattern>
19          <template>
20              나도 <star/> 스포츠카를 좋아한다
21          </template>
22      </category>
23
24      </topic>
25  </aiml>
```

〈topic〉 요소를 사용하면 유연하고 문맥에 민감하게 반응하는 간단한 다중 라운드 대화 시스템을 구성할 수 있음을 확인하였다.

그러나 〈that〉 요소를 응용한 예제에서, 세 가지 긍정적인 응답에 대한 두 번째 라운드의 응답은 모두 동일하지만 세 가지의 지식 클래스가 필요하므로 매우 번거롭다. 이

를 단순화할 수 있는 방법이 있을까? 이러할 때는 재귀 요소 ⟨srai⟩를 사용해야 한다. 이 요소는 AIML이 동일한 템플릿에 다른 목표를 정의할 수 있도록 하므로 동일한 유형의 응답을 단순화할 수 있을 뿐만 아니라 로봇의 반응을 더욱 의인화시키는 매우 강력한 작용을 한다.

다음 유형의 문제를 해결하는데 재귀 요소를 사용할 수 있다.

- 문장 구조 정규화(Symbolic Reduction)
- 분할 정복(Divide and Conquer)
- 동의어 해석(Synonyms Resolution)
- 키워드 검사(Keyword Detection)

문장 구조 정규화는 문장 구조를 단순화하는데 사용되는 방법으로 복잡한 문장 구조을 간단한 문장 구조로 분해할 수 있다. 반대로, 이전에 정의된 간단한 문장 구조로 복잡한 문장 구조를 재정의하는 것이다. 예를 들어 "누가 황샤오밍입니까?"라고 물어볼 수 있고 "당신은 황샤오밍을 알고 있습니까?"라고도 물어볼 수도 있으며 "황샤오밍"이라는 이름은 어떠한 사람의 이름으로도 변환될 수 있다. 왜냐하면, 이것은 하나의 의미의 여러 표현 방식이며 "누가"로 시작하거나 "당신은"으로 시작하는 일정한 문장 구조를 가지고 있기 때문에 ⟨srai⟩를 사용하여 문장 구조 정규화를 진행할 수 있다. 먼저 다음과 같이 첫 번째 질문의 문장 구조에 대해 지식 클래스를 만든다.

```
1    <category>
2        <pattern>누가 황샤오밍입니까?</pattern>
3        <template>황샤오밍은 중국 배우입니다.</template>
4    </category>
5
6    <category>
7        <pattern>누가 마화텅입니까 ?</pattern>
8        <template>마화텅은 중국 기업가이며 QQ소프트웨어의 발명자이고 이사회 의장
                   및 CEO이다.</template>
9    </category>
```

그런 다음⟨srai⟩에 의해 더욱 일반적인 문장 구조 범주로 확장될 수 있고 다른 동일 의미를 가지는 문장 구조와 표준화를 진행한다.

```
1   <category>
2       <pattern>당신은 *을 아십니까?</pattern>
3       <template>
4           <srai>누가 <star/> 인가요</srai>
5       </template>
6   </category>
```

먼저 질문받을 대상을 임의 문자 기호 "*"를 이용하여 일반화시킨 뒤 ⟨srai⟩를 사용하여 유사한 질문을 첫 번째 지식 클래스의 문장 구조로 요약하면 시스템은 다양한 질문에 자동으로 매칭 및 응답할 수 있다

분할 정복의 주요 기능은 지식 클래스 문장 구조의 일부분을 재사용하여 반복 정의된 문장 구조를 줄이는 것이다. "다음에 또 봐"를 예로 들면 "다음에 또 봐요" 혹은 "다음에 또 봐, 친구들" 혹은 "다음에 또 봐, ~~~" 등으로 말할 수 있다.

"다음에 또 봐"로 시작하는 문장 구조는 일반적으로 작별 인사할 때 쓰이므로 유사한 작별 인사 문장 구조들은 모두 하나의 응답 템플릿으로 요약될 수 있다.

다음 예제는 이러한 기능을 보여준다.

```
1   <category>
2       <pattern>다음에 또 봐</pattern>
3       <template>다음에 또 봐유!</template>
4   </category>
5
6   <category>
7       <pattern>다음에 또 봐 *</pattern>
8       <template>
9           <srai>다음에 또 봐</srai>
```

```
10        </template>
11      </category>
```

동의어 해석 기능은 매우 직관적이다. 즉 같은 의미의 객체들은 동일하게 이해가 돼야 한다. 이는 위에서 설명한 문장 구조 정규화 기능과 매우 비슷하며 사용법도 문장 구조에 대해 정의하는 게 아니고 문장 속 객체에 정의한다는 점을 제외하고는 거의 동일하다.

키워드 검색은 하나의 특정 객체가 입력된 문장에 포함되어 있을 때 AIML에서 하나의 표준화된 응답을 하는 것이다. 예를 들어 문장에서 "Panamera"를 언급하면, AIML은 "내가 좋아하는 Panamera는 포르쉐가 생산한 뛰어난 제어력을 갖춘 4인승 럭셔리 쿠페이다."라고 응답한다.

다음 코드는 이러한 기능을 구현한다.

```
1     <category>
2         <pattern>panamera</pattern>
3         <template>내가 좋아하는 panamera는 포르쉐가 생산한 뛰어난 제어력을 갖춘
   4인승 럭셔리 쿠페이다.</template>
4     </category>
5
6     <category>
7         <pattern>_ panamera</pattern>
8         <template>
9             <srai>panamera</srai>
10        </template>
11      </category>
12
13    <category>
14        <pattern> panamera *</pattern>
15        <template>
16            <srai>panamera</srai>
17        </template>
18      </category>
```

```
19
20      <category>
21        <pattern>_ panamera *</pattern>
22        <template>
23            <srai>panamera</srai>
24        </template>
25      </category>
```

　여기서 접두어 임의 문자 기호 "_"와 일반 임의 문자 기호 "*"을 사용하여 어떠한 문장과도 매칭되도록 한다. 앞서 언급했듯이 AIML은 어떠한 시스템에도 임베딩 할 수 있는 검색 기반 대화 엔진이다. 다음으로 Jupyter Notebook에서 매우 쉬운 문답을 만들어 보겠다. 먼저 Notebook에 하나의 매크로 변수 ――%%ask를 정의하고, 뒤의 입력 정보는 AIML 엔진에 반환하여 처리를 진행하고 그에 상응하는 정보를 다시 반환하도록 해야 함을 Notebook이 알게 해야 한다. 그러면 【그림 8-1】과 같이 Jupyter Notebook에서 문답을 진행할 수 있다.

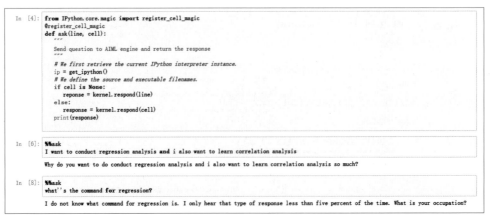

【그림 8-1】 Jupyter Notebook에서 매크로 명령을 통한 AIML 질문

먼저 자신의 매크로 변수를 정의하라.

```
1  from IPython.core.magic import register_cell_magic
2  @register_cell_magic
3  def ask(line, cell):
4      """
5      Send question to AIML engine and return the response
6      """
7      ip = get_ipython()
8      if cell is None:
9          reponse = kernel.respond(line)
10     else:
11         response = kernel.respond(cell)
12     print(response)
```

여기서 ip=get_ipython() 명령은 현재 Ipython 환경 객체를 가져오며, 그 뒤에 오는 판단문은 정보 소스(cell/line)와 실행 커널(kernel)을 정의하며 마지막으로 출력을 프린트한다.

그런 다음 AIML 엔진을 로드하고, 커널 및 상응하는 데이터 베이스를 정의한다.

```
1  import aiml
2  kernel = aiml.Kernel()
3  kernel.learn("d:\\data\\project\\aiml\\std-startup.xml")
4  kernel.respond("LOAD BRAIN")
```

첫 번째 명령행은 엔진을 로드하는 것이고, 두 번째 명령행은 커널 정의이며, 세 번째 명령행은 데이터베이스를 정의하는 호출 스크립트이고, 마지막의 LOAD BRAIN은 데이터베이스를 로드하는 것이다. 이 표준 호출 스크립트 XML 파일은 매우 간단하다. 바로 어디에서 *.aiml 데이터베이스 파일을 검색할지 정의하는 것이다. 이러한 데이터베이스 파일들은 앞의 예제에서의 AIML 텍스트 파일이다.

이 XML 스크립트의 내용은 다음과 같다.

```
1   <aiml version="1.0.1" encoding="UTF-8">
2       <!-- std-startup.xml -->
3       <!-- Category is an atomic AIML unit -->
4       <category>
5
6           <!-- Pattern to match in user input -->
7           <!-- If user enters "LOAD AIML B" -->
8           <pattern>LOAD BRAIN</pattern>
9
10          <!-- Template is the response to the pattern -->
11          <!-- This learn an aiml file -->
12          <template>
13              <learn>d:\\data\\project\\aiml\\standard\\*.aiml</learn>
14              <!-- You can add more aiml files here -->
15              <!--<learn>more_aiml.aiml</learn>-->
16          </template>
17      </category>
18  </aiml>
```

이는 보통의 AIML 데이터베이스 텍스트 파일과 매우 유사하다. 모두 〈category〉를 사용하여 하나의 지식 포인트를 정의하고 여기의 문장 구조는 LOAD BRIAN으로 고정되어 있으며, 응답은 구체적으로 〈learn〉에서 호출한다.

```
<learn>d:\\data\\project\\aiml\\standard\\*.aiml</learn>
```

따라서 마지막 명령에서 LOAD BRAIN에 입력에 조치를 취하면 데이터베이스 로드 동작을 생성한다

상응하는 라이브러리를 로드한 후 방금 정의한 %ask 매크로 명령을 이용하여 Jupyter Notebook에서 질문할 수 있다.

우리가 정의한 문제 라이브러리에는 질문된 이러한 문장 구조와 객체가 없기 때문에 AIML은 제대로 응답할 수 없다.

물론 평소에 수집한 업무 데이터를 이용하여 독자는 자신의 업무 요구 조건에 따라 신속하게 목표성 있는 간단한 응답 로봇들을 구축할 수 있으며, 이들은 일반적인 문제 에 대해서 충분히 비교적 좋은 답변을 할 수 있다. 만약 더 지능적인 대화 로봇을 만들 고 싶다면, 계속해서 다음 두 섹션을 학습해야 한다.

8.3 딥러닝에 기반한 검색 대화 시스템

위의 AIML 기반의 채팅 대화 시스템은 조기의 상업 고객 서비스 영역에서 성공적으 로 응용되었지만, 몇 가지 큰 문제들이 더 넓은 범위에서의 응용을 방해하였다.

첫째, 대화 라이브러리를 설립하는데 대량의 인력과 시간이 필요하다.

비록 AIML 시스템이 오프소스 프로젝트가 이미 수십만 개의 영어 대화를 공개했지 만, 중국어로 전환하려면 여전히 대량의 작업이 필요하다. 또한, 이러한 대화는 여전히 일반적인 채팅 시나리오를 기준으로 하며 구체적인 특정 업무에 지향되진 않는다. 이러 한 시스템의 가장 실용적인 응용은 범위가 비교적 좁은 구체적인 업무에서의 응용이며 이러한 시스템을 구축하려면 여전히 대량의 작업이 필요하다.

둘째, 비록 AIML 시스템은 채팅 대화 시스템에 객체에 대한 메모리, 임의 문자, 재귀 등과 같은 유연성을 부여하는 여러 기능을 제공하였지만 채팅 대화 시스템의 기능은 여 전히 매우 제한적이다.

AIML 시스템은 본질적으로 여전히 검색 성질의 시스템이며, 본 적 없는 질문 패턴에 대해서는 답안을 검색할 수 없어 사용자 경험에 영향을 끼치는 하드 매치에 속한다.

딥러닝 기반의 검색식 대화 시스템은 두 가지 점에서 크게 개선되었다. 첫째로 머신러닝을 통하여 부드러운 매칭이 이루어지도록 할 수 있다. 질문 모드가 반드시 라이브러리에서 나타날 필요는 없으며 만약 어휘 및 조직적 순서를 모델링하여 일치 가능성이 높은 데이터 포인트를 찾으면 더 나은 응답을 실현할 수 있다. 둘째, 딥러닝 방식은 높은 유연성을 제공하여 메모리 및 인식 기능 등을 실현 가능하게 한다. 다음은 간단한 예제를 통하여 Keras에서 딥러닝에 기반한 검색식 대화 시스템을 어떻게 훈련하는지 배워보자.

8.3.1 대화 데이터의 구성

모델링을 논하기 이전에 데이터를 처리하는 것은 매우 중요하다. 공개된 대화 데이터, 특히 규정된 인덱스식 대화 모델의 모델링에 사용되는 중국어 대화 데이터는 찾기가 쉽지 않다. 여기서 사용한 훈련 데이터는 Ubuntu 포럼 영문 토론 데이터이며, McGill 대학의 Ryan Lowe, Nissan Pow, Iulian V. Serban와 Joelle Pineau가 만든 이 데이터는 현재 비교적 큰 규정된 대화 데이터이다. 그들은 이 데이터를 바탕으로 하나의 색인식 딥러닝 다중 라운드 대화 시스템을 만들어 SIGDial 2015에서 발표하였다. 독자들은 원본 데이터 및 처리 후의 바이너리 pickle 데이터를 이 책의 소스코드 자료실에서 다운로드 할수 있다.

다음은 이 데이터의 구성에 대해 논의해 봄으로써 독자들이 이를 자신의 프로젝트에 응용할 때 어떻게 원본 대화 데이터에 대해 조직 및 규정을 하는지 알도록 하여 아래의 모델링 프레임워크에 집어넣어 모델링을 진행할 수 있도록 할 수 있다.

Ubuntu 대화 데이터는 다음과 같은 특정 성질을 가지고 있기 때문에 특정 분야의 자동화된 고객 서비스 및 쇼핑 가이드 대화 시스템 구축에 매우 적합하다는 특징이 있다.
- 대화의 내용이 포괄한 영역이 매우 구체적이며 비교적 좁은 범위의 내용을 언급한다.
- 2인 응답식의 다중 라운드 대화이다.

- 요구되는 데이터양이 많다, 딥러닝 모델을 훈련하기 위해서는 일반적으로 수백만 건의 대화가 필요하다. 【그림 8-2】는 하나의 원본 대화에서 모델링이 가능한 2인 다중 라운드 대화로 확장하는 과정을 보여준다.

Time	User	Utterance
[12:21]	dell	well, can I move the drives?
[12:21]	cucho	dell: ah not like that
[12:21]	RC	dell: you can't move the drives
[12:21]	RC	dell: definitely not
[12:21]	dell	ok
[12:21]	dell	lol
[12:21]	RC	this is the problem with RAID:)
[12:21]	dell	RC haha yeah
[12:22]	dell	cucho, I guess I could just get an enclosure and copy via USB...
[12:22]	cucho	dell: i would advise you to get the disk

Sender	Recipient	Utterance
dell		well, can I move the drives?
cucho	dell	ah not like that
dell	cucho	I guess I could just get an enclosure and copy via USB
cucho	dell	i would advise you to get the disk
dell		well, can I move the drives?
RC	dell	you can't move the drives. definitely not. this is the problem with RAID :)
dell	RC	haha yeah

【그림 8-2】 Ubuntu 다인 다중 라운드 대화 처리

【그림 8-2】에서 알 수 있듯이, 하나의 긴 대화는 지표에 따라 두 사람 사이의 대화로 나누어진다. 예를 들어 【그림 8-2】에서의 사용자 RC의 대답과 같이 만약 대답이 누구를 목표로 하는지 인용하지 않으면 최근 인용된 사용자의 응답에 포함된다.

여기서 강조해야 할 점은, 많은 독자가 아마 자신의 내부 시스템에서 고객 서비스 데이터는 이미 매우 깨끗한 단일 화제 2인 다중 라운드 대화 데이터라고 생각하는데, 어째서 내부 시스템 데이터와 유사하지 않은 데이터를 어떻게 처리하는지에 대해 소개하는 것인가?

왜냐하면, 실제 업무에서는 단일 대화가 일반적인 2인 다중 라운드 대화일 수도 있지만 한 번의 고객 서비스 과정에서 사용자의 질문을 해결하지 못하는 경우도 많이 있어 사용자가 간혹 하루, 이틀 혹은 더 긴 시간이 지난 후 다시 고객 서비스에 연락하여 동일한 문제를 해결하길 요구하는 경우도 있다. 이러한 현상은 비교적 복잡한 업무 환경에서 자주 발생한다.

예를 들어 저자가 이전에 근무했던 보험 회사에서는, 보험 고객이 보험 대상을 늘리거나 보험 조항을 수정하길 요구할 때 25% 이상의 경우 2회 이상의 고객 서비스 연락을 필요로 하였다. 이는 보험 대상 수정이 다 대상 할인, 조항 수정, 새 문서 전달 및 부가가치서비스 판매 등을 수반하는 것처럼 이러한 업무 문제가 종종 여러 측면을 다루므로 때로는 고객 서비스 혹은 고객이 모든 관련 문제를 한 번에 생각할 수 없는 경우가 있기 때문이다. 만일 여전히 한번 연결된 데이터만으로 훈련을 진행한다면, 훈련 결과에 이러한 깊은 연결이 반영되지 않을 것이다. 그러나 만일 이러한 상관된 화제의 포괄 문제를 해결할 수 있다면 고객 서비스 대화 시스템의 지능을 높일 수 있을 뿐만 아니라 새로운 인공 고객 서비스를 훈련할 수 있을 것이다.

여기서는 인덱스식의 딥러닝 대화 시스템을 구축해야 하기 때문에, 본질적으로 우리는 딥러닝 알고리즘에 기반하고 메모리 기능이 있는 분류 모델을 구축해야 한다. 우리는 다음 세 가지 부분을 포함하여 이미 2인 다중 라운드 대화로 나누어진 데이터에 추가로 처리해야 한다.

① 전체 대화를 배경 + 응답 두 가지 부분으로 나누어야 한다. 배경은 한 단락의 대화에서 응답이 끝나기 이전의 모든 상관된 텍스트들이며 만약 다중 라운드 대화일 경우 각 단락의 텍스트는 특정 부호로 분리한다. 여기서 응답은 해당 라운드의 대화 이후의 즉각적인 응답을 나타낸다. 예를 들어 dell이라 불리는 사용자와 cucho라고 불리는 사용자들의 대화의 경우 두 번째 라운드의 대화 이후 두 사람 대화의 앞선 두 문장이 배경이 된다.

dell : well, can I move the drives?

cucho : ah not like that.

응답은 dell이 cucho에게 말한 2번째 문장이다.

I guess I could just get an enclosure and copy via USB.

세 번째 라운드의 대화 이후 대화의 앞선 세 문장이 배경이 된다.

dell : well, can I move the drives?

cucho : ah not like that.

dell : I guess I could just get an enclosure and copy via USB.

응답은cucho가 dell에게 말한 2번째 문장이다.

I would advise you to get the disk.

여기 배경의 텍스트는 현재 라운드의 대화 이전의 모든 대화를 모아 특수 문자열을 이용하여 분리하는 것임을 주의하라.

well, can I move the drives _EOS_ ah not like that _EOS_ I guess I could just get an enclosure and copy via USB.

";" 혹은 "," "." 등의 구두점 부호는 원래 문장의 구두점에 이러한 일반적으로 사용되거나 일반적으로 사용되지 않는 구두점 부호가 포함될 수 있기 때문에 여기서는 사용하지 않는다. 그러므로 매우 특수하게 전문적으로 구성된 분리 문자열을 사용하는 것이 비교적 바람직하다. 여기서 사용자 ID가 따로 보이도록 할 필요는 없다.

② 이것은 분류 문제이기 때문에 딥러닝 알고리즘이 모델을 훈련할 수 있도록 정확한 응답과 하나 혹은 다수의 부정확한 응답을 생성해야 한다. 독자는 표준 대화 시스템에서 응답은 분명히 모두 문제에 매칭되며 정확한 것일 텐데 어떻게 부정확한 응답을 찾아내는지 묻고 싶을 수 있다. 여기서는 현재 대화와 관련이 없는 다른 대화의 응답을 샘플링하여 얻어낸다. 상황에 따라서 하나 혹은 다수의 관련 없는 응답을 샘플링하여 얻어낼 수 있다.

③ 마지막으로, 양의 샘플에 속하는 정확한 응답 및 그 배경에 1로 표기하고. 음의 샘

플에 속하는 동일한 배경에 샘플링한 부정확한 응답 쌍에 대하여 0 혹은 1로 표기한다. 이렇게 처리한 이후의 데이터는 하나의 3차원 대화 데이터이다. 【표 8-1】에서 이를 보여준다.

【표 8-1】최종 데이터 세트의 구성

배경	응답	표기
well, can I move the drives _EOS_ ah not like that	I guess I could just get an enclosure and copy via USB	1
well, can I move the drives _EOS_ ah not like that	That's interesting	0
well, can I move the drives _EOS_ ah not like that	Prior to applying the method you need to fix something	0
well, can I move the drives _EOS_ ah not like that _EOS_ I guess I could just get an enclosure and copy via USB	I would advise you to get the disk	1
well, can I move the drives _EOS_ ah not like that _EOS_ I guess I could just get an enclosure and copy via USB	lol	0
...	...	...

8.3.2 딥러닝 인덱스 모델 구축

데이터 처리가 완료된 이후, 위의 3차원 대화 데이터를 이용하여 인덱스식 대화 시스템을 구성하기 위해 딥러닝에 기반한 분류 모델을 사용할 수 있다. 일반적으로 분류 모델 모델링은 아래 몇 가지 부분을 포함한다.

- 모델을 선택한다.
- 데이터 전처리를 하여 사용하는 모델에 적합하도록 한다.
- 모델에 피팅을 진행한다.
- 모델 성능을 이전 튜닝 단계와 함께 검증한다.

여기서 우리는 원저자의 더블 코딩된 길고 짧은 메모리(Dual Encoder LSTM) 모델을 사용한다. LSTM은 비교적 긴 내용을 기억할 수 있고 다중 라운드 대화 환경에 비교적 적합하기 때문에 이 모델은 원문에서 최고의 성능을 발휘하였다. 이 모델의 구조는 【그림 8-3】에서 보여준다. 【그림 8-3】은 한 단락의 대화의 배경과 응답에 대해 코딩하여 길고 짧은 메모리 모델을 구축하고 코사인 유사성을 계산하는 구조를 결합하는 것을 보여준다.

【그림 8-3】의 상반부 순환 시간 모델에 해당하는 것은 배경 부분의 데이터이며 그중 c_t는 t 시각의 배경 정보이고 h_t는 상태변수이다. 하반부에 해당하는 것은 응답 모델이며 그중 r_t는 t 시각의 응답이다. 함수 σ는 병합 함수이다.

텍스트가 들어 있는 데이터의 경우 1장에서 언급했듯이 일반적으로 먼저 필요한 전처리를 하여 인덱스 숫자로 만들어야 한다. 영어 텍스트에 대한 이러한 전처리는 tokenization, stemming, lemmantization 등을 포함한다. 중국어 텍스트에 대한 이러한 전처리는 단어 분리 등의 작업을 포함한다. 이러한 작업이 완료된 이후 처리된 각 단어 혹은 각 글자는 인덱스를 만드는 데 사용되며 인덱스에 대한 번호를 할당하여 텍스트 모델링이 인덱스 번호 표기와 같은 정수 모델링이 되도록 한다.

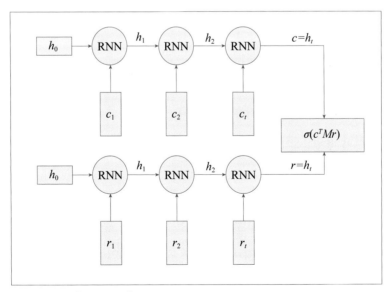

【그림 8-3】 더블 코딩된 길고 짧은 메모리 모델

인덱스 번호 표기 이후의 각 단락의 대화의 배경과 응답은 모두 정수 세트이다. 가장 긴 단락의 대화의 배경에는 2,002개의 인덱스 번호가 있고 가장 짧은 것은 3개의 인덱스 번호가 있고 평균적으로 162개의 인덱스 번호가 있으며 중앙값으로는 120개의 인덱스 번호가 있으므로 이 데이터의 차원은 여전히 매우 높다. 다음은 120개의 인덱스 번호를 모델링의 대화 길이로 사용한다.

여기서는 이미 읽고 인덱스화된 dataset.pkl 파일을 사용한다. 이 파일은 Python의 pickle 바이너리 파일이며 독자는 이 책에서 제공된 다운로드 리소스 파일에서 다운로드할 수 있다. Pickle 파일은 다음 명령으로 읽을 수 있다.

인덱스 첨자 벡터 집합에 대해 Keras를 사용하여 벡터를 임베딩 하는 가장 간단한 방법은 각 길이가 다른 벡터를 패딩 후에 Embedding 함수를 사용하여 매핑을 진행하는 것이다. 위의 작업은 다음의 코드로 수행할 수 있다.

```
1  with open("E:\\Data\\dataset_1MM\\dataset.pkl", "rb") as f:
2      data = pickle.load(f)
```

이 파일을 읽은 후의 데이터는 사전 데이터이며, data[0]은 학습 데이터이고 data[1] 및 data[2]는 테스트 데이터이다. 각 데이터는 3개의 요소 c, r, y를 가지고 있다. 여기서 c는 대화의 문맥을 나타내며 data[0]['c']를 통해 얻을 수 있다. r는 대응하는 응답 문장을 나타내고 y는 이러한 응답이 원하는 대답인지를 나타내는 이분법 변수이며 각각 data[0]['r'] 및 data[0]['y']로 얻을 수 있다.

Dual Encoder LSTM 모델에서 첫째로는 원본 데이터의 문맥 부분과 응답 부분에 대해 별도로 임베딩 작업을 진행하여 비교적 큰 차원의 데이터를 비교적 작은 차원으로 낮춘다. 예를 들어 우리는 모델링의 대화 길이를 120으로 사용할 수 있지만, 상하 문장의 가장 긴 전체 길이 2,002를 모델링 길이로 사용할 수 있으며 데이터에 삽입 작업을 진행하여 256차원 혹은 64차원의 공간으로 투영한다. 두 번째로는 삽입한 데이터를 LSTM 모델에 통합하여 관련 대화에 모델링을 진행하여 새로운 문맥 c와 응답 r을 얻는다. 이때 서로 곱하는 병합 작업을 통해 c와 r를 조합시켜 최적의 예측 응답을 형성하고 하나의 완전연결층과 softmax 활성화 함수를 통해 응답이 요구되는 예측값에 부합하는지 판단한다.

다음은 코드의 구현을 살펴보자. 여기서는 통상적으로 쓰이는 모델을 사용하여 Dual Encoder LSTM 모델을 구축한다. 신경망 모델의 코드를 작성하기 이전에 약간의 전처리를 진행하여 가장 긴 대화 길이, 가장 큰 인덱스 값 등 일부 모델링에 필요한 수량을 얻어야 한다. 먼저 필요한 라이브러리를 로드한다.

```
1  import keras
2  from keras.models import Model
3  from keras.layers import Input, Dense, Embedding, Reshape, Dot, Concatenate,
   Multiply, Merge
```

그다음으로 가장 긴 대화 길이와 같은 기본적인 데이터를 계산한다.

```
1  context_length=np.max(list(map(len, data[0]['c'])))
2  #print(context_length)
3  response_length=np.max(list( map(len, data[0]['r'])))
4  #print(response_length)
```

물론, 가장 긴 대화의 길이를 인위적으로 120 혹은 다른 정수의 값으로 설정할 수 있다.

```
context_length=120
```

다음은 인덱스 공간의 크기를 계산한다.

```
1  context_size = np.max(list(map(lambda x: max(x) if len(x)>0 else 0, data [0]
   ['c'])))
2  response_size = max(list(map(lambda x: max(x) if len(x)>0 else 0, data[0]['
   r'])))
3  volcabulary_size=max(context_size, response_size)
```

그런 다음 몇 가지 모델링 매개변수를 지정해야 한다. 여기서 임베딩의 공간 차원을 64로 설정하고 LSTM의 차원도 64로 설정한다. 원래 모델에서는 모두 256으로 설정되었지만 모델을 실행하기 위해 매우 좋은 하드웨어가 필요로 하며 만약 이러한 조건을 충족하지 못하면 메모리 부족 오류가 발생한다. 여기서의 파라미터 설정은 GTX 1060과 같은 로운 엔드 GPU에서도 실행할 수 있도록 한다.

```
1  embedding_dim=64
2  lstm_dim=64
```

다음으로 Dual Encoder LSTM 모델을 구축하겠다. 우선 문맥에 코드 임베딩을 진행하고 LSTM 모델에 통합한다.

```
1  context=Input(shape=((context_length,)), dtype='Int32', name='context_input')
2  context_embedded=Embedding(input_length=context_length, output_dim= embedding_
   dim, input_dim=volcabulary_size)(context)
3  context_lstm=LSTM(lstm_dim)(context_embedded)
```

동일한 방법을 사용하여 응답 부분의 데이터도 모델에 통합한다.

```
   response_length=120
2  response=Input(shape=((response_length,)), dtype='Int32', name='response_input')
```

```
3  response_embedded=Embedding(input_length=response_length, output_dim= embedding_
   dim, input_dim=volcabulary_size)(response)
4  response_lstm=LSTM(lstm_dim)(response_embedded)
```

이제 m 병합을 진행해야 한다. Keras 2.0에서 기존의 Merge 계층은 점차 사라지고 Add, Multiplu, Dot 등의 각 병합 모드 함수로 대체된다. 여기서는 Multiply를 사용하여 LSTM에 의해 생성된 문맥과 응답 부분을 병합하며 완전연결층을 통해 데이터를 2차원으로 출력하고 softmax 활성화 함수를 사용하여 예측된 응답이 만족스러운 응답인지 판단한다.

```
1  x = Multiply()([context_lstm, response_lstm])
2  yhat = Dense(2, activation='softmax')(x)
```

통상적으로 사용하는 모델의 마지막 단계에서 Model 함수를 통해 입력과 출력을 연결해야 한다. 여기서 입력은 문맥과 응답 두 가지 부분이므로 입력은 단순히 두 변수의 리스트을 포함하도록 지정하고 출력 부분은 예측된 응답이 만족스러운 결과인지에 해당한다.

```
model = Model(inputs=[context, response], outputs=yhat)
```

이는 바이너리 분류기이기 때문에, 손실 함수는 일반적으로 쓰이는 binary_crossentropy를 사용하고 옵티마이저도 일반적으로 쓰이는 RMSprop 알고리즘을 사용한다. 모델을 컴파일한 후에는 summary 함수를 통해 모델의 크기와 구조를 볼 수 있다.

```
1  model.compile(optimizer='rmsprop',
2      loss='binary_crossentropy',
3      metrics=['accuracy'])
4  model.summary()
```

이 모델의 구조는 다음과 같다.

```
1  --------------------------------------------------------------------
2  Layer (type)                  Output Shape        Param #     Connected to
3  ====================================================================
4  context_input (InputLayer)    (None, 120)              0
5  response_input (InputLayer)   (None, 120)              0
6  embedding_1 (Embedding)       (None, 120, 64)    9276928     context_input[0][0]
7  embedding_2 (Embedding)       (None, 120, 64)    9276928     response_input[0][0]
8  lstm_1 (LSTM)                 (None, 64)           33024     embedding_1[0][0]
9  lstm_2 (LSTM)                 (None, 64)           33024     embedding_2[0][0]
10 multiply_1 (Multiply)         (None, 64)               0     lstm_1[0][0]
11                                                             lstm_2[0][0]
12 dense_1 {Dense)               (None, 2)              130     multiply_1[0][0]
13 ====================================================================
14 Total params: 18,620,034
15 Trainable params: 18,620,034
16 Non-trainable params: 0
```

이 모델에는 주로 임베딩 계층 부분에서 얻은 1,800만 개 이상의 매개변수가 있다. 모델을 얻은 후에 데이터가 너무 크면 바로 메모리 부족을 보고하기 때문에 아직 바로 데이터에 피팅을 할 수는 없다. 이러한 때에 python의 data generator를 사용하여 차례대로 부분 데이터를 생성하여 모델이 모델링을 할 때 사용할 수 있도록 해야 한다.

```
1  def data_gen(data, batch_size=100):
2      from keras.preprocessing.sequence import pad_sequences
3      contextRaw = data['c']
4      responseRaw = data['r']
5      yRaw = data['y']
6
7      number_of_batches = len(contextRaw) // batch_size
8      counter=0
9
10     context_length=np.max(list(map(len, contextRaw)))//3
```

```
11    response_length=np.max(list( map(len, responseRaw)))//3

12

13    context_length=120

14    response_length=120

15

16    while 1:

17        lowerBound = batch_size*counter

18        upperBound = batch_size*(counter+1)

19        Ctemp = contextRaw[lowerBound : upperBound]

20        C_batch = pad_sequences(Ctemp, maxlen=context_length, padding='post')

21        C_res = np.zeros((batch_size, context_length), dtype=np.int)

22

23        Rtemp = responseRaw[lowerBound : upperBound]

24        R_batch = pad_sequences(Rtemp, maxlen=response_length, padding='post ')

25        R_res = np.zeros((batch_size, response_length), dtype=np.int)

26        for k in np.arange(batch_size):

27            C_res[k, :] = C_batch[k, :]

28            R_res[k, :] = R_batch[k, :]

29        y_res= keras.utils.to_categorical(yRaw[lowerBound : upperBound])

30        counter += 1

31        yield([C_res.astype('float32'), R_res.astype('float32')], y_res.
          astype('float32'))

32        if (counter < number_of_batches):

33            counter=0
```

이 data generator는 매우 간단하다. 우선 데이터를 사전의 key에 따라 문맥, 응답 및 정확한 응답임을 판단하는 부분으로 나눈다. 그다음 batch-size 크기를 정하고 백엔드 패딩 이후 앞 120개의 문자 인덱스를 취하여 배열 형식으로 변환한 다음 응답 판단의 종속변수의 일부에 대해서는 keras.utils.to_categorical() 함수를 사용하여 2차원 배열로 직접 변경한다. 마지막 단계의 출력에서 두 개의 요소의 tuple을 출력하며 첫 번째 요소는 문맥과 응답을 포함한 두 개의 요소 리스트이며 이러한 부분에 주의를 기울여야 Keras에 대해 정확하게 이해할 수 있다.

GTX 1060 GPU를 사용하는 장비에서 다음 명령을 사용하여 순조롭게 이러한 모델을 실행할 수 있다.

```
1  batch_size=100
2  model.fit_generator(data_gen(data[0], batch_size=batch_size), steps_per_
   epoch=len(data[0]['c'])//batch_size, epochs=1)
```

그러나 모델의 필요한 훈련 시간이 비교적 길다.

```
1  #Y = keras.utils.to_categorical(data[0]['y'), num_classes=2)
2  batch_size=100
3  model.fit_generator(data_gen(data[0], batch_size=batch_size), steps_per_
   epoch=len(data[0]['c'])//batch_size, epochs=1)
4  Epoch 1/1
5     244/10001 [..............................] - ETA: 3776s - loss: 0.0586 - acc:
      0.9700
```

관심 있는 독자는 효과가 어떠한지 확인하기 위해 모델을 훈련해 볼 수 있다.

8.4 문자 생성에 기반한 대화 시스템

위의 인덱스 정보 검색식의 대화 시스템에서 만약 질문이나 대화의 배경에서 비교적 괜찮은 매칭을 찾지 못한다면 기계가 선택한 응답이 아마도 서로 조금도 관계가 없는 것처럼 보일 수 있다. 이러한 때에는 다음과 같은 두 가지 옵션이 있다.

첫 번째는 매칭되는 응답의 점수가 특정 임계값 미만일 때 일반적으로 시스템이 대응할 수 없음을 나타내는 "나는 당신의 질문을 이해하지 못합니다. 다른 방식으로 표현해 주실 수 있나요?"와 같은 주어진 디폴트 응답을 선택하는 것이고 두 번째는 더 많은 상황에서 가능한 한 더 지능적인 응답을 제공하기 위해 문자 생성 기반의 대화 기계를 사용하는 것이다.

이번 섹션에서는 어떻게 순환 신경망을 사용하여 지능형 응답을 자동으로 생성하는지 소개하겠다. 여기서는 라오셔 작가의 소설 『사세동당(四世同堂)』을 훈련 데이터로 사용하여 시연을 한다. 독자는 자신의 응용 및 업무환경에 따라 적절한 데이터를 선택할수 있다.

많은 영어 환경의 생성식 대화 시스템에서 모델링 단위는 단자 및 단일 문자 두 종류이다. 전자는 전처리된 단어의 어근을 인덱스화한 다음 단어의 인덱스상에서의 매핑을원본 데이터로 사용하여 모델링을 한다. 후자는 대소문자, 아라비아 숫자 및 기타 문자등을 포함한 각 영문자를 인덱스화한 다음 단일 문자의 인덱스상에서의 매핑을 원본 데이터로서 모델링을 한다. 중국어에서도 이에 상응하는 두 가지의 상황이 있다. 하나는중국어 단어 분할 이후의 단어 조합에 대해 색인화 및 모델링을 진행하는 것이고, 다른하나는 각 중국어 단자 및 부호 등에 대해 색인화 및 모델링을 하는 것이다.

과거 경험에 따르면, 영어 환경에서 단일 문자를 기반으로 진행한 모델링은 모두 좋은 효과를 얻었다. 중국어 환경에서는 중국어 단어 분할이 때때로 문제가 된다. 많은 구체적인 업무에서 자신의 단어 분할 라이브러리를 만들어 정확하게 해당 단어 조합을 얻어야 한다. 만약 기존에 일반적으로 쓰이는 단어 분할 라이브러리를 사용한다면 아마 비교적 좋은 단어 분할 효과를 얻지 못할 수 있다. 새로운 단어 조합은 효과적으로 분할할 수 없지만, 이러한 새로운 단어 조합은 업무 발전의 구체화이므로 비교적 적은 잘못된 단어 분할일지라도 비교적 큰 문제를 발생시킬 수도 있다. 예를 들어 새로운 단어 라이브러리가 적시에 업데이트되지 않은 경우 "……和美国总统川普通话(미국 대통령 트럼프와 통화)"는 [和, 美国, 总统, 川, 普通话](미국, 대통령, 강, 와, 표준어)로 나누어질수 있다. 따라서 전문적으로 제작된 단어 분할 라이브러리가 없는 상황에서 모델링 프로세스를 단순화하기 위해 우리는 개별 중국어 문자와 관련 부호에 모델링을 진행하기로 하였다. 이렇게 함으로써 자신의 단어 분할 라이브러리를 만들거나 일반적으로 사용되는 단어 분할 라이브러리를 사용하는 것을 건너뛰었지만 단어 분할 효과가 반드시 좋지는 않다.

훈련 텍스트는 한 번에 읽을 수 있다.

```
alltext = open("e:\\data\\Text\\四世同堂.txt", encoding='utf-8').read()
```

얻은 결과는 거대한 문자열 리스트이다. 우리는 각 단자를 모델링 대상으로 여길 것이기 때문에 이렇게 데이터를 읽는 것은 앞으로의 작업에 가장 편리한 방식이다. 만약 단어 조합과 단 문장으로 모델링을 하려는 경우 단락을 나누어 읽는 방식이 가장 좋다. 『四世同堂』에는 총 3,545개의 중복되지 않는 단자와 부호가 있다. 문자 시퀀스가 모델링된 순서대로, 우리는 순서대로 다음의 작업을 진행한다.

① 먼저 모델링을 진행해야 할 단자와 문자 부호에 대해서 색인화를 진행한다.

② 두 번째로 문장 시퀀스을 구성한다.

③ 그다음 신경망 모델을 구축하고 인덱스 번호 표기 시퀀스에 벡터 임베딩을 진행한 후의 벡터에 대해 길고 짧은 메모리 신경망을 구성한다.

④ 마지막으로 모델링 효과를 살펴본다. 단자 및 문자 부호에 인덱싱 하는 것은 매우 쉽다. 단지 아래의 세 문장의 명령어를 사용하면 된다.

```
1  sortedcharset = sorted(set(alltext))
2  char_indices = dict((c, i) for i, c in enumerate(sortedcharset))
3  indices_char = dict((i, c) for i, c in enumerate(sortedcharset))
```

첫 번째 문장의 명령어는 Set 함수를 사용하여 추출된 각 단자의 집합에 대해 코딩에 따라 작은 것부터 큰 것까지 정렬하는데 쓰인다. 두 번째 문장의 명령어는 단어에 번호 인덱싱을 진행하는 데 쓰인다. 세 번째 문자의 명령어는 편리함을 위해 반대 방향 작업을 진행하여 각 인덱스에 대해 단자의 사전을 만들어 예측된 인덱스 번호 벡터를 사람이 읽을 수 있는 문자로 바꾸는 것이다.

문장 시퀀스를 구성하는 것도 매우 간단하다.

```
1  maxlen = 40
2  step = 3
3  sentences = []
4  next_chars = []
5  for i in range(0, len(alltext) - maxlen, step):
6      sentences.append(alltext[i: i + maxlen])
7      next_chars.append(alltext[i + maxlen])
8  print('nb sequences:', len(sentences))
```

문장 시퀀스를 구성하는 이유는 원본 데이터가 단자 리스트이기 때문이다. 그러므로 인위적으로 문장의 시퀀스를 구성하여 문장 시퀀스를 모방해야 한다. 위의 코드에서 maxlen=40은 인위적으로 구성된 문장 길이가 40개의 단자임을 나타내며, step=3은 문장을 구성할 때 한 번에 3단자씩 건너뛰는 것을 의미한다. 예를 들어, 다음의 일련의 단자 목록 "这首小令是李清照的奠定才女地位之作, 轰动朝野. 传闻就是这首词, 使得赵明诚日夜作相思之梦, 充分说明了这首小令在当时引起的轰动. 又说此词是化用韩偓《懒起》诗意."을 사용하여 문장을 구성할 때, 문장 길이가 10이라고 가정하면 첫 번째 문장은 "这首小令是李清照的奠"이 되며, 두 번째 문장은 세 단자를 이동한 "令是李清照的奠定才女"이다. Step 단위의 단자를 건너뛰는 것은 문장과 문장 사이의 변화를 크게 하기 위함이다. 이렇게 하지 않으면 두 인접한 문장 사이에 단 한 개 단자의 차이밖에 없으며 전후 대화 시퀀스를 구성하는데 사용되는 이러한 인접한 문장은 변화가 작기 때문에 모델링 효과가 좋지 않다.

물론 만약 너무 많은 수의 단자를 건너뛰면 데이터의 양이 많게 줄어든다. 예를 들어 『四世同堂』은 총 71,1501개의 단자 및 부호를 가지고 있으며, 3개의 단자 및 부호의 수만큼 단자를 건너뛰면 구성된 문장은 원본 데이터양의 1/3인 237,154개가 될 것이다. 몇 개의 단자를 건너뛰도록 할지는 독자가 모델링할 때 상황에 따라 조정해야 하는 매개변수이다.

주의할 점은, 문장은 인공적으로 만들어진 것이기 때문에 모두 고정된 길이를 가지고 있으므로 여기서는 문장 패딩 작업을 진행할 필요가 없다. 게다가 이러한 문장의 벡터는 인덱스 번호만 계산에 포함하기 때문에 모두 희소 배열이다. 인공적으로 문장이 구성되면 이를 배열화할 수 있다. 즉 각 문장의 인덱스 번호를 출현한 모든 단자 및 부호에 매핑하여 각 문장에 해당하는 40개의 글자의 벡터가 3,545개 요소의 벡터에 투영되도록 한다. 이 벡터에서 만약 어떠한 요소가 이 문장에 나타나면 값은 1이 되고 그렇지 않으면 0이 되도록 한다.

다음 코드는 이 작업을 수행한다.

```
1  print('Vectorization...')
2  X = np.zeros((len(sentences), maxlen, len(sortedcharset)), dtype=np.bool)
3  y = np.zeros((len(sentences), len(sortedcharset)), dtype=np.bool)
4  for i, sentence in enumerate(sentences):
5      if (i % 30000 == 0):
6          print(i)
7      for t in range(maxlen):
8          char=sentence[t]
9          X[i, t, char_indices[char]] = 1
10     y[i, char_indices[next_chars[i]]] = 1
```

물론 이렇게 새로 생성된 데이터는 매우 클 것이다. 예를 들어 X는 237154×40×3545의 실수 매트릭스이며, 실제 계산할 때 차지하는 메모리는 20GB를 초과할 것이다. 따라서 여기서는 앞에서 언급한 데이터 생성기(data generator) 방법을 사용하여 하나의 비교적 작은 배치 수를 가지고 있는 샘플에 투영 작업을 진행해야 한다. 이는 다음의 매우 간단한 함수로 구현 가능하다.

```
1  def data_generator(X, y, batch_size):
2      if batch_size<1:
3          batch_size=256
4      number_of_batches = X.shape[0]//batch_size
5      counter=0
6      shuffle_index = np.arange(np.shape(y)[0])
7      np.random.shuffle(shuffle_index)
```

```
8      #reset generator
9      while 1:
10         index_batch = shuffle_index[batch_size*counter:batch_size*(counter+1)]
11         X_batch = (X[index_batch,:,:]).astype('float32')
12         y_batch = (y[index_batch,:]).astype('float32')
13         counter += 1
14         yield(np.array(X_batch),y_batch)
15         if (counter < number_of_batches):
16             np.random.shuffle(shuffle_index)

17             counter=0
```

이 함수는 이전 batch_generator 함수랑 매우 비슷하다. 주요 차이점은 이 함수는 동시에 X와 Y 배열의 소규모 생성을 동시에 처리한다는 것이다. 또한, 입력과 출력 데이터 모두 리스트의 리스트 형식이 아닌 NumPy 다차원 배열이다. 또한, Python의 숫자 데이터는 float64 유형이므로 astype('float32')을 사용하여 배열의 데이터 유형을 강제적으로 32비트 부동 소수점 숫자로 변환하여 데이터 유형에 대한 CNTK의 요구 사항을 충족시킴으로써 백그라운드에서 다시 데이터 유형 변환을 할 필요가 없으므로 효율을 높일 수 있다. 이제 우리는 길고 짧은 기억 신경망 모델을 만들 수 있다. 여기서 Keras의 효율적인 모델링 능력을 다시 한번 보여준다. 다음의 짧은 몇 개의 명령어만으로 우리는 하나의 딥러닝 모델을 만들 수 있다.

```
1  # build the model: a single LSTM
2  batch_size=256
3  print('Build model...')
4  model = Sequential()
5  model.add(LSTM(256, batch_size=batch_size, input_shape=(maxlen, len(sortedcharset)),
   recurrent_dropout=0.1, dropout=0.1))
6  model.add(Dense(len(sortedcharset)))
7  model.add(Activation('softmax'))
8
9  optimizer = RMSprop(lr=0.01)
10 model.compile(loss='categorical_crossentropy', optimizer=optimizer)
```

여기서 첫 번째 명령어는 생성하고자 하는 시퀀스 모델을 지정하는 것이며, 두 번째 에서 네 번째 명령어는 '길고 짧은 메모리 네트워크', '완전연결 네트워크' 및 '예측을 출력하는 softmax의 활성화 계층' 이렇게 3개의 계층 네트워크를 차례대로 추가하는 것이다. 길고 짧은 메모리 네트워크에서는 입력 데이터의 차원을 (시간 단계, 반복되지 않는 문자 부호가 나오는 수)로 규정한다. 즉 입력된 데이터는 해당하는 각 문장이 처리된 후의 형식이며 입력 신경원의 가중치와 은닉 상태 가중치에 각각 10%의 드롭아웃을 설정하였다. 완전연결 출력의 차원은 모든 문자 부호의 개수로 하여 뒤의 활성화 함수 계산에 편리하도록 하였다. 마지막 두 명령어는 네트워크 최적화 알고리즘의 매개변수를 지정한다. 이 예제에서는 손실 함수는 전형적인 categorical_crossentropy로 지정하였고 최적화 알고리즘은 지정된 학습 속도가 0.01인 RMSprop 알고리즘으로 하였다. 순환 신경망에서는 일반적으로 이 최적화 알고리즘이 비교적 좋은 수행 능력을 보여준다. 마지막으로 우리는 모델 훈련을 시작한다.

```
model.fit_generator(data_generator(X, y, batch_size), steps_per_epoch=X. shape[0]//
batch_size, epochs=50)
```

여기서는 우리가 일반적으로 사용하는 fit 함수 대신 fit_generator 함수를 사용하였다. 데이터 입력 또한 data_generator() 함수를 통해서 진행한다. Fit_generator는 각각의 배치 데이터를 읽어 들여 회소 배열을 조밀 배열로 변환하여 계산한다. 이렇게 하면 메모리에 대한 부담감을 크게 줄일 수 있다. 아래는 피팅이 처음 5번 반복의 시간 및 손실 함수의 값을 보여준다.

```
1  Epoch 1/50
2  926/926 [==============================] - 352s - loss: 9.4287
3  Epoch 2/50
4  926/926 [==============================] - 352s - loss: 6.3527
5  Epoch 3/50
6  926/926 [==============================] - 349s - loss: 6.1262
7  Epoch 4/50
```

```
 8  926/926 [============================] - 351s - loss: 6.1481
 9  Epoch 5/50
10  926/926 [============================] - 350s - loss: 6.1949
```

만약에 강제적으로 데이터 유형을 변환하지 않으면, 런타임이 약 110초가량 증가한다. 마지막으로 효과성을 살펴보자. 먼저 임의로 40개의 연속된 문자 부호를 추출한 뒤 이에 해당하는 모든 문자 공간에 투영된 독립변수 x를 생성한다.

```
1  start_index=2799
2  sentence = alltext[start_index: start_index + maxlen]
3  sentence0=sentence
4  x = np.zeros((1, maxlen, len(sortedcharset)))
5  for t, char in enumerate(sentence):
6      x[0, t, char_indices[char]] = 1.
```

다음으로 차례대로 각 문장의 20개 문자 부호에 대해 예측하고, 예측된 인덱스 번호에 따라 해당하는 문자를 찾아내어 사람들이 읽을 수 있도록 한다.

```
1  generated=''
2  ntimes = 20
3  for i in range(ntimes):
4      preds = model.predict(x, verbose=0)[0]
5      next_index = sample(preds, 0.1)
6      next_char = indices_char[next_index]
7      generated+=next_char
8      sentence = sentence[1:]+next_char
```

독자는 아마 여기에 sample 함수가 있음을 인지했을 것이다. sample 함수는 예측 결과에서 새로 생성된 문자를 가져오는 데 사용된다. 모델이 반환하는 것은 각 문자 부호가 다음 문장에서 나올 확률이며 이 함수는 이렇게 얻은 확률에 따라 모든 인덱스 번호에 샘플링을 진행한다. 그러나 이 함수에는 확률 차이의 확장 혹은 축소를 제어하는 두 번째 매개변수가 있다. 이러한 매개변수는 일반적으로 "온도(temperature)" 매개변수라고 불리며 "preds=np.log(preds)/temperature" 형식으로 작용한다. 온도 매개변수가 1일 때 예측 확률에는 어떠한 영향도 미치지 않으며, 온도 매개변수가 1보다 작을 때 예측 확률의 차이가 확대되어 생성된 어구의 다양성을 늘리는 데 유리하다. 반대로 매개변수가 1보다 클 때는 예측 확률의 차이가 줄어들어 생성된 어구의 다양성이 줄어들므로 높은 확률로 생성된 어구는 모두 매우 유사하며 많은 단자가 끊임없이 중복적으로 나타날 수 있다. 일반적으로 온도 매개변수는 비교적 작게 설정해야 하며 실험할 때 통상적으로 0.1보다 작은 값을 설정한다. 이 sample 함수의 코드는 다음과 같다.

```
1  def sample(preds, temperature=1.0):
2      preds = np.asarray(preds).astype('float64')
3      scaled_preds = preds ** (1/temperature)
4      preds = scaled_preds / np.sum(scaled_preds)
5      probas = np.random.multinomial(1, preds, 1)
6      return np.argmax(probas)
```

그렇다면 결과는 어떠할까? 우리가 무작위로 선택한 문자열은 다음과 같다.

"샤오슝의 어머니는 고개를 한 번 끄덕이거나 '그렇다'라고 말한다. 노인의 말은 적어도 50번은 들었지만 …"

그렇지만 생성된 문자열은 다음과 같다.

'모른다, 그의 마음속에는 그저 한 사람이다, 하지만 자신이 느끼기에'

얼핏 보면 읽히기는 하기만 자세히 읽어보면 전체 문장이 문맥과 전혀 관계가 없음을 발견할 수 있다. 그 이유는 아마 모델이 많은 잠재적인 정보를 포착할 정도로 복잡하지 않기 때문이거나 데이터양이 너무 적을 가능성도 크다. 일반적으로 이러한 생성식의 모델을 훈련시키려면 수백만 건의 어구가 있어야 비교적 좋은 결과를 얻을 수 있지만, 소설 『사세동당(四世同堂)』은 이러한 수준에 미치지 못한다. 그러나 실제 응용에서는, 일반적으로 회사들이 대량의 고객 서비스 대화 데이터를 축적하기 때문에 데이터양이 모델의 난관이 되지는 않는다.

8.5 요약

이번 장에서는 3종류의 대화 로봇을 만드는 방법을 얕은 부분부터 심오한 부분까지 소개하였다. 그중 두 개는 인덱스식 모델이었다. 첫 번째는 딥러닝이 유행하기 이전의 기술이며 AIML 표식 언어를 사용하여 대량의 응답 라이브러리를 구성하고, 현재까지의 문자 구조에 대한 이해로 간단한 대화 시스템을 구축하는 것이었다. 이러한 시스템은 구축하는 데 시간과 노력이 많이 필요하고, 유연성이 떨어지며, 확장성이 떨어지고, 지능이 낮으며 다중 라운드 대화 시스템을 구축하기 어렵다. 그러나 응답이 모두 실제 사람들에 의해 생성된 것이기 때문에 어법 오류가 없으며 표준 언어이므로 간단한 집중식 업무 환경에 사용하기 적합하다.

두 번째는 딥러닝 방법을 사용하여 현재 대화 배경에서의 가장 적합한 응답을 찾는 것이다. 첫 번째 방법 대비 인공적으로 응답 라이브러리를 만드는 작업을 크게 줄였고, 유연성이 높으며, 확장성이 강하고 일정 수준의 지능이 있으며 다중 라운드 대화 시스템을 구성하는 데 사용될 수 있다.

세 번째는 최신 연구 분야에 속하는 딥러닝 기술을 사용하여 실시간으로 응답을 생성하는 것이며 이는 유연성과 지능이 매우 높고 자동 확장에 속한다. 그렇지만 매우 많은 데이터의 축적이 요구되고 비교적 복잡한 모델이어야만 비교적 좋은 결과를 얻을 수 있다. 일반적으로 세 번째 시스템은 두 번째 시스템과 결합해야 하며, 두 번째 시스템에서 기존 응답 라이브러리에서 충분한 옵션을 찾을 수 없을 때 세 번째 시스템을 사용하여 실시간으로 응답을 생성할 수 있다.

CHAPTER

시계열

시계열

9.1 시계열 소개

시계열은 상업 데이터 혹은 공정 데이터에서 자주 나타나는 일종의 데이터 형식이고 시간 순서대로 정렬한 것이며 일련의 과정 혹은 행위의 데이터를 묘사하고 계산하는 데 쓰이는 것에 대한 통칭이다. 예를 들어 매일 상점의 수익 혹은 어떠한 공장의 시간당 제품의 생산량은 모두 시계열 데이터이다. 일반적으로 연구하는 시계열 데이터는 두 종류가 있다. 가장 흔한 것은 단일 측정 데이터가 시간에 따라 변화하는 상황을 추적하는 것이다. 즉 일반적으로 각 시점에서 수집된 데이터는 1개의 1차원 변수이며 통상적으로 쓰이는 시계열은 기본적으로 이러한 유형의 데이터이며 이번 장의 연구 대상이기도 하다. 또 다른 유형의 시계열 데이터는 여러 객체 혹은 여러 차원의 측정 데이터가 시간에 따라 변화하는 상황이다. 즉 각 시점에서 수집된 데이터는 다차원 변수이며 이는 종단 데이터(Longitudinal Data)라고도 불린다.

그렇지만 이는 이번 장의 연구 대상에는 속하지 않는다.

이번 장에서는 먼저 안정성(stationarity), 랜덤 걷기(Random Walk) 등 시계열과 관련된 몇 가지 기본 개념을 소개한다. 그다음으로 데이터의 예제를 소개하고 딥러닝에서의 순환 신경망(RNN) 모델 및 RNN이 변형된 길고 짧은 메모리 인공 신경망(LSTM)에 대해 소개한다. 이러한 유형의 모델은 실제로 딥러닝 기술을 시계열 데이터에 응용할 때 가장 일반적으로 쓰이는 모델이다. 마지막으로 LSTM을 표본 데이터에 응용하고 분석 및 예측을 진행하고 실제 효과를 보여준다. 독자가 이번 장을 다 읽은 후 자신의 업무에 빠르게 응용할 수 있기를 바라며 이번 장에서는 실습에 중점을 두고 구체적인 개념과 모델의 응용을 강조한다.

다음 프로그램의 실행을 용이하게 하기 위해, 여기서 먼저 필요한 소프트웨어 라이브러리를 현재의 시스템에 로드한다. 이러한 일반적으로 사용되는 소프트웨어 라이브러리는 Pandas, Numpy, Matplotlib 및 StatsMedels가 있다.

```
1  %matplotlib inline
2  import pandas as pd
3  import numpy as np
4  import statsmodels.api as sm
5  import matplotlib.pyplot as plt
6  from sklearn.preprocessing import MinMaxScaler
7  plt.rcParams['figure.figsize']=(20, 10)
```

다음 명령을 사용하여 StatsModels의 버전 번호를 확인할 수 있다.

```
sm.version.full_version
```

화면에서는 현재 사용하는 버전이 0.8.0rc1임을 나타낸다. 독자가 StatsMedels 패키지를 지금 설치한다면, 그것은 0.8.0 정식 버전일 것이다.

9.2 기본 개념

효과적인 시계열 분석은 몇 가지 핵심 개념에 달려 있다. 이러한 핵심 개념 습득에 익숙해지는 것은 분석가가 실제로 데이터를 마주했을 때 효과적으로 깊이 파고들 수 있도록 하는 것에 도움을 준다.

그중 가장 핵심 개념은 안정성(Stationarity)이다. 우리는 시계 데이터를 분석할 때 시계열이 반영하는 추계 과정이 안정적인지를 고려해야 한다. 시계열이 불안정하면 시계열이 표현하는 대상의 전체가 변화하고 있음을 나타낸다. 이러한 상황을 무시하고 진행한 분석은 유효하지 않으며 특히 미래 사건의 예측에는 효과적으로 응용될 수 없다. 시계열 데이터 y_t, t=1, ..., T의 안정성은 많은 방면의 정의를 가지고 있는데 그중 가장 널리 사용되는 것은 수학에서 다루는 약안정성이며, 다음과 같이 정의한다.

y_t의 기댓값 $E(y_t)$는 시간 t의 함수가 아니다.

$$E(y_t) = \mu$$

y_s와 y_t 사이의 공분산은 단지 시간 단위 차이 절대값 $|s-t|$의 함수일 뿐이다

$$\text{Cov}(y_s, y_t) = \text{Cov}(y_s+z, y_t+z)$$

구체적으로, 약안정성의 가정하에서 $E(y_4) = E(y_8)$와 같이 기댓값은 시간에 의존하여 변하지 않는다. 게다가 공분산은 단지 $\text{Cov}(y_4, y_6) = \text{Cov}(y_7, y_9)$ 와 같이 두 시퀀스의 시간 간격 구간의 함수이며 여기서 (y_4, y_6)은 (y_7, y_9)와 동일하게 두 변수 사이에 2개의 시간 지점을 가지고 있다. 두 번째 가정이 암시하는 의미는 약안정성의 시계열 분산의 균일성(Homoscedasticity)이다. 즉 $\text{Cov}(y_t, y_t) = \text{Cov}(y_s, y_s) = \sigma^2$임을 나타낸다.

약안정성보다 더욱 강력한 수학적 가정은 엄격한 안정성이라고도 불리는 강안정성이다. 이러한 가정하에서 확률 변수 y_t의 전체 확률 분포는 시간의 변화에 따라 변하지 않

아야 한다. 그러나 일반적인 응용 상황에서, 약 안정성을 만족하는 조건은 이미 대부분의 모델에 적용될 수 있다.

두 번째 개념은 화이트 노이즈(White Noise)이다. 화이트 노이즈는 추계 과정을 연구할 때 자주 나타나는 개념으로 횡단면 데이터(Cross Sectional Data)와 종단 데이터의 연결고리이다. 엄밀히 말하면, 화이트 노이즈는 독립적이고 동일한 분포(i.i.d)를 가지는 데이터 시퀀스이다. 즉 특정 시간에 따라 변화하는 특징을 가지고 있지 않고 안정성의 조건을 만족하는 데이터이다. 물론 안정성의 조건을 만족하는 데이터의 유형은 매우 많으며 화이트 노이즈은 그중 하나의 유형일 뿐이다. 또 다른 유형의 안정성의 조건을 만족하는 시계열 데이터 유형은 이번 장에서 언급할 자동 회귀 프로세스이다.

화이트 노이즈 데이터가 시계열 연구에서 중요한 이유는 모든 시계열 기술이 데이터들을 일련의 프로세스를 통해 최대한 화이트 노이즈 데이터로 변환하도록 하기 때문이다. 이러한 일련의 프로세스는 필터라고 불린다.

화이트 노이즈 데이터의 특징은 포인트 예측과 분산이 우리가 예측하고 싶은 정도에 달려 있지 않고 단지 샘플 데이터의 평균과 분산이랑만 관련이 있다는 것이다. 예를 들어 만약 화이트 노이즈 과정 y_t, $t=1, ..., T$ 이 있고 우리가 $T+s$ 일 때의 미래 데이터의 크기를 예측해야 하며 최적 기댓값이 샘플 평균 $\bar{y}$이라면 예측된 α 신뢰 구간은 다음과 같다.

$$\bar{y} \pm t_{T-1, 1-\alpha/2} \sqrt{(1+1/T)s_y}$$

여기서 s_y는 샘플의 분산 루트이고, $t_{T-1, 1-\alpha/2}$는 자유도가 $T-1$ 인 T-분포 통계량 α 백분위 수의 해당 값이다. 보통 95% 백분위 수는 대략 2이다.

세 번째 개념은 랜덤 워크(Random Walk)이다. 화이트 노이즈 시계열의 합은 하나의 랜덤 워크 시계열을 구성한다. 예를 들어 z_t, $t=1, ..., T$가 화이트 노이즈 시퀀스 집합이라고 한다면, $y_t = \sum_{1}^{t} z_t \geq 1$은 랜덤 워킹 시퀀스 집합을 구성한다.

【그림 9-1】은 평균이 0.1이고 표준 편차는 2인 100개의 시간 지점에서의 화이트 노이즈와 해당하는 랜덤 워크 시계열을 보여준다. 【그림 9-1】은 다음 코드에 의해 생성된다.

```python
np.random.seed(1291)
z = np.random.normal(0.1, 2, 100)
y = np.cumsum(z)

fig, ax1 = plt.subplots()
plt.plot(z, label="White Noise")
plt.plot(y, label="Random Walk")
plt.legend()
plt.show()

mean1 = np.round(np.mean(y[:20]), 4); mean2=np.round(np.mean(y[-20:]), 4);
std1 = np.round(np.std(y[:20]), 4); std2=np.round(np.std(y[-20:]), 4)

print("前20个数据点的均值为%.4f, 标准差为%.4f" %(mean1, std1))
print("\\")
print("后20个数据点的均值为%.4f, 标准差为%.4f" %(mean2, std2))
```

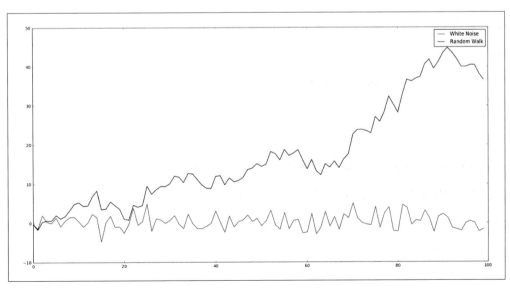

【그림 9-1】 화이트 노이즈과 랜덤 워크 예제 그림

【그림 9-1】에서 랜덤 워크 시계열의 몇 가지 특징을 볼 수 있다. 우선 이러한 시계열 데이터는 비안정적이며 평균 및 분산 모두 시간에 따라 변화한다. 예를 들어 이 시계열의 앞 20개의 시간 지점에서의 평균은 3.13이지만 마지막의 20개의 시간 지점에서의 평균은 38.97이며 이에 해당하는 표준 편차는 각각 2.45와 3.76이다. 이 랜덤 워크 시계열에 1차 차분 필터를 적용하면 필터링 된 시계열은 위의 예제 중의 화이트 노이즈 시퀀스가 된다.

랜덤 워크 모델은 매우 중요한 시계열 모델이다. 이 모델은 해당하는 화이트 노이즈 시계열의 합이므로 각 시간 지점에서의 기대치와 분산은 다음과 같다.

$$E(y_t) = y_0 + t_\mu$$
$$\mathrm{Var}(y_t) = t\sigma^2$$

여기서 μ, σ^2는 해당하는 화이트 노이즈 시퀀스의 평균 및 분산이며 y_0는 이 화이트 노이즈 확률변수의 초기 시간에서의 특정 구현이다. 여기서 평균값이 0보다 크면 랜덤 워크 시계열은 【그림 9-1】에서 보이듯 전반적으로 끊임없이 증가하는 곡선으로 표현되며 만약 평균값이 0보다 작으면 랜덤 워크 시계열은 전반적으로 끊임없이 감소하는 곡선으로 표현될 것이다. 또한, 랜덤 워크 시계열의 분산 또한 시간의 선형 함수이다. 이렇듯 랜덤 워크 모델은 시간에 따라 변하는 선형 모델임을 알 수 있다. 따라서 만약 랜덤 워크 시계열에 대해 예측할 경우의 수식은 다음과 같다.

$$y_{T+s} = y_T + s\hat{\mu} \pm 2\hat{\sigma}\sqrt{s}$$

여기서 y_T는 알려진 랜덤 워크 시계열의 맨 마지막 값이며 s는 예측할 미래 시간 간격이다. $\hat{\mu}$, $\hat{\sigma}$는 각각 해당하는 화이트 노이즈 프로세스의 기대 평균 및 표준편차의 추정치이며 일반적으로 샘플의 평균 및 표준 편차와 동일하다.

여기서 화이트 노이즈과 랜덤 워크 이러한 두 종류의 다른 시계열의 예측은 다른 모델을 가짐을 알 수 있다. 그렇다면 하나의 알려진 시계열이 안정적인 시계열인지 혹은 랜덤 워크 시계열인지 어떻게 식별하는가?

먼저, 단위 루트를 검증하는 방법을 통하여 시계열이 안정적인지를 판단하려면 일반적으로 다음과 같은 몇 가지가 사용되며 Python의 StatsModels에 이미 사용 가능한 함수들이 구현되어 있다.

9.2.1 Augmented Dickey-Fuller Test (ADF)

① ADF는 가장 일반적으로 쓰이는 단위 루트 검증 방법이다. 기본적으로 검증할 시계열이 안정적이지 않음을 가정하며, 만약 획득된 통계량의 p 값이 비교적 클 경우 이 시계열은 안정적이지 않음을 나타내며, 만약 p 값이 비교적 작으면 이 시계열이 안정적 임을 나타낸다. 5%를 p 값의 경계로 사용한다고 가정할 때, 만약 ADF의 통계량의 p 값이 0.05보다 클 경우 시계열이 안정적이지 않음을 나타내므로 검증 결과가 안정적임을 나타낼 때까지 차분 연산을 해야 한다.

② Python에서 StatsModels 소프트웨어 라이브러리의 tsa.stattools.adfuller(x) 함수를 사용하여 시계열 X의 안정성을 검증할 수 있다.

9.2.2 Kwiatkowski-Phillips-Schmidt-Shin Test (KPSS)

① KPSS 검증은 비교적 새로운 검증 방식이다. ADF 검증과는 반대로 기본적으로 검증할 시계열이 안정적임을 가정한다. 만약 획득된 통계량의 p 값이 비교적 클 경우 이 시계열은 안정적임을 나타내며, 반대의 경우 안정적이지 않음을 나타낸다.

② Python에서 StatsModels 소프트웨어 라이브러리의 tsa.stattools.kpss(x) 함수를 사용하여 시계열의 안정성을 검증할 수 있다. kpss.test 함수는 StatsModels 0.8 이상의 버전에서만 사용할 수 있으며 다음 명령어를 통해 StatsModels의 버전을 확인할 수 있다.

```
1  import statsmodels
2  print(statsmodels.version.full_version)
```

만약 기존 시스템이 이 버전의 StatsModels가 아니라면 pip를 통해 업그레이드할 수
있다.

```
pip install statsmodels=0.8.0rc1
```

9.3 시계열 모델 예측 정확도 평가

시계열 모델은 보통 미래의 값에 대한 예측을 진행할 때 사용되므로 예측된 값의 정
확성을 평가하는 것은 매우 중요하다. 먼저 예측 모델을 검증할 때 자주 쓰이는 몇 가
지 통계량을 간략하게 소개한 뒤 샘플 이외의 데이터를 사용하여 검증하는 단계를 소개
한다.

9.3.1 예측 정확도를 평가할 때 자주 쓰이는 통계량

① 평균 오차(Mean Error, ME)

$$\text{ME} = \frac{1}{T_2} \sum_{t=T_1+1}^{T_1+T_2} e_t$$

평균 오차는 기존 모델이 매우 잘 묘사된 선형 추세를 가지고 있는지를 평가하기
에 비교적 좋은 척도이다.

② 평균 백분율 오차(Mean Percentage Error, MPE)

$$\text{MPE} = \frac{1}{T_2} \sum_{t=T_1+1}^{T_1+T_2} \frac{e_t}{y_t}$$

평균 백분율 오차는 모델에 의해 잘 묘사되지 않은 단기 경향이 있는지를 평가하는 데에 사용되며 이는 상대 오차의 형식으로 표현된다.

③ 평균 제곱 오차(Mean Square Error, MSE)

$$\text{MSE} = \frac{1}{T_2} \sum_{t=T_1+1}^{T_1+T_2} e_t^2$$

평균 오차와 비교했을 때 평균 제곱 오차는 선형 추세뿐만 아니라 모델에서 묘사하지 않은 더 많은 데이터 패턴까지 감지할 수 있으므로 더욱더 자주 쓰인다.

④ 평균 절대 오차(Mean Absolute Error, MAE)

$$\text{MAE} = \frac{1}{T_2} \sum_{t=T_1+1}^{T_1+T_2} \|e_t\|$$

모델의 정확도를 평가하는 방면에서는 평균 절대 오차는 평균 제곱 오차와 비슷한 효과를 가지며, 이상치에 대해서는 상대적으로 강하다.

⑤ 평균 절대 백분율 오차(Mean Absolute Percentage Error, MAPE)

$$\text{MAPE} = \frac{1}{T_2} \sum_{t=T_1+1}^{T_1+T_2} \left\| \frac{e_t}{y_t} \right\|$$

MAPE는 MAE와 MPE의 장점을 결합하여 선형 추세뿐만 아니라 더 많은 데이터 패턴을 비교적 잘 감지하고 상대 오차의 형식으로 표현한다.

9.3.2 샘플 이외의 데이터를 사용하여 검증하는 단계

① 길이가 $T = T_1 + T_2$인 샘플 시계열을 두 개의 서브 시퀀스로 나눈 뒤 앞의 시퀀스($t=1, \cdots, T_1$)는 모델의 훈련에 사용하며, 뒤의 시퀀스($t=T_1+1, \cdots, T$)는 모델의 검증에 사용한다.

② 첫 번째 서브 시퀀스로 검증할 모델을 훈련시킨다

③ 이전 단계에서 훈련된 모델을 사용한다. 시간 범위가 $t=1, \cdots, T_1$인 종속변수를 사용하여 미래의 $T_1+1, \cdots, T$ 시간에서의 종속변수 값 $\hat{y}_t$을 예측한다. 즉 모델 검증 부분에서 사용된 서브 시퀀스 종속변수에 대하여 검증할 모델을 사용하여 피팅을 진행한다.

④ 이전 단계에서 피팅 한 종속변수 값 및 해당하는 실제 종속변수 값을 사용하여 단일 단계 예측 오차를 계산한다. $e_t = y_t - \hat{y}_t$, 그다음 하나 혹은 여러 종류의 9.2 섹션에서 소개한 모델 정확도를 평가하는 통계량으로 종합적인 예측 능력을 계산한다.

검증할 각 모델에 대해서 ②에서 ④까지의 단계를 실행하여 종합적인 예측 능력이 가장 좋은 모델을 선택할 수 있다. 즉 가장 작은 통계값을 가진 것이 선택될 모델이다.

9.4 시계열 데이터 예제

우리의 시계열 데이터는 다음의 DataMarket의 시계열 데이터 라이브러리에서 온다 (https://datamarket.com/data/list/?q=provider: tsdl). 이 라이브러리는 호주 Monash 대학의 통계학 교수 Rob Hyndman에 의해 만들어졌으며 수십 개의 공개된 시계열 데이터 집합을 수집하였다. 이번 장에서 이 중 두 가지 데이터를 예제로 사용한다. Rob Hyndman 교수는 또한 R 통계 언어의 forecase 소프트웨어 패키지의 개발자이기도 하다.

첫 번째 데이터는 한커우[후베이(湖北) 성 우한(武汉) 시의 일부]에서 측정된 양쯔강의 월별 유량 데이터이며, 파일 이름은 monthly-flows-chang- jiang-at-han-kou.csv이며 독자는 www.
broadview.com.cn/31872에서 다운로드할 수 있다.

이 데이터는 1865년 1월부터 1978년 12월까지 한커우에서 기록된 양쯔강의 월간 유
량이며 총 1,368개의 데이터 포인트를 기록하였고, 측정 단위는 알 수 없지만 이것이 우
리의 분석 과정 및 결과에 영향을 주지는 않는다. 우리는 앞으로 이 데이터를 다운로
드 후에 다음의 로컬 디스크에 저장할 것이다(E:\data\TimeSeries\monthly−flows−chang−jiang−at−
hankou.csv).

```
1  parser = lambda date: pd.datetime.strptime(date, '%Y-%m')
2  df1 = pd.read_csv("e:/data/timeseries/monthly-flows-chang-jiang-at-hankou. csv",
   engine="python", skipfooter=3, names=["YearMonth", "WaterFlow"], parse_dates=[0],
   infer_datetime_format=True, date_parser=parser, header=0)
3  print(df1.head())
4  df1.YearMonth = pd.to_datetime(df1.YearMonth)
5  df1.set_index("YearMonth", inplace=True)
6  df1.plot()
7  plt.show()
```

【그림 9-2】에서 볼 수 있듯이, 이 데이터는 매우 강한 다른 길이의 주기성을 가지고 있다.

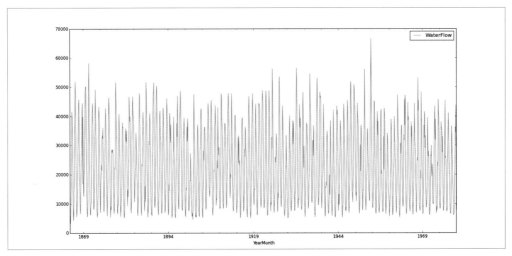

【그림 9-2】 양쯔강 한커우 물 유량의 히스토리 데이터

두 번째 데이터는 1949년 1월부터 1960년 12월까지의 월간 국제 항공 승객의 수량 이다. 파일 이름은 international-airline-passengers.csv이며 www.broadview.com. cn/31872에서 다운로드할 수 있다.

이 데이터는 144개의 데이터 포인트가 있고 데이터 단위는 1,000명의 사람이다. 첫 번 째 데이터와 달리 이 데이터는 매우 강한 경향 요소와 주기적 요소를 포함하고 있기에 구체적인 분석에서 다른 요구 사항들을 드러낼 수 있다. 이 데이터를 다음의 로컬 디스 크 E:\data\TimeSeries\international-airlinE-passengers.csv로 다운로드한 뒤에 데이 터를 읽고 【그림 9-3】에서와 같이 보이도록 하겠다.

```
1  parser = lambda date: pd.datetime.strptime(date, '%b-%y')
2
3  df2 = pd.read_csv("e:/data/timeseries/international-airline-passengers.csv",
   engine="python", skipfooter=3, names=["YearMonth", "Passenger"],header=0)
4  df2.YearMonth = df2.YearMonth.str[:4]+'19'+df2.YearMonth.str[-2:]
5  df2.YearMonth = pd.to_datetime(df2.YearMonth, infer_datetime_format=True)
6  df2.set_index("YearMonth", inplace=True)
7  print(df2.head())
8  df2.plot()
9  plt.show()
```

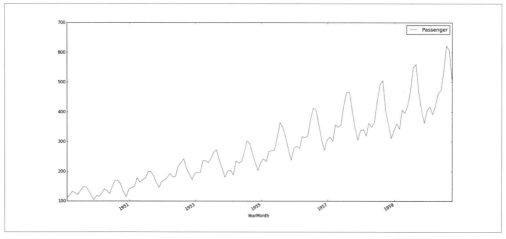

【그림 9-3】 국제 항공 여객 수량

9.5 ARIMA 시계열 모델에 대한 간략한 회상

순환 신경망 알고리즘을 설명하기 이전에, 먼저 전통적인 ARIMA 시계열 모델을 먼저 간략하게 회상하고 위에서 서술한 데이터에 대해 통상적인 모델링을 진행하고 예측해 보자. 9.7섹션에서는 ARIMA의 예측 결과와 신경망 모델의 예측 결과를 비교할 것이다.

ARIMA 모델은 자동 회귀 적분 이동 평균(Auto Regressive Integrated Moving Average) 모델이다. ARIMA 모델은 대개 ARIMA(p, d, q)로 쓰인다.

여기서

① p는 자동 회귀 항의 수량을 나타내며, 이는 차분 및 안정화 이후의 새로운 시계열의 과거 값을 사용하여 변수 부분을 설명하는 수량이다.

② d는 시퀀스 안정화에 필요한 차분 차수를 나타낸다. 거꾸로, 안정화된 시퀀스로부터 원본 데이터로 변경하는 알고리즘은 예측 방정식이라고 불린다. 만일 원본 데이터가 Y_t이고, 차분 후의 안정화 데이터가 y_t일 때 만약 $d=0$이라면, $Y_t=y_t$가 되며, $d=1$일 때는 $Y_t=y_t+Y_{t-1}$가 되며 $d=2$일 때는 $Y_t=(y_t+Y_{t-1})+(Y_{t-1}-Y_{t-2})$가 된다.

③ q는 이동 평균 부분에 해당하며 예측 방정식에서 오차를 예측하는 정체 항의 개수이다.

이는 매우 유연한 시계열 예측 모델 유형이다. 보통 차분을 통해 안정적인 시퀀스로 변환할 수 있는 시계열 데이터에서 쓰인다.

여기서 강조할 것은, 시계열 데이터에 안정화를 진행하는 과정에서 우리는 일반적으로 log 혹은 Box-Cos 변환 등을 같이 사용한다는 점이다.

(약) 안정화 시퀀스가 내포하는 의미는 이 데이터는 특정한 추세가 없으며 평균값을 중심으로 비교적 일정한 진폭으로 변동된다는 것이다.

이 진폭이 일정한 변동의 의미는 자기 상관 계수가 시간에 따라 변화하지 않거나 그 파워 스펙트럼이 변화하지 않음을 나타낸다.

이러한 시계열 데이터는 신호와 노이즈 항의 조합으로 볼 수 있으며, 신호 항 부분은 하나 혹은 여러 개의 반복되는 삼각함수 곡선과 다른 주기성 신호의 조합일 수 있다.

이러한 관점에서 얘기하면, ARIMA 모델은 신호와 노이즈를 분리하는 필터로 여겨질 수 있으며 외삽법을 사용하여 미래의 값을 예측한다.

ARIMA 모델은 일반적으로 다음과 같은 형식으로 쓰인다.

$$\hat{y}_t = \mu + \alpha_1 y_{t-1} + \ldots + \alpha_p y_{t-p} + \beta_1 e_{t-1} - \ldots - \beta_q e_{t-q}$$

ARIMA 모델을 사용하여 모델링하는 단계는 다음과 같다.

① 모델링할 시퀀스 데이터를 시각화한다.

② ADF 혹은 KPSS 테스트를 진행하여 데이터 안정화에 필요할 차분 차수를 정한다.

③ ACF/PACF를 사용하여 이동 평균에 해당하는 예측 오차 항 및 자동 회귀 항의 수를 정한다. 일반적으로 1항부터 시작한다.

④ 피팅이 완료된 ARIMA 모델에 대해 예측 오차 항 및 자동 회귀 항을 각각 하나씩 줄인 뒤 다시 피팅을 진행한다.

⑤ AIC 혹은 BIC 기반으로 상대적으로 간단한 AR 혹은 MA 모델이 개선되었는지 판단한다.

⑥ 자동 회귀 및 이동 평균 항의 개수를 하나씩 늘리고 차례대로 검증한다.

자기 상관성은 일반적으로 자동 회귀 항 혹은 이동 평균 부분의 예측 오차 항의 개수를 증가시킴으로써 제거할 수 있다. 일반적으로 만약 제거되지 않은 자기 상관이 양의 자기 상관관계라면, 즉 ACF 그림에서 첫 번째 항이 양수라면, 자동 회귀 항을 증가시키는 방법이 비교적 좋다. 그리고 제거되지 않은 자기 상관이 음의 자기 상관관계라면, 예측 오차 항을 증가시키는 방법이 더욱 적절하다. 이는 일반적으로 차분 방법이 양의 상관관계를 제거하는데 매우 효과적이지만 동시에 역 상관관계가 추가로 도입되어 과도한 차분이 일어나는 상황이 발생할 것이고 추가로 예측 오차 항을 도입하여 음의 상관관계를 제거해야 하기 때문이다. 이것이 바로 위의 모델링 단계에서 먼저 자동 회귀 항을 도입하여 모델링을 진행하는 대신 먼저 예측 오차 항을 모델링한 이유이다. 즉 먼저 ARIMA(0,1,1) 모델을 피팅한 후에ARIMA(1,1,0) 모델을 다루며 일반적으로 ARMIA(0,1,1) 모델이 ARIMA(1,1,0) 모델보다 피팅 효과가 더 좋다.

다음은 듀크 Duke University Fuqua 경영 대학원의 Robert F.Nau 교수가 요약한 ARIMA 모델에 대한 모델링을 진행할 때 따라야 할 13항목의 일반적인 원칙들이다.

9.5.1 차분 항을 식별하는 원칙

① 모델링된 시퀀스의 양의 자기 상관계수가 매우 긴 정체 항까지 파생이 되는 경우.

(예: 10개 혹은 그 이상의 정체 항)

② 만약 정체된 항의 자기 상관계수가 0 또는 음수이거나 모든 자기 상관계수가 작은 경우 이러한 시퀀스는 안정성을 확보하기 위해 더 많은 차분을 할 필요가 없다.

③ 최적의 차분 항의 개수는 일반적으로 차분 후에 가장 작은 표준 편차의 시계열을 가지고 있는 것에 해당한다.

④ 만약 원래의 시퀀스가 차분할 필요가 없다면, 원래 시퀀스는 안정적인 것으로 가정한다. 1차 차분은 원래 시퀀스에 1개의 상수인 평균 추세가 있다는 것을 의미한다. 2차 차분은 원래 시퀀스에 1개의 시간에 따라 변화하는 추세가 있음을 의미한다.

⑤ 차분을 진행할 필요 없는 시계열을 모델링할 때 일반적으로 하나의 상수 항을 포함한다. 1차 차분을 진행해야 하는 시계열에 모델링을 진행할 때에는 시계열에 0이 아닌 평균 추세가 포함될 경우에만 상수 항을 포함시킬 필요가 있다. 2차 차분을 진행해야 하는 시계열에 모델링을 할 때는 일반적으로 상수 항을 포함할 필요가 없다.

9.5.2 자동 회귀 또는 예측 오차 항을 식별하는 원칙

① 만약 차분 후의 시퀀스의 PACF가 Sharp Cutoff로 표시되거나 하나의 정체 후의 항에서 자기 상관계수가 양수라면, 이 시퀀스는 차분이 부족함을 의미한다. 이 때 모델에 하나 혹은 여러 개의 자기 상관 항을 추가할 수 있다. 일반적으로 PACF Cutoff인 부분의 수량을 늘린다..

② 차분 이후 시퀀스의 ACF가 '급격한 절단'으로 표시되거나 하나의 정체 후의 항에서의 자기 상관이 음의 자기 상관인 경우, 이 시퀀스는 과도하게 차분되었음을 나타낸다. 이때 모델에 하나 혹은 여러 개의 예측 오차 항을 추가할 수 있다. 일반적으로 ACF 절단(Cutoff)인 부분의 수량을 늘린다.

③ 자동 회귀 항과 예측 오차 항이 서로 상쇄할 수도 있기 때문에 만약 두 가지 요소를 모두 포함한 ARIMA 모델의 데이터 피팅이 우수하다면, 일반적으로 하나의 자동 회귀 항이 적은 혹은 하나의 예측 오차 항이 적은 모델을 시도할 수 있다.

④ 만약 자동 회귀 항의 계수 합이 1에 가깝다면, 즉 자동 회귀 부분에 단위 루트 현상이 있다면, 이때는 자동 회귀 항을 하나 줄이고 동시에 한 번의 차분 연산을 늘려야 한다.

⑤ 만약 예측 오차 항의 계수 합이 1에 가깝다면, 즉 이동 평균 부분에 단위 루트 현상이 있다면, 이때는 예측 오차 항을 하나 줄이고 동시에 한 번의 차분 연산을 줄여야 한다.

⑥ 자동 회귀 혹은 이동 평균 부분에 단위 루트가 있을 경우 일반적으로 장기 예측 불안정으로 표현된다.

9.5.3 모델의 계절성 식별

① 만약 하나의 시계열에 매우 강한 계절성이 있다면, 1번의 계절 주기를 사용하여 차분을 해야 한다. 그렇지 않으면 모델은 계절성이 시간이 지남에 따라 점차 사라진

다고 인식할 것이다. 그렇지만 계절 주기를 사용한 차분은 한 번만 해야 한다. 만약 계절 주기를 사용하여 차분을 한다면, 비계절성 주기의 차분은 최대 한 번 더 진행할 수 있다.

② 만약 적절한 차분 후의 시퀀스의 자기 상관계수가 s 개의 정체 후에도 여전히 양수라면, s는 계절성 주기가 포함한 시간대의 수량이며 모델에 하나의 계절성 자동 회귀 항을 추가한다. 만약 자기 상관계수가 음수이면, 계절성 예측 오차 항을 하나 추가한다. 보통 계절성 주기로 차분을 하지 않은 경우 첫 번째 경우가 일반적이지만, 이미 계절성 주기로 차분을 했다면 두 번째 경우가 더 일반적이다(자기 상관성 처리에 대한 이전 설명 참조). 만약 계절성 주기가 매우 규칙적이라면, 차분을 사용하는 것이 계절성 자동 회귀 항을 도입하는 것보다 더 좋은 방법이다. 분석가는 모델에서 계절성 자동 회귀 항 및 계절성 예측 오차 항을 동시에 도입하지 않도록 최대한 노력해야 한다. 그렇지 않으면 오버피팅이 발생할 수 있으며 심지어 피팅 과정 자체도 수렴하지 않는 상황이 발생할 수 있다.

다음으로 국제항공여객 수량을 예제로 ARIMA 모델의 모델링 과정을 보여주겠다. 이 데이터를 사용하는 이유는 이미지상에서 보면 이 데이터는 매우 강한 추세성과 주기성을 가지고 있어 충분히 모델링의 여러 단계를 보여줄 수 있기 때문이다.

먼저 다른 차수들에 대해 차례로 차분한 시퀀스에 ADF, KPSS 검증 및 ACF, PACF 그림에 대한 검사를 통해 필요한 차분 차수를 정한다. 이미지상에서 볼 때 이 시퀀스는 매우 강한 추세성을 가지고 있으며 수치의 변동 범위가 계속해서 증가하기 때문에, 즉 이분산성을 가지고 있기에 우리는 먼저 이 시퀀스에 대해 로그를 취하여 이분산을 등분산으로 바꾸고 변환 이후 시퀀스의 1차 차분부터 검증을 시작한다.

주의할 점은, KPSS 테스트는 p 값이 너무 작거나 너무 큰 경우 "경고(warnings)" 정보를 프린트한다는 것이다. 이는 매우 열악한 디자인이다. 프린트 창을 미적으로 만들기 위해, 다음의 검증에서는 warnings 소프트웨어 라이브러리를 사용하여 KPSS 함수의 warnings 프린트 정보를 제어하여, 이러한 정보의 프린트를 생략하도록 하였다.

```
1  order=1
2  diff1 = df2.Passenger.diff(order)[order:]
3  logdiff1 = np.log(df2.Passenger).diff(order)[order:]
4  adftest = sm.tsa.stattools.adfuller(diff1)
5  adftestlog = sm.tsa.stattools.adfuller(logdiff1)
6  print("ADF test result on Difference shows test statistic is %f \
7  and p-value is %f" %(adftest[:2]))
8  print("ADF test result on Log Difference shows test statistic is %f \
9  and p-value is %f" %(adftestlog[:2]))
10
11 import warnings
12 with warnings.catch_warnings():
13     warnings.filterwarnings("ignore")
14     kpsstest = sm.tsa.stattools.kpss(diff1)
15     kpsstestlog=sm.tsa.stattools.kpss(logdiff1)
16
17 print(\"KPSS test result on Difference shows test statistic is %f \
18 and p-value is %f\" %(kpsstest[:2]))
19 print("KPSS test result on Log difference shows test statistic is %f \
20 and p-value is %f" %(kpsstestlog[:2]))
```

결과는 다음과 같다.

```
1  ADF test result on Difference shows test statistic is -3.045022 and p-value is
   0.030898
2  ADF test result on Log Difference shows test statistic is -2.706950 and p- value
   is 0.072843
3  KPSS test result on Difference shows test statistic is 0.078160 and p-value is
   0.100000
4  KPSS test result on Log difference shows test statistic is 0.059560 and p- value
   is 0.100000
```

검증 결과로 보면, ADF 검증에서 원본 데이터에 1차 차분을 진행했을 때 때마침 안정성 검증을 통과하였고, 로그 차분 데이터는 ADF 검증을 통과하지 못하였으며 KPSS 검증에 선 2종류의 차분 데이터 모두 안정성 검증을 통과하지 못했다.

다음으로【그림 9-4】에서 보여주는 ACF와 PACF의 상황을 살펴보자.

```
1  fig, ax = plt.subplots()
2  ax1=fig.add_subplot(221)
3  sm.graphics.tsa.plot_acf(diff1, ax=ax1)
4
5  ax2=fig.add_subplot(222)
6  sm.graphics.tsa.plot_pacf(diff1, ax=ax2)
7
8  ax3 = fig.add_subplot(223)
9  sm.graphics.tsa.plot_acf(logdiff1, ax=ax3)
10
11  ax4=fig.add_subplot(224)
12  sm.graphics.tsa.plot_pacf(logdiff1, ax=ax4)
13
14  plt.show()
```

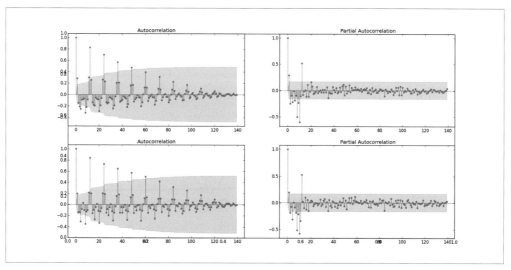

【그림 9-4】1차 차분의 안정성 검증

ACF와 PACF의 결과는 아래와 같은 몇 가지 주의할 부분이 있다.

① 이 시계열 데이터는 매우 강한 주기성이 있다, 주기는 대략 12개월이며, 이는 자연의 경제적 해석에 매우 부합하며 1번의 계절성 차분 조작을 도입해야 한다.

② PACF의 결과에 따르면 원본 데이터의 1차 차분인지 아니면 로그 데이터의 1차 차분인지에 상관없이 모두 다시 한번의 차분 조작을 진행해야 하며 2차 차분의 모델에 하나의 자동 회귀 항을 도입해야 한다.

③ ACF의 결과에 따르면, 과도한 차분이 없는 상황에서 예측 오차 항이 하나인 ARIMA 모델과 예측 오차 항을 가지고 있지 않은 ARIMA 모델을 별도로 테스트할 수 있다.

9.6 순환 신경망 및 시계열 모델

전통적인 시계열 모델과 순환 신경망 모델은 밀접히 관련되어 있다. 자동 회귀 모델과 이동 평균 자동 회귀 모델은 모두 RNN 모델의 특례로 여겨질 수 있으며 아래에서 이를 자세히 설명한다. 자동 회귀 모델은 【그림 9-5】에서 보여주는 RNN 모델의 그림 예제로 나타낼 수 있다.

【그림 9-5】에서 사용한 것은 RNN 언어이지만, 번역하면 이것은 표준 AR 모델의 연장임을 알 수 있다.

예를 들어, h는 자동 회귀 모델에서의 예측될 변수, 즉 상태변수이며, X_t는 현재 입력층의 정보이고 자동 회귀 모델에서 현재의 예측 오차는 E_t이다.

이 모델에서 독자의 혼란을 피하기 위해 오차를 고려하지 않을 때 동적인 상태변수는 다음의 수학 공식으로 표현될 수 있다.

$$h_t = \phi(W_{xh}x_t + W_{hh}h_{t-1} + b)$$

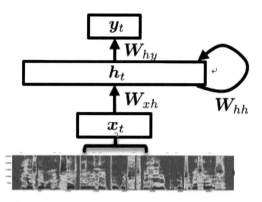

【그림 9-5】 RNN 구조에서의 AR(p) 모델 설명도(이미지 출처:Hybrid Deep Neural Network--Hidden Markov Model(DNN-HMM) Based Speech Emotion Recognition)

여기서 W_{xh}는 입력층의 가중치 배열를 나타내며, W_{hh}는 은닉 계층의 피드백 가중치를 나타내고, b는 표준 회귀 모델에서 일반적으로 절편 항이라고 불리는 오프셋 항이다. $\phi()$는 일반적으로 쓰이는 Sigmod 함수와 같은 은닉층에 적용되는 비선형 함수이다. 위에서 소개한 가중치 배열, 상태변수 및 함수 제약 조건을 통계 언어로 다시 작성하면, 즉 $W_{hh}=\beta$, $W_{xh}=\alpha$, $h_t=y$로 규정하고 $\phi()$를 Identity 함수로 규정하면 위에서 소개한 공식은 다음과 같이 변경된다.

$$\hat{y}_t = b + \beta y_{t-1} + \alpha_{Xt}$$

이는 표준의 외재적 변수를 가지는 1차 자동 회귀 모델과 별 차이가 없다. RNN을 사용하여 마지막으로 예측을 할 때 출력 가중치 배열 W_{hy}를 사용한 다음의 공식으로 진행한다.

$$y_t = \zeta(W_{hy}h_t)$$

$\zeta()$은 출력 계층의 비선형 함수이며, Softmax, tanh 등이 일반적으로 쓰인다. 그러나 자동 회귀 모델에서, 은닉 상태변수는 예측해야 하는 변수의 기대치, 즉 $y_t = E\hat{y}_t$이므로 상응하는 $\zeta()$는 Identity 함수가 되고 W_{hy} 또한 1이 된다.

위의 구조는 자연스럽게 자동 회귀 이동 평균(ARMA) 모델로 확장될 수 있다. 자동 회귀 이동 평균 모델에 대조되는 RNN 모델에서의 은닉 계층의 동적 상태변수는 다음과 같이 표현될 수 있다.

$$h_t = \phi \left(\sum_{j=\delta_1}^{\delta_2} W_{xh,j} x_{t-j} + W_{hh} h_{t-1} + b \right)$$

표준 ARMA 모델과는 다르게, 위에서 소개한 RNN 모델에서는 δ_1 단계의 이전 샘플을 볼 수 있지만 표준 모델에서는 뒤로만 볼 수 있다. 즉 $\delta_1 = 0$, $\delta_2 > 0$이다. 동일하게, 앞의 AR 모델에서의 처리에 따라 상응하는 표준 통계 언어로 신경망 모델의 부호를 대체하면 위에서 소개한 공식은 다음과 같이 변화한다.

$$y_t = b + \alpha y_{t-1} + \sum_{j=1}^{q} \theta_j e_{t-1} + \beta x_t$$

이것은 표준 ARMA(1, q) 모델이다. 이 구조는 【그림 9-6】을 통해 나타낼 수 있다.

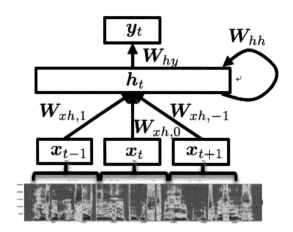

【그림 9-6】 RNN 구조의 ARMA(p,q) 모델 설명도(이미지 출처: Hybrid Deep Neural Network-- Hidden Markov Model(DNN-HMM) Based Speech Emotion Recognition)

예측 오차는 모델 추정 단계에서 알 수 없지만, ARMA에서의 예측 오차는 RNN 모델에서 입력층의 정보로 사용된다. 일반적으로 ARMA 모델은 최대우도법(MLE: Maximum Likelihood Method)을 통해 피팅을 진행하지만 ARMA(p, q) 모델은 2단계 선형 회귀를 통해서도 피팅을 진행할 수 있다. 이러한 피팅 과정은 독자들이 RNN 모델에서 예측 오차가 입력층의 정보로 사용되는 이유를 이해할 수 있도록 도움을 줄 수 있다.

2단계 선형 회귀에서 먼저 AR(p) 모델을 피팅하고 이 모델의 예측값에 따라 예측 오차 시퀀스를 얻은 후 각 기간에 대한 데이터에 대해 q 기간 정체 후의 예측 오차를 회귀 변수로 도입한다. 예측 오차를 입력층 정보로 사용하는 것은 완전히 합리적이고 자연스러운 선택임을 알 수 있다.

요약하면, RNN 모델은 전통적인 시계열 모델과 매우 깊은 관계가 있다. RNN 모델은 전통 모델에서 모델 벡터 차원, 시간 차원 및 함수 형식을 확장한 것으로 볼 수 있고 은닉층의 상태변수는 전통 시계열 모델에서 실제 데이터 생성 과정(DGP)에 해당하는 예측될 변수이며 외생 변수 및 예측 오차는 모두 RNN 모델에서의 입력층 정보로써 사용된다.

9.7 응용 사례

이번 섹션에서는 앞에서 배운 이론을 응용하여 실제 시계열 데이터에 대해 모델링 및 예측을 진행한다. 여기서는 앞에서 언급한 양쯔강 한커우 지역의 월간 유량 데이터 및 세계 항공사 월간 승객 수 이렇게 두 가지 시계열 데이터를 사용하며, 구체적으로 어떻게 ARIMA 모델 및 LSTM 모델을 응용하여 시계열 데이터에 대해 모델링 및 예측을 진행하는지 소개하고 이러한 두 종류 모델의 실제 예측 능력을 비교한다. ARIMA 모델을 사용하여 모델링을 진행할 때 다음의 표준 단계를 따라서 진행한다.

① 먼저 예제 데이터에 대해 안정성 식별 및 랜덤 워크인지 확인 혹은 단위 루트 문제를 가지고 있는지 등을 포함한 표준 분석을 진행한다.

② 주기도법(Periodogram)을 사용하여 계절성을 식별한다.

③ 계절성을 제거한 데이터에 대해 ACF 및 PACF 함수가 제공한 정보를 통해 자동 회귀와 이동 평균 부분에 필요한 정체 항의 개수를 얻는다. 이러한 데이터는 ARIMA (p, d, q) 모델의 매개변수의 기준치를 정하는 데 쓰인다.

④ 그런 다음 시계열 데이터에 피팅을 진행하고 상응하는 검증 양을 얻는다.

⑤ 잔차에 대해 Q 통계량 및 JB 통계량을 검증하고 ACF 및 PACF 함수를 계산하고 모델 외부에 다른 정보가 없는지 확인한다.

⑥ 마지막으로 샘플 외부의 테스트 데이터에 대해 예측을 진행하고 모델의 정확도를 검증한다.

LSTM 모델을 사용하여 시계열에 대해 모델링을 진행할 때 여전히 앞에서 다룬 ①, ② 및 ④단계를 진행해야 하지만 중간 단계는 약간 다른 점이 있다.

① 먼저 예제 데이터에 대해 안정성 식별 및 랜덤 워크인지 확인 혹은 단위 루트 문제를 가지고 있는지 등을 포함한 표준 분석을 진행한다.

② 주기도법(Periodogram)을 사용하여 계절성을 식별한다.

③ 계절성을 제거한 데이터에 대해 ACF 및 PACF 함수가 제공한 정보를 통해 모델링에 포함되어야 하는 정체 항의 개수를 얻는다. 이는 LSTM 모델에서 얼마나 이전의 정보를 현재 기간으로 가져와야 하는지를 포함해야 한다.

④ Keras 소프트웨어 패키지의 LSTM 모델 API 요구에 부합하도록 데이터를 처리한다.

⑤ 여러 다른 구조의 LSTM 모델을 피팅하고 샘플 내 데이터에 대한 모델별 성능을 비교한다.

⑥ 잔차에 대해 ACF 및 PACF 함수를 계산하고, 모델 외부에 다른 정보가 없는지 확인한다.

⑦ 마지막으로 샘플 외부의 데이터에 대해 예측을 진행하고 성능을 검증한다.

먼저 데이터 분석 및 모델링에 필요한 소프트웨어 라이브러리를 로드한다.

```
1  import Keras.models as kModels
2  import Keras.layers as kLayers
3  from scipy.signal import periodogram
4  import warnings
5
6  from sklearn.preprocessing import MinMaxScaler
```

```
7  from sklearn.metrics import mean_squared_error
```

이 책의 사례에서 정보는 우리가 GPU를 계산의 핵심으로써 사용하고 동시에 cuDNN 라이브러리를 이용함을 나타낸다. 이번 장에서는 이러한 부분에 대해 보여주는 것을 생략하도록 하겠다.

9.7.1 양쯔강 한커우 월간 유량 시계열 모델

첫 번째 예제에서, 양쯔강 유량의 월별 데이터에 대해 모델링을 진행한다. 먼저 ARIMA 모델을 만들고 그다음 LSTM 기반의 딥러닝 모델을 만들고 마지막으로 이 두 모델의 예측 성능을 비교한다. 모델링하기 이전에, 먼저 데이터를 훈련 세트 및 샘플 외의 테스터 세트로 나눈다. 우리는 마지막 24개월의 데이터를 테스트 세트로 남겨 두고 나머지 데이터는 훈련 세트로 남겨 둔다.

```
1  cutoff=24
2  train = df1.WaterFlow[:-cutoff]
3  test = df1.WaterFlow[-cutoff:]
```

데이터 분석의 첫 번째 단계로서, 먼저 이 데이터 세트가 안정적인지 검증하고 안정성을 확보하기 위해 상응하는 작업을 진행하여야 하는지 분석한다. 이는 앞에서 언급한 안정성 검증 방법에 따라 이동 평균 및 이동 평균 제곱 편차가 시간에 따라 변화하는 그림을 관찰하고 정식적인 Disky-Fuller 및 KPSS 검증을 통해 실현될 수 있다. 아래는 이러한 기능을 모두 포함한 함수를 구성한 것이다.

```
1  def test_stationarity(timeseries, window=12):
2      import statsmodels.api as sm
3      import pandas as pd
4      df = pd.DataFrame(timeseries)
```

```
5    df['Rolling.Mean']  = timeseries.rolling(window=window).mean()
6    df['Rolling.Std']=timeseries.rolling(window=window).std()
7    adftest = sm.tsa.stattools.adfuller(timeseries)
8    adfoutput = pd.Series(adftest[0:4], index=['통계량','p-값','정체량','관측값
     수량'])
9    for key,value in adftest[4].items():
10       adfoutput['임계값   (%s)'% key] = value
11   return(adfoutput, df)
```

【그림 9-7】에서 나타내듯이 다음으로 전체 훈련 세트 및 훈련 세트의 일부분에 대해 위에서 소개한 함수를 실행하여 안정성을 검증한다.

```
1    fig = plt.figure()
2    ax0 = fig.add_subplot(221)
3    adftest, dftest0=test_stationarity(train)
4    dftest0.plot(ax=ax0)
5    print('원본 데이터 안정성 검증')
6    print(adftest)
7
8    ax1 = fig.add_subplot(222)
9    adftest, dftest1=test_stationarity(train['1960':'1975'])
10   dftest1.plot(ax=ax1)
11   print('부분 데이터 안정성 검증')
12   print(adftest)
```

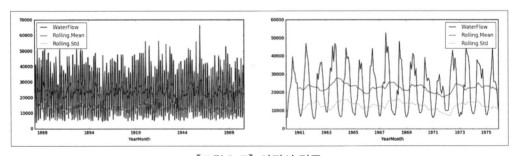

【그림 9-7】 안정성 검증

비록 Dicky-Fully 검증의 통계량은 전체 훈련 세트이든 선택한 부분 영역의 훈련 세트이든 상관없이 통계 테스트에 있어서는 모두 매우 안정적임을 현저히 보여주지만, 이동 평균값과 이동 평균 제곱 오류를 자세히 관찰하면 변동 범위가 여전히 매우 크고 매우 강한 계절성을 가지고 있음을 발견할 수 있다.

다음으로 우리는 ARIMA 모델을 구성하기 위해 계절성의 주기를 확정해야 한다. 계절성 시계열에 대해 우리는 SARIMA 모델을 구성하여 계절성 주기에 상응하는 처리를 할 수 있다. 앞에서 언급한 방법에 따라 계절성 주기를 감지하기 위해 ACF 함수를 사용하고 원본 데이터의 ACF 시퀀스에 대해 주기도법(Periodogram)을 계산할 수 있다. 일반적으로 주기의 시간 지점에서 고도의 에너지가 집중되어 있기에 주기의 길이를 식별할 수 있다. 다음의 함수는 이러한 방법을 보여준다.

```
1   def CalculateCycle(ts, lags=36):
2       import statsmodels.api as sm
3       from statsmodels.tsa.stattools import acf
4       from scipy import signal
5       import peakutils as peak
6       acf_x, acf_ci = acf(ts, alpha=0.05, nlags=lags)
7       fs=1
8       f, Pxx_den = signal.periodogram(acf_x, fs)
9
10      index = peak.indexes(Pxx_den)
11      cycle=(1/f[index[0]]).astype(int)
12
13      fig = plt.figure()
14      ax0 = fig.add_subplot(111)
15      plt.vlines(f, 0, Pxx_den)
16      plt.plot(f, Pxx_den, marker='o', linestyle='none', color='red')
17      plt.title("Identified Cycle of %i" % (cycle))
18      plt.xlabel('frequency [Hz]')
19      plt.ylabel('PSD [V**2/Hz]')
20      plt.show()
21      return( index, f, Pxx_den)
```

　원본 데이터에 이 함수를 사용하면【그림 9-8】과 같은 이미지가 나타나고, 원본 데이터는 주기가 12개월인 하나의 계절성이 있음을 알 수 있다. 비록 이 데이터의 본질이 양쯔강 수문 데이터임을 고려한다면 12개월의 주기는 매우 자연스러운 기댓값이지만 이 방법은 ACF 시퀀스에 대해 주기도법(periodogram)을 운용하여 계절성을 찾는 것의 신뢰성을 보여준다.【그림 9-8】에서 볼 수 있듯이, 주기도법은 정확하게 계절성의 주기가 12개월임을 식별하였다. 따라서 계절성을 없애기 위해 원본 데이터에 12개월 간격의 차분을 진행해야 한다. 그런 다음 계절성을 없앤 데이터에 대하여 계속해서 안정성, ACF와 PACF 함수의 특성을 분석하여 최종으로 필요한 ARIMA 모델 구조를 확정한다.

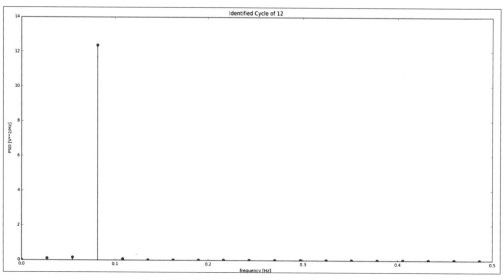

【그림 9-8】주기도법을 사용한 주기 식별

```
1  Seasonality=12
2  waterFlowS12 = train.diff(Seasonality)[Seasonality:]
3  adftestS12 = sm.tsa.stattools.adfuller(waterFlowS12)
4  print("ADF test result shows test statistic is %f and p-value is %f" %(
   adftestS12[:2]))
5
6  nlag=36
7  xvalues = np.arange(nlag+1)
```

```
 8
 9   acfS12, confiS12 = sm.tsa.stattools.acf(waterFlowS12, nlags=nlag, alpha=0.05,
     fft=False)
10   confiS12 = confiS12 - confiS12.mean(1)[:,None]
11
12   fig = plt.figure()
13   ax0 = fig.add_subplot(221)
14   waterFlowS12.plot(ax=ax0)
15
16   ax1=fig.add_subplot(222)
17   sm.graphics.tsa.plot_acf(waterFlowS12, lags=nlag, ax=ax1)
18   plt.show()
```

【그림 9-9】에서 볼 수 있듯이 계절성을 없앤 데이터 이미지는 이 시계열이 매우 강한 평균 회귀성을 가지고 있음을 보여준다. ACF 그림은 12번째 정체 항까지 점차 감소하는 시퀀스를 나타내지만 이후의 12의 배수의 정체 항은 모두 현저한 데이터 값을 가지고 있지 않으며 이는 다음과 같은 두 가지를 사실을 나타낸다.

첫째, 비교적 성공적으로 데이터의 계절성을 없앴다. 둘째, 계절성을 제거한 데이터에 여전히 1차 차분을 더 진행해야 한다.

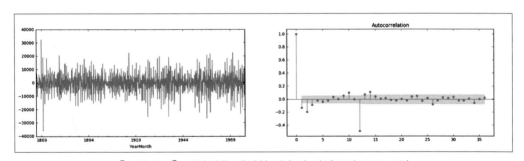

【그림 9-9】계절성을 제거한 이후의 시퀀스와 ACF 그림

계절성을 없앤 데이터에 1차 차분을 더 진행하면 비교적 괜찮은 통계 특성을 가지게 되므로 Box-Jensen ARIMA 모델의 모델링에 사용될 수 있다. 우리는 현재 계절성을 없앤 데이터는 하나의 적분 항이 필요함을 이미 알고 있으므로, 이제는 자동 회귀와 이

동 평균 부분의 정체 차수를 확정해야 한다. 다음으로 앞에서 소개한 방법에 따라 1차 차분 이후의 데이터의 ACF 그림과 PACF 그림을 분석한다. 【그림 9-10】에서 나타내듯이 PACF 그림을 검시하여 얼마나 많은 자동 회귀 정체 항이 필요한지 알 수 있으며 ACF 그림은 얼마나 많은 이동 평균 정체 항이 필요한지 알려준다.

```python
1  waterFlowS12d1 = waterFlowS12.diff(1)[1:]
2  fig = plt.figure()
3  ax0 = fig.add_subplot(221)
4  sm.graphics.tsa.plot_acf(waterFlowS12d1, ax=ax0, lags=48)
5
6  ax1 = fig.add_subplot(222)
7  sm.graphics.tsa.plot_pacf(waterFlowS12d1, ax=ax1, lags=48)
8  plt.show()
```

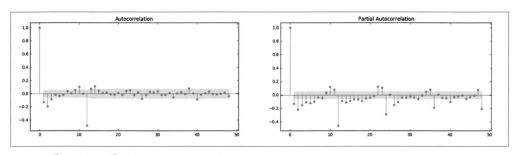

【그림 9-10】 1차 차분 및 계절성 차분 이후의 시계열의 ACF 그림 및 PACF 그림

앞에서 언급한 모델 계절성을 식별하는 규칙에 따르면, ACF 그림은 아마도 1개의 계절성 예측 오차 정체 항(즉 차분 정체 항)이 필요함을 나타낸다. 이는 우리가 하나의 계절성 ARIMA 모델[(즉 SARIMA$(p, d, q)(P, D, Q, S)$ 모델)]이 필요함을 나타낸다. Python에서는 StatsModels에서의 상태 공간 모델을 사용하여 SARIMA 모델의 매개변수를 피팅할 수 있다.

```python
1  mod1 = sm.tsa.statespace.SARIMAX(train, trend='n', order=(0,1,0), seasonal_
   order=(0,1,1,12)).fit()
2  pred=mod1.predict()
3  print(mod1.summary())
```

모델 피팅 결과는 【그림 9-11】에서 나타낸다.

```
                   Statespace Model Results
==============================================================================
Dep. Variable:                   WaterFlow   No. Observations:         1344
Model:           SARIMAX(0, 1, 0)x(0, 1, 1, 12)  Log Likelihood      -13198.909
Date:                     Tue, 03 Jan 2017   AIC                    26401.819
Time:                             23:51:26   BIC                    26412.226
Sample:                         01-01-1865   HQIC                   26405.717
                              - 12-01-1976
Covariance Type:                       opg
==============================================================================
                 coef    std err          z      P>|z|      [0.025      0.975]
------------------------------------------------------------------------------
ma.S.L12      -0.9474      0.009   -102.636      0.000      -0.965      -0.929
sigma2       2.368e+07   2.22e-11   1.07e+18      0.000    2.37e+07    2.37e+07
==============================================================================
Ljung-Box (Q):                   120.46   Jarque-Bera (JB):         284.24
Prob(Q):                           0.00   Prob(JB):                   0.00
Heteroskedasticity (H):            1.21   Skew:                       0.06
Prob(H) (two-sided):               0.04   Kurtosis:                   5.26
==============================================================================
```

【그림 9-11】 SARIMA(0,1,0) (0,1,1,12) 모델의 피팅 결과

일반적으로 이러한 계절성이 명백한 데이터는 SARIMA 모델을 사용하여 피팅한 결과가 비교적 좋으며 특히 샘플 내의 데이터에 대해서는 더욱 좋다. 다음으로 【그림 9-12】와 【그림 9-13】에서 나타내듯이 모델 검증 결과를 포함하여 샘플 내의 데이터에 대한 효과를 살펴보겠다.

```
1  subtrain = train['1960':'1970']
2  MAPE = (np.abs(train-pred)/train).mean()
3  subMAPE = (np.abs(subtrain-pred['1960':'1970'])/train).mean()
4
5  fig = plt.figure()
6  ax0 = fig.add_subplot(211)
7  plt.plot(pred, label='Fitted');
8  plt.plot(train, color='red', label='Original')
9  plt.legend(loc='best')
10 plt.title("SARIMA(0,1,0)(0,1,1,12) Model, MAPE = %.4f" % MAPE)
11
12 ax1 = fig.add_subplot(212)
13 plt.plot(pred['1960':'1970'], label='Fitted');
14 plt.plot(subtrain, color='red', label='Original')
```

```
15  plt.legend(loc='best')
16  plt.title("Details from 1960 to 1970, MAPE = %.4f" % subMAPE)
17  plt.show()
```

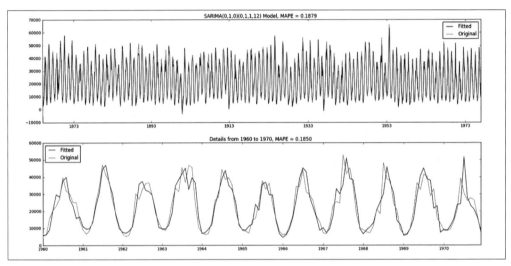

【그림 9-12】 SARIMA 모델의 피팅 결과

우리는 또한 하나의 계절성 자동 회귀 항을 더하거나 혹은 하나의 보통의 자동 회귀 항/이동 평균 항을 더한 SARIMA 모델을 테스트했으며, 그 결과는 모두 현재 모델보다는 좋지 않았고 MAPE 값은 각각 19.1% 와 19.8%까지 상승했다.

동시에 하나의 보통 자동 회귀 항과 하나의 보통 이동 평균 항을 더한 경우, 즉 SARIMA (1,1,1)(0,1,1,12) 모델에서만 샘플 내 데이터의 MAPE의 값이 17.2%까지 떨어졌다. 우리는 이러한 두 개의 MAPE 값이 19%보다 낮은 모델을 사용하여 샘플 외 데이터의 예측을 진행한다.

```
1  forecast1 = mod1.predict(start = '1976-12-01', end='1978' , dynamic= True)
2  forecast2 = mod2.predict(start = '1976-12-01', end='1978' , dynamic= True)
3  MAPE1 = ((test-forecast1).abs() / test).mean()*100
4  MAPE2 = ((test-forecast2).abs() / test).mean()*100
```

```
5
6  plt.plot(test, color='black', label='Original')
7  plt.plot(forecast1, color='green', label='Model 1 : SARIMA(0,1,0)(0,1,1,12)'
   )
8  plt.plot(forecast2, color='red', label='Model 2 : SARIMA(1,1,1)(0,1,1,12)')
9  plt.legend(loc='best')
10 plt.title('Model 1 MAPE=%.f%%; Model 2 MAPE=%.f%%'%(MAPE1, MAPE2))
```

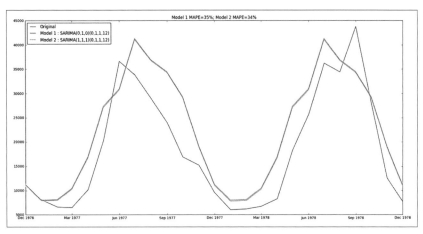

【그림 9-13】 SARIMA 모델 예측 결과 비교

이 두 개의 SARIMA 모델은 최종 예측에서 본질상 차이가 없고 거의 일치함이 확인되었으므로, 비교적 간단하고 더욱 안정적인 SARIMA(0,1,0)(0,1,1,12) 모델을 사용하는 것이 더 좋다.

우리는 지금까지 SARIMA 모델의 성능을 살펴보았다. 다음으로 딥러닝이 더 강력한 예측 능력을 가질 수 있는지와 어떻게 이러한 예측 능력이 더욱 강력한 딥러닝 모델을 구성할 수 있는지 살펴보겠다.

LSTM 모델은 대부분의 응용에서 RNN류에 속한 모델에서 가장 우수한 성능을 발휘하기 때문에 여기서는 LSTM 모델을 구성하기로 선택한다. 모델을 이해하고 아래의 몇 가지 간단한 단계만 수행하면 Keras를 사용하여 LSTM 모델을 구성할 수 있다.

① 데이터를 표준화하기 위해 z-score 방법을 사용하거나 데이터를 [0,1] 구간에 포함 되도록 할 수 있다. 우리는 더욱 구현하기 쉬운 두 번째 방법을 선택한다.

② 필요한 신경망 모델에 따라 데이터 형식을 구성한다. Keras 소프트웨어 패키지의 LSTM 신경망 모델은 입력된 독립변수 데이터를 [샘플 수, 시간 단계, 특징 변수의 수]의 3차원 형식으로 구성하도록 요구한다. 즉 각 샘플 포인트가 하나의 시간 단계에 해당하도록, 하나의 시간 단계는 여러 개의 특징 변수를 포함하도록 구성하며 종속변수 배열의 차원은 [샘플 수, 전진 시간 단계]에 상응하도록 해야 한다. 데이터를 어떻게 구성하는지는 선택된 신경망 모델의 구조를 반영한다. 여기서 주의할 점은, 시간 단계가 1인 경우 LSTM 모델은 간단한 피드 포워드 신경망과 동일하므로 비선형 자동 회귀 모델로 변한다는 것이다.

③ Keras 요구에 따라 딥러닝 모델을 정의한다. 예를 들어 시계열 모델에 대하여 일반적으로 하나의 시퀀스 모델(Sequential)을 정의해야 하며 보통은 여러 네트워크 계층의 선형 스택을 정의한다. 따라서 이 모듈에 다른 신경망 계층을 추가해야 한다. 일반적으로 먼저 LSTM 층을 입력 정보와 은닉 상태의 다리 역할로써 추가한 뒤 완전연결층(Dense)을 추가하여 은닉 상태와 출력 정보를 연결한다.

```
1  # use LSTM for forecasting
2  def create_dataset(dataset, timestep=1, look_back=1, look_ahead=1):
3      from statsmodels.tsa.tsatools import lagmat
4      import numpy as np
5      ds = dataset.reshape(-1, 1)
6      dataX = lagmat(dataset, maxlag=timestep*look_back, trim="both", original='ex')
7      dataY = lagmat(dataset[(timestep*look_back):], maxlag=look_ahead, trim="backward", original='ex')
8      # reshape and remove redundent rows
9      dataX = dataX.reshape(dataX.shape[0], timestep, look_back)[:-(look_ahead-1)]
10     return np.array(dataX), np.array(dataY[:-(look_ahead-1)])
```

이제 우리는 원본 데이터를 모델링 데이터 부분과 검증 부분으로 나누어야 한다. 우리는 마지막 24개월의 데이터는 검증 부분으로 나머지는 모델링 훈련 세트 부분으로 남겨둠으로써 미리 앞에서 데이터를 나누었다. 계산의 안정성을 향상시키기 위해 다음으로 우리는 데이터를 [0,1] 구간에 포함시킴으로써 표준화를 진행해야 한다. 또한, Keras는 입력 데이터가 pandas의 데이터 프레임 형식이 아닌 numpy 다차원 배열 형식이길 요구하기 때문에 데이터의 형식을 전환해야 한다.

```
1  scaler = MinMaxScaler(feature_range=(0, 1))
2  trainstd = scaler.fit_transform(train.values.astype(float).reshape(-1, 1))
3  teststd = scaler.transform(test.values.astype(float).reshape(-1, 1))
4
5  lookback=60
6  lookahead=24
7  timestep=1
8  trainX, trainY = create_dataset(trainstd, timestep=1, look_back=lookback, look_
   ahead=lookahead)
```

이제 우리의 LSTM 모델을 정의한다.

```
1  batch_size=1
2  model = kModels.Sequential()
3  model.add(kLayers.LSTM(48, batch_size=batch_size, input_shape=(1, lookback),
   kernel_initializer='he_uniform')
4  model.add(kLayers.Dense(lookahead))
5  model.compile(loss='mean_squared_error', optimizer='adam')
```

다음으로 이 모델에 피팅을 진행한다. 피팅 반복 횟수는 20이고 배치 수(batch_size)는 1이다. 일반적으로 다른 매개변수가 변하지 않는 상황에서 배치 수가 적을수록 피팅 효과는 더욱 좋아지지만 시간도 더욱 길어지며 오버 피팅의 위험성도 더욱 높아진다.

매개변수 verbose를 0으로 설정하여 피팅 과정에서의 출력 상태가 표시되지 않도록 한다. 이 매개변수를 1로 설정하면 최종 피팅 결과를 표시하고, 이 매개변수를 2로 설정하면 각 반복의 결과를 표시한다. 만약 배치 처리(batch) 모드에서 이 프로그램을 실행하면 표시 단말기는 하나의 문자 부호 형식의 progress bar를 표시한다.

```
model.fit(trainX, trainY, epochs=20, batch_size=batch_size, verbose=0)
```

CPU를 사용하는 경우 피팅할 때 6분 6초 걸리고 만약 GTX1060GPU를 사용하면 피팅할 때 30초 정도 걸리므로 성능이 크게 차이 나는 것을 알 수 있다. 여기서는 CNTK 계산 백그라운드의 속도의 이점을 명확히 보여준다. 만약 Theano를 계산 백그라운드로 사용하면 동일한 GPU를 사용하여 계산할 경우 1분 23초가 걸린다.

모델이 만들어진 후에 예측을 진행하기 위해 테스트 데이터를 처리할 준비를 한다. 앞에서 테스트 데이터로 사용하기 위해 24개월의 데이터를 보류하였으며 우리의 LSTM 모델이 되돌아보는 시간은 48개의 시간 지점이다. 그러므로 마지막 24개월의 테스트 데이터를 create_dataset을 사용하여 생성 후 예측 함수가 사용할 데이터로 제공할 수는 없다. 하지만 이 모델은 한 번에 12개의 기간을 예측하기 때문에 예측할 24개월 이전의 48개월 데이터를 확보할 수 있다. 이러한 데이터를 표준화 이후에 reshape 함수를 사용하여 요구에 부합하는 격식으로 변환 및 예측 함수로 입력하여 예측을 진행하고 실제 테스트 데이터 및 SARIMA 모델과 비교를 진행한다. 만약 SARIMA 모델처럼 24개월을 예측하고 싶다면 예측된 12개월의 데이터를 새로운 입력으로 여기고 계속해서 뒤의 12개월을 예측한다. 이는 SARIMA 모델의 "동적"(dynamic = True)와 동일하다. 또한, Keras의 모델을 사용하여 다양한 손실 함수(Loss Function)를 최적화 기준으로 선택할 수 있다. 시계열의 경우 마직막으로 비교하는 것은 MAPE 값이므로 Keras에서 우리는 매개변수로 loss = 'mape'를 사용하기로 했다.

먼저 테스트 데이터의 앞 절반에 속하는 부분, 즉 1977년의 월간 물 유량 데이터를 예측한다. 입력 데이터는 앞 48개월, 즉 1973년에서 1976년까지의 월간 물 흐름이며 [1,1,60]의 차원으로 변환 후에 예측 함수로 입력하여 1977년의 월간 물 유량 예측 데이터를 얻는다. 아래의 코드를 실행하면 상응하는 예측 및 MAPE의 계산과 그래프 그리기를 진행하여 【그림 9-14】에서 나타내는 결과를 얻는다.

```
1   feedData = scaler.transform(df1.WaterFlow['1972':'1976'].reshape(-1, 1)). copy()
2   feedX = (feedData).reshape(1, 1, lookback)
3   feedX = (feedX)
4   prediction1 = model.predict(feedX)
5
6   predictionRaw = scaler.inverse_transform(prediction1.reshape(-1, 1))
7   actual1 = df1.WaterFlow['1977':'1978'].copy().reshape(-1, 1)
8   MAPE = (np.abs(predictionRaw-actual1)/actual1).mean()
9
10  plt.plot(predictionRaw, label='Prediction')
11  plt.plot(actual1, label='Actual')
12  plt.title("MAPE = %.4f" % MAPE)
13  plt.legend(loc='best')
14  plt.xlim((0, 23))
15  plt.xlabel("Month")
16  plt.show()
```

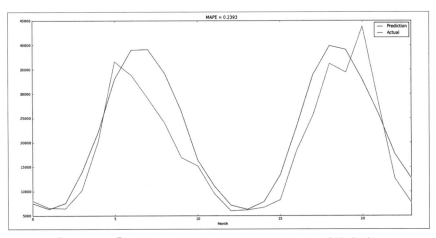

【그림 9-14】 LSTM 모델 예측 결과와 실제 테스트 데이터 비교

예측된 MAPE 값은 SARIMA 모델의 35%보다 훨씬 낮은 24% 정도이며, 특히 피딩 된 곡선이 더욱더 매끄럽다. 위의 실험이 나타내길, 간단한LSTM 모델은 이러한 주기성이 매우 강한 시계열을 피팅하는데 좋은 성능을 가지고 있으며 특히 통계사가 구체적으로 분

석한 주기를 모델링 할 필요가 없다. 그런 다음 다시 자동 회귀 항 및 이동 평균 항 매개변수에 대해 선택을 진행하여 모델링의 어려움을 크게 줄인다. 분석사는 여러 주요 매개변수를 직접 하나하나 선별할 수 있으며 인력을 컴퓨터로 대체하면 업무 효율을 효과적으로 향상시킬 수 있다.

앞에서 언급했듯이 LSTM은 단지 Sequential 모델의 하나의 계층일 뿐이며 Sequential 모델에서 여러 개의 LSTM 모델 계층을 중첩하여 깊은 RNN 모델을 구성할 수 있으며 이는 MLP를 사용하여 전통적인 전치 신경망의 예측 능력을 향상시키는 것과 유사하다.

다음으로 서로 다른 LSTM 계층이 서로 다른 변동을 포착할 수 있기를 바라며 어떻게 중첩 LSTM의 시퀀스 모델을 구성하는지 설명하겠다. 물론 이러한 유형의 모델은 더욱 복잡하고 오버 피팅이 더욱 쉽게 일어나므로 【그림 9-14】에서 나타내듯 데이터가 비교적 간단한 경우에는 앞의 단일 계층 LSTM에 하나의 Dense 계층을 더한 것이 더욱 효율적일 수도 있다.

다음으로 중첩된 LSTM 모델을 사용해 보겠다. 이 모델에서 우리는 두 개의 LSTM 계층을 중첩하였고 각 계층은 모두 10%의 Dropout을 사용하여 오버피팅을 방지하였으며 완전연결층을 더하여 다시 결과를 출력한다. 우리는 첫 번째 계층의 LSTM 계층에서 입력 데이터의 차원을 지정하고 return_sequence 매개변수를 True로 설정하였음을 주의하자. 이 매개변수는 마지막으로 계산된 출력을 다음 계층 데이터로 반환할지 혹은 원본의 전체 시퀀스를 다음 계층 데이터로 반환할지 지정한다. 만약 return_sequences 매개변수를 True로 지정하면 원본의 전체 시퀀스가 반환된다. 다시 말해 다중 중첩된 LSTM 계층에서 우리는 계산된 시퀀스 데이터 대신 원본의 시퀀스 데이터를 반환하여 다음 계층에서 사용되도록 한다. 동시에 두 번째 계층에서는 Keras가 자동으로 이 매개변수를 분석할 수 있으므로 우리는 입력 데이터의 차원을 다시 지정할 필요가 없다. 또한, return_sequences 매개변수의 디폴트 값은 False이므로 따로 설정해줄 필요가 없다. 즉 중첩된 마지막 LSTM 계층에서 원본의 시퀀스 데이터를 반환하는 게 아니고 계산된 시퀀스의 데이터를 반환하여 출력 계층 혹은 완전연결층에서 사용되도록 한다.

```
1   %%time
2   # create and fit the Stacked LSTM network
3   batch_size=1
4   model2 = kModels.Sequential()
5   model2.add(kLayers.LSTM(96, batch_size=batchsize, input_shape=(1, lookback),
    return_sequences=True))
6   model2.add(kLayers.Dropout(0.1))
7   model2.add(kLayers.LSTM(48))
8   model2.add(kLayers.Dense(lookahead))
9   model2.compile(loss='mape', optimizer='adam')
10  model2.fit(trainX, trainY, epochs=15, batch_size=batch_size, verbose=0)
```

GPU를 사용하여 이 중첩된 모델을 피팅하는데 대략 45초가 걸린다. 그렇다면 결과는
어떠할까? 우리는 다음의 프로그램을 실행하여 예측 및 실제 곡선을 보여주도록 한다.

```
1   feedData = df1.WaterFlow['1972':'1976'].copy()
2   feedX = scaler.transform(feedData.reshape(-1, 1)).reshape(1, 1, lookback)
3   prediction2 = model2.predict(feedX)
4   predictionRaw = scaler.inverse_transform(prediction2.reshape(-1, 1))
5   actual1 = df1.WaterFlow['1977':'1978'].copy().reshape(-1, 1)
6   MAPE = (np.abs(predictionRaw-actual1)/actual1).mean()
7   plt.plot(predictionRaw, label='Prediction')
8   plt.plot(actual1, label='Actual')
9   plt.title("MAPE = %.4f" % MAPE)
10  plt.legend(loc='best')
11  plt.xlim((0, 23))
12  plt.xlabel("Month")
13  plt.show()
```

【그림 9-15】에서 볼 수 있듯이, 예측된 효과는 간단한 단일 계층 LSTM의 모델의 효
과와 비슷하며, MAPE는 24%보다 약간 낮지만 현저한 차이는 없다. 이러한 결과를 초래
한 원인은 두 가지가 있을 수 있다. 하나는 아마 이 모델의 반복이 너무 많아 오버피팅
이 발생한 경우이며, 또 다른 하나는 더욱더 자세한 정보를 추출하기 위해 더욱 많은

LSTM 계층이 필요한 경우이다. 이러한 두 가지 가정을 검증하기 위해 아래와 같이 여러 LSTM 계층의 중첩 수량, 반복 횟수 및 배치 데이터의 크기를 제어할 수 있는 함수를 작성한다. 그런 다음 첫 번째 LSTM 계층 이외에 추가로 두 개의 LSTM 계층을 추가하였고 각 계층에 10%의 Dropout 비율을 사용하여 오버피팅을 방지하였으며, 마지막으로 완전 연결층을 사용하여 출력 계층을 연결하였다. 우리는 4~10회의 다른 반복 횟수를 선택하여 최종 결과가 어떠한지 확인하고 각 반복의 계산 시간을 출력한다.

```python
def SLSTM(epoch=10, stacks=1, batchsize=5):
    batch_size=batchsize
    model2 = kModels.Sequential()
    model2.add(kLayers.LSTM(48, batch_size=batchsize, input_shape=(1, lookback), return_sequences=True))
    model2.add(kLayers.Dropout(0.1))
    for i in range(stacks-1):
        model2.add(kLayers.LSTM(32, return_sequences=True))
        model2.add(kLayers.Dropout(0.1))
    model2.add(kLayers.LSTM(32, return_sequences=False))
    model2.add(kLayers.Dense(lookahead))
    model2.compile(loss='mape', optimizer='adam')
    t0 = time()
    model2.fit(trainX, trainY, epochs=epoch, batch_size=batch_size, verbose=0)

    feedData = df1.WaterFlow['1972':'1976'].copy()
    feedX = scaler.transform(feedData.reshape(-1, 1)).reshape(1, 1, lookback)
    prediction2 = model2.predict(feedX)
    predictionRaw = scaler.inverse_transform(prediction2.reshape(-1, 1))
    actual1 = df1.WaterFlow['1977':'1978'].copy().reshape(-1, 1)
    deltatime = time()-t0
    MAPE = (np.abs(predictionRaw-actual1)/actual1).mean()
    print("Epoch= %.1f, MAPE=%.5f, 소요시간=%.4f 초" % (epoch, MAPE, deltatime))

for epoch in [4,5,6,7,8,9,10]:
    SLSTM(epoch, stacks=2, batchsize=5)
```

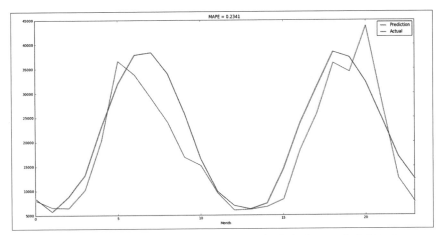

【그림 9-15】 중첩된 LSTM 모델 예측 결과와 실제 테스트 데이터의 비교

【표 9-1】은 각 계산의 결과 및 시간을 보여준다. 먼저 매번 1회의 반복 횟수를 증가할 때마다 계산 시간은 대략 5초 정도 증가한고 동시에 6회 반복할 때 MAPE가 25%보다 낮아지며, 그 뒤로 반복 횟수가 증가함에 따라 오차 지표가 26%까지 다시 상승하며 9회 반복했을 때 오차가 22% 미만으로 떨어짐을 확인할 수 있다. LSTM 모델의 중첩된 계층의 수를 늘림으로써 모델이 더 빠르게 데이터의 패턴을 배울 수 있도록 할 수 있지만, 중첩된 계층의 LSTM 모델을 사용할 때 적절히 반복 횟수를 줄여야 하고 Dropout 등의 기법을 사용하여 오버피팅을 방지해야 한다.

【표 9-1】 중첩 LSTM 모델 훈련 결과

Epoch= 4.0,	MAPE=0.28090,	소요시간 =41.0717 초
Epoch= 5.0,	MAPE=0.25532,	소요시간=51.6239초
Epoch= 6.0,	MAPE=0.24873,	소요시간=61.5472초
Epoch= 7.0,	MAPE=0.25706,	소요시간=72.0120초
Epoch= 8.0,	MAPE=0.26800,	소요시간=81.7846초
Epoch= 9.0,	MAPE=0.21710,	소요시간=92.5837초
Epoch= 10.0,	MAPE=0.25783,	소요시간=102.8702초

9.7.2 국제선 항공 월간 승객 수 시계열 모델

다음으로 앞에서 배운 기술을 사용하여 국제선 항공 월간 승객 수에 대해 모델링 및 예측을 진행한다. 구체적으로 말하자면, 우리는 먼저 전통의 계절성 자동 회귀 적분 이동 평균 모델(SARIMA)을 사용하여 이 시계열에 대한 피팅 및 예측을 진행한 다음 안정화를 진행하지 않은 데이터와 안정화를 진행한 후의 데이터에 대해 각각 피팅을 진행하여 LSTM 모델이 이러한 두 경우에서의 성능을 보이도록 한다. 전통의 SARIMA 모델을 사용하여 피팅을 진행하기 이전에 우리는 여전히 이 데이터의 안정성에 대한 분석을 진행해야 한다. 만약 이 데이터가 안정적이지 않으면 적절한 차분 연산을 진행하여 안정적인 시퀀스로 변하도록 해야 하고 동시에 주기도법을 사용하여 계절성의 길이를 감지해야 한다. 이러한 기본적인 데이터 분석이 완료되면 필요한 매개변수를 얻은 다음 모델을 피팅하고 마지막 21개월의 시퀀스 데이터를 예측하고 오차의 크기를 조사한다(왜냐하면, 1960년 9월까지의 데이터이므로). 모델 피팅의 훈련 데이터는 마지막 이 부분의 테스트 데이터를 포함하지 않음을 주의한다.

이 데이터는 분명히 안정적이지 않지만 우리는 여전히 표준 단계를 따라 데이터의 안정성을 검증하며 【그림 9-16】에서 결과를 나타낸다.

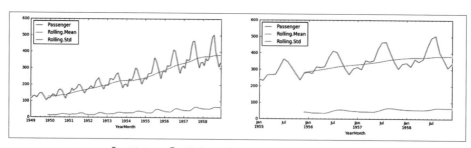

【그림 9-16】 월간 승객 수량 시퀀스 안정성 검사

```
1  cutoff=21
2  train2 = df2.Passenger[:-cutoff]
```

```
3   test2 = df2.Passenger[-cutoff:]
4
5   fig = plt.figure()
6   ax0 = fig.add_subplot(221)
7   adftest, dftest0=test_stationarity(train2)
8   dftest0.plot(ax=ax0)
9   print('원본 데이터 안정성 테스트')
10  print(adftest)
11
12  ax1 = fig.add_subplot(222)
13  adftest, dftest1=test_stationarity(train2['1955':'1960'])
14  dftest1.plot(ax=ax1)
15  print('부분 데이터 안정성 검증')
```

물론 이 데이터는 명확한 계절성을 가지며 육안으로 주기가 12개월임을 식별할 수 있지만 많은 경우에 우리는 자동화된 모델링 수단이 필요하므로 아래는 여전히 주기 도법을 사용하여 주기성을 감지한다. 【그림 9-17】의 결과는 데이터가 안정적이지 않을 때 감지 효과가 좋지 않음을 보여준다. 【그림 9-17】에서 나타내는 이 데이터의 계절성 주기는 분명히 약 12개월이지만 감지 결과는 오차를 뺀 37개월을 나타내며 이는 실제 계절성 주기의 약 3배인 결과이다. 이는 주기 도법을 사용하여 주기성을 감지하려면 최소한 데이터에 명확한 경향성이 없어야 함을 나타낸다.

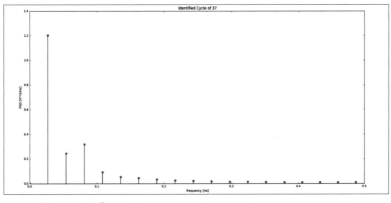

【그림 9-17】 원본 데이터에 주기 도법을 사용한 주기성 감지

```
1  index, f, Power = CalculateCycle(train2)
```

그럼 먼저 1차 차분을 진행하여 경향성을 없앤다. 차분 이후의 데이터가 여전히 이분산성을 가지더라도 【그림 9-18】에서 볼 수 있듯 주기 도법을 사용하면 비교적 간단하게 데이터의 주기가 12임을 발견할 수 있으며 이분산성이 만약 단조롭게 증가하거나 감소하는 경우 데이터의 주기성 감지에 대한 영향이 거의 없음을 알 수 있다.

```
1  train2d1 = train2.diff(1)[1:]
2  index, f, Power = CalculateCycle(train2d1)
```

계절성 주기의 길이를 알면 우리는 계절성 차분을 진행하여 영향성을 제거하여 데이터가 안정적인 시퀀스에 가까워지도록 할 수 있다. 1차 차분 및 계절성을 제거한 데이터에 ACF 와 PACF를 활용하여 검사한다.

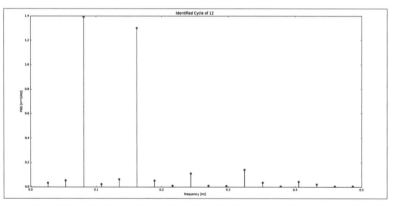

【그림 9-18】 1차 차분 이후의 데이터에 주기 도법을 사용한 주기성 감지

```
1  fig = plt.figure()
2  ax0 = fig.add_subplot(221)
3  sm.graphics.tsa.plot_acf(train2d1s12, ax=ax0, lags=48)
4
```

```
5  ax1 = fig.add_subplot(222)
6  sm.graphics.tsa.plot_pacf(train2d1s12, ax=ax1, lags=48)
7  plt.show()
```

【그림 9-19】은 현저한 자동 회귀 혹은 이동 평균 항이 없거나 혹은 아무리 많아야 1개의 1차 자동 회귀 항만 사용하면 됨을 보여준다. 따라서 SARIMA 모델의 매개변수에 대해 계절성 부분 매개변수를 (1,1,0,12)로 설정할 수 있고 비 계절성 부분의 매개변수는 상응하는 (0,1,0)로 설정할 수 있다.

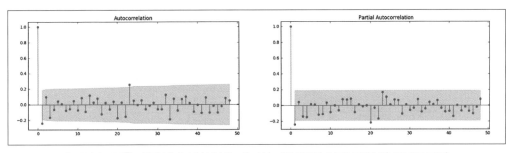

【그림 9-19】 계절성과 경향성을 제거한 데이터의 ACF 그림 및 PACF 그림

```
1  mod1 = sm.tsa.statespace.SARIMAX(train2, trend='c', order=(0,1,0), seasonal_
   order=(1,1,0,12)).fit()
2  pred=mod1.predict()
3  print(mod1.summary())
```

피팅 결과는 【그림 9-20】와 같다

이 피팅 결과는 비교적 좋다. 훈련 데이터 세트에 대한 종합 MAPE는 약 5%에 불과하다. 예를 들어 【그림 9-21】에서 나타내듯 1955년에서 1956년까지의 24개월의 데이터에 해당하는 MAPE 값은 심지어 2.7%에 불과하다.

물론 모델의 예측 효과는 결국 테스트 데이터에서의 성능에 달려 있다. 1959년 1월부터 1960년 9월까지의 테스트 데이터와 예측 데이터를 비교해 보면 MAPE 값이 12.4%로

SARIMA 모델이 어느 정도 오버피팅된 가능성이 있음을 나타낸다.【그림 9-22】에서 볼 수 있듯이 오차의 주요한 원인은 예측된 데이터는 승객 수량이 계속해서 증가하는 추세를 효과적으로 피팅할 수 없기 때문이다. 1960년 예측한 데이터와 1959년 예측한 데이터의 수준이 비슷하지만 실제 데이터는 1960년이 1959년의 평균 승객 수보다 10% 이상 높다. 그러나 이러한 경향은 이 데이터의 경우 사실 이분산성이 시간에 따라 점차 증가하는 것으로 표현되며 이는 1차 차분 이후의 데이터의 총 평균값은 0에 가까운 수준으로 유지되며 시간에 따라 변하지 않고 데이터의 변동만 시간에 따라 증가하기 때문이다.

```
                        Statespace Model Results
========================================================================
Dep. Variable:                   Passenger   No. Observations:         120
Model:            SARIMAX(0, 1, 0)x(1, 1, 0, 12)  Log Likelihood    -402.338
Date:                     Sun, 12 Feb 2017   AIC                   810.677
Time:                             02:30:15   BIC                   819.039
Sample:                         01-01-1949   HQIC                  814.073
                              - 12-01-1958
Covariance Type:                       opg
========================================================================
                 coef    std err       z      P>|z|     [0.025     0.975]
------------------------------------------------------------------------
intercept     -0.0204      1.026   -0.020     0.984     -2.031      1.990
ar.S.L12      -0.1020      0.085   -1.194     0.232     -0.269      0.065
sigma2       107.9052     12.268    8.796     0.000     83.861    131.949
========================================================================
Ljung-Box (Q):                      51.88   Jarque-Bera (JB):        4.66
Prob(Q):                             0.10   Prob(JB):                0.10
Heteroskedasticity (H):              1.38   Skew:                   -0.18
Prob(H) (two-sided):                 0.34   Kurtosis:                3.96
========================================================================

Warnings:
[1] Covariance matrix calculated using the outer product of gradients (complex-step).
```

【그림 9-20】 모델 피팅 결과

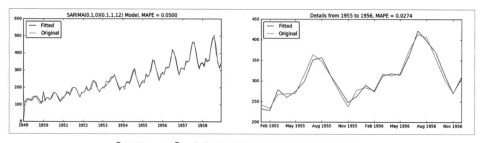

【그림 9-21】 피팅 된 곡선과 실제 시퀀스의 비교

경향성을 없애고 이분산성을 보존한 시퀀스상에서의 SARIMA 모델의 성능을 살펴본 후, 원본 데이터에서의 순환 신경망 성능을 살펴본다. 즉 간단한 단일 계층의 LSTM 모델을 구성하여 경향성을 제거하기 않고 이분산성을 없애지 않은 원본 데이터에 적용하고 신경망 모델이 자동으로 데이터의 패턴을 캐치할 수 있는지 살펴본다.

```
1  scaler = MinMaxScaler(feature_range=(0, 1))
2  trainstd2 = scaler.fit_transform(train2.values.astype(float).reshape(-1, 1))
3  teststd2 = scaler.transform(test2.values.astype(float).reshape(-1, 1))
4
5  lookback=60
6  lookahead=24
7  timestep=1
8  trainX2, trainY2 = create_dataset(trainstd2, timestep=1, look_back=lookback,
   look_ahead=lookahead)
```

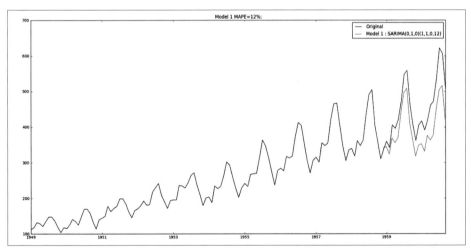

【그림 9-22】테스트 데이터에 대한SARIMA(0,1,0) (1,1,0,12) 모델의 예측 효과

다음의 코드는 우리의 LSTM 신경망 모델을 구성한고 피팅을 진행한다. 데이터의 양이 적기 때문에 피팅하는데 사용한 시간은 11초 미만이었다.

```
1  %%time
2  # create and fit the simplest LSTM network
3  batch_size=1
4  model = kModels.Sequential()
5  model.add(kLayers.LSTM(96, batch_size=batch_size, input_shape=(1, lookback),
   kernel_initializer='he_uniform'))
6  #model.add(kLayers.Dense(32))
7  model.add(kLayers.Dense(lookahead))
8  #model.compile(loss='mean_squared_error', optimizer='adam')
9  model.compile(loss='mape', optimizer='adam')
10 model.fit(trainX2, trainY2,  epochs=30, batch_size=batch_size, verbose=0)
```

피팅이 완료된 이후에 【그림 9-23】과 같이 테스트 데이터에 대한 예측을 진행하고 평균 오차의 백분율을 검증할 수 있다. 우리는 SARIMA 모델의 예측 능력과 다른 부분들이 있음을 발견했다.

① 첫째, MAPE 값은 11.6%로 SARIMA 모델의 예측보다 약간 낮지만 현저한 차이는 없고 비교적 쉽게 조정할 수 있다. 반복 횟수를 40까지 증가하면 테스트 세트 데이터의 MAPE 값을 7.0%까지 낮출 수 있다.

② 둘째, 설령 우리가 모델 안에 명시하지 않거나 데이터에 대해 어떠한 특별한 처리를 진행하지 않더라도 LSTM 모델은 평균 승객 수와 변동이 점차 증가하는 두 가지 경향을 발견했다. 그러나 SARIMA 모델의 예측은 승객 수의 변동 범위가 증가하는 데이터 패턴을 캐치하지 못했다. 즉 이분산성에 대해서 자동으로 해결할 수 없고 우리가 대수를 취하는 등 데이터에 대한 변환을 진행하여 이분산성을 감소시킴으로써 승객 수의 변동 범위가 증가하는 특성을 얻어 예측에 반영되게 한다. 이렇게 하면 모델링의 효율을 크게 향상시킬 수 있다.

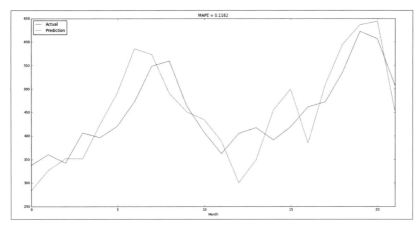

【그림 9-23】 테스트 데이터에 대한 단일 계층 LSTM 모델의 예측 효과

다음으로 원본 데이터에 대수를 취하여 최대한 이분산성을 제거하고 SARIMA 모델 및 단일 계층 LSTM 모델에 대한 각각의 예측 효과를 살펴본다. 먼저 【그림 9-24】에 따르면 대수를 취한 뒤의 차분 데이터의 안정성이 매주 좋음을 알 수 있으며, 12개월의 주기는 ACF 그림과 PACF 그림에서 모두 명확하게 보여주고 더욱 명확한 2차 자동 회귀 및 1차 이동 평균 항에 대한 요구를 보여준다.

그러므로 SARIMA 모델은 계절성 매개변수를 원래의 (1,1,0,12)가 아닌 (2,1,1,12)를 사용한다. 예측된 데이터가 원래의 비율로 반환된 후 실제 데이터와 비교한 MAPE 값은 【그림 9-25】에서 보여주듯이 5%까지 감소하고 이분산성이 제거되지 않은 경우에 비해 정확도가 배로 증가했으므로 효과가 매우 분명함을 알 수 있으며, 현재의 예측 데이터는 승객 수의 평균 수준 및 변동 폭이 시간 경과에 따라 증가하는 상황을 효과적으로 반영한다.

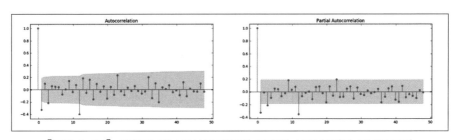

【그림 9-24】 경향과 이분산성을 제거한 이후의 ACF 그림과 PACF 그림

반면에 원본 데이터에 비선형 처리를 진행한 이후 딥러닝 모델의 예측 능력이 비교적 크게 저하되는데 이건 매우 흥미로운 현상이다. 데이터 예측에서 단일 계층과 다중 계층의 LSTM 모델에서 모두 비교적 큰 편차가 나타난다. 이는 시계열 모델링에서 만약 딥러닝 알고리즘을 사용하려면 원본 데이터의 상대적 비율을 유지하는 것이 매우 중요함을 보여준다.

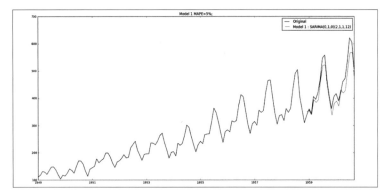

【그림 9-25】 안정적 데이터상에서의 SARIMA(0,1,0) (1,1,1,12) 모델 예측 효과

9.8 요약

이번 장에서는 시계열 모델의 기본 개념을 소개하였고, 전통 ARIMA 모델과 신흥 LSTM 딥러닝을 소개 및 비교하였다. 일정한 주기성이 있는 시계열 데이터를 사용하여 모델링 및 예측을 진행할 때 간단한 LSTM 모델은 주기성 및 각 모델링 매개변수를 자세히 분석해야 하는 (S) ARIMA 모델의 예측 효과를 이미 매우 쉽게 달성할 수 있음을 발견하였다. 이러한 경우 많은 노력을 하여 전통 ARIMA 모델을 모델링하기에 적합하도록 안정성 확보를 위한 데이터에 대한 처리를 진행할 필요가 없다. 딥러닝 모델은 안정적이지 않은 데이터의 경향성 및 이분산성을 자동으로 발견하고 이러한 두 종류 데이터의

패턴에 대하여 모델링을 하며 일정한 횟수의 반복 이후에 비교적 좋은 예측 효과를 달성할 수 있다. 우리는 심지어 여러 개의 LSTM 층을 중첩하여 비교적 적은 횟수의 반복에도 예측을 위한 데이터의 특징을 식별할 수 있다.

물론, 딥러닝 모델의 알고리즘은 랜덤 알고리즘에 속하며 우리는 적절한 결과를 얻기 위해 때때로 여러 번의 피팅을 진행하고 다른 초깃값을 설정해 봐야 한다. 딥러닝 모델도 비교적 쉽게 오버 피팅이 되며 서로 다른 계층 사이에 드롭아웃 계층(Dropout)을 연결하거나 LSTM 계층에 재귀 가중치 혹은 오프셋 가중치를 설정하여 정규화 처리를 진행하면 어느 정도 오버피팅의 발생을 방지할 수 있다.

자연 대수를 취하는 것과 같이 어느 정도 비선형 변환을 사용함으로써 데이터의 이분산성을 효과적으로 처리하고 전통의 ARIMA 모델의 예측 능력을 향상시키는 데 도움을 줄 수 있지만, 이러한 방법은 딥러닝 모델에는 적합하지 않다. 변환 후의 데이터로 딥러닝 모델을 훈련하면 예측 능력은 오히려 원본 데이터를 사용할 때보다 좋지 않다.

CHAPTER

10

지능 사물인터넷

지능 사물인터넷

10.1 Azure와 IoT

이번 장에서 IoT 솔루션(solution) 구조를 소개한다, 이 구조는 Azure 서비스를 사용하여 배치하며 IoT 솔루션의 일반적으로 쓰이는 특징을 포함한다. IoT 솔루션 구조는 디바이스(device) 사이에 안전하고 양방향인 통신과 하나의 백그라운드의 솔루션이 존재하길 요구한다. 백그라운드 솔루션은 자동화된 예측 분석을 사용하여 디바이스에서 클라우드까지의 시간의 흐름의 내포를 드러내 보인다.

Azure IoT Hub는 IoT 방안 구조를 구현하기 위한 핵심적인 초석이다. IoT 세트는 이러한 구조를 위해 완전한 엔드 투 엔드의 구현을 제공한다. 데이터의 수집, 저장 및 정리부터 AzureML의 머신러닝 및 딥러닝 기능을 이용하여 예측 및 분석을 진행하는 것까지 모두 하나의 프레임워크에서 완성할 수 있다. 예를 들어 원격 감시 제어 방안은 온도 모니터링 스테이션과 같은 각각의 터미널 디바이스를 감시 제어할 수 있으며 검사 측정실의 센서의 유지 보수의 필요성을 예측할 수 있으므로 불필요한 정지 시간을 피할 수 있다.

10.1.1 IoT 방안 구조

【그림 10-1】은 전형적인 IoT 솔루션 구조와 핵심 구성 부분을 보여준다. 이 구조에서 IoT 디바이스는 데이터를 수집하여 클라우드 게이트웨이로 보낸다. 클라우드 게이트웨이는 다른 백엔드 서비스가 데이터를 처리하도록 하고 처리가 완료된 이후에 고객에게 보여주거나 다른 상업 지능 프로그램으로 보낸다.

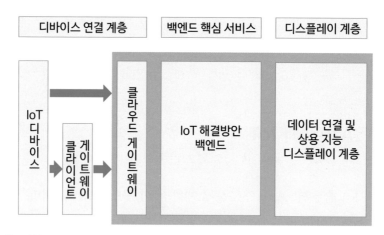

【그림 10-1】 전형적인 IoT 방안 구조(이미지 출처: https://docs.microsoft.com/en-us/azure/includes/media/iot-azure-and-iot/iot-reference-architecture.png)

10.1.2 디바이스 연결

이 IoT 솔루션 구조에서 디바이스는 온도 관측소의 센서에서 읽은 값 등의 측정 데이터를 클라우드 서비스로 보낸 뒤 저장하고 처리한다. 유지관리를 예측하는 시나리오에서 솔루션 백엔드는 센서 흐름 데이터를 사용하여 어느 특정 부분이 유지관리가 필요한지 확정한다. 또한, 디바이스는 클라우드에서 온 정보를 받고 회신할 수 있다. 예를 들어 유지관리를 예측하는 시나리오에서 솔루션 백엔드는 온도 관측소의 정상 센서에 정보를 보내 수리가 필요한 부품을 수리하기 전에 고장이 있는 온도 감지 디바이스는 오프라인 상태가 되도록 하여 유지보수 엔지니어가 현장에 도착하자마자 바로 작업을 시작할 수 있도록 할 수 있다. 이 IoT 프로젝트에서, 가장 어려운 부분 중 하나는 믿음직스럽고 안전하게 디바이스와 방안 백그라운드 서비스를 연결하는 것이다. IoT 디바이스와 다른 클라이언트 (예:브라우저, 모바일 앱)를 비교했을 때 다음과 같은 다른 특징들이 있다.

① IoT 디바이스는 보통 조작자가 없는 임베디드 디바이스이다.

② IoT 디바이스는 매우 먼 곳에 배치할 수 있으며 물리적 액세스 비용이 매우 높다.

③ IoT 디바이스는 오직 방안 백그라운드를 통해서만 액세스할 수 있고 디바이스와 상호 교류하는 다른 방법은 없다.

④ IoT 디바이스는 제한된 전원 및 계산 리소스만 가지고 있다.

⑤ IoT 디바이스는 신호가 간헐적으로 끊기거나 느리거나 혹은 비싼 네크워크 연결이 있을 수 있다.

⑥ IoT 디바이스는 전문화된 혹은 산업 특유의 통신 프로토콜을 사용해야 한다.

⑦ IoT 디바이스는 많은 일반적인 하드웨어 및 소프트웨어 플랫폼으로 제조될 수 있다.

위의 요구 사항들 외에도 모든 IoT 솔루션은 반드시 확장성, 안정성 및 신뢰성을 가지고 있어야 한다. 이러한 연결 요구 사항은 전통적인 기술들(예:네트워크 컨테이너 혹은 정보 브로커)의 사용을 어렵고 시간이 많이 걸리게 한다. Azure IoT Hub와 Azure IoT 디바이스 SDK는 이러한 요구 사항을 훨씬 쉽게 실현할 수 있도록 하며 하나의 디바이스를 클라우드 게이트웨이 엔드 포인트에 직접 연결할 수 있고, 만약 디바이스가 클라우드 게이트웨이를 지원하는 어떠한 통신 프로토콜도 사용할 수 없다면 중계 게이트웨이를 통해 연결할 수 있다. 예를 들어 디바이스가 IoT Hub를 지원하는 어떠한 프로토콜도 사용할 수 없다면 Azure IoT 프로토콜 게이트웨이로 프로토콜 중계를 실현할 수 있다.

10.1.3 데이터 처리 및 분석

클라우드에서 측정 데이터의 필터링 및 집계와 같은 대부분의 데이터 처리는 IoT 솔루션 백엔드에서 진행된 후에 다른 서비스로 전달된다. IoT 백그라운드에서는 다음과 같은 작업을 진행할 수 있다.

① 디바이스에서 대규모의 측정 데이터를 수신한 다음 어떻게 이러한 데이터를 처리 및 저장할지 결정한다.

② 클라우드에서 특정 디바이스로 명령을 보낼 수 있다.

③ 어떠한 디바이스들을 기본 구조로 연결할 수 있는지 제어 및 구동할 수 있도록 디바이스 등록 기능을 제공한다.

④ 디바이스의 상태를 기록하고 디바이스의 동작을 모니터링할 수 있다.

유지보수를 예측하는 시나리오에서 방안 백엔드에 히스토리 측정 데이터를 저장했다. 방안 백엔드는 이러한 데이터를 사용하여 온도 측정 시스템은 언제 유지보수가 필요한지에 대한 규칙을 찾아낼 수 있다. IoT 솔루션은 자동 피드백 회로를 포함할 수 있다. 예를 들어 분석 모듈은 측정 데이터에서 특정 디바이스의 온도가 정상 수준보다 높은지를 식별할 수 있으며 방안 백엔드는 이러한 디바이스에 편차를 수정하기 위한 명령을 보낼 수 있다.

10.1.4 보고서 및 상업 연결

보고서 및 상업 연결 계층은 최종 사용자가 IoT 백 엔드와 디바이스를 연결할 수 있도록 하여 최종 사용자가 디바이스에서 전송한 측정 데이터를 보고 분석할 수 있도록 한다. 이러한 투시도는 계기판 혹은 상업 지능 보고서의 형식으로 히스토리 데이터 및 실시간 데이터를 보여줄 수 있다.

예를 들어 작업자는 특정 온도 검측 디바이스의 상태와 모든 시스템의 경보를 볼 수 있다. 이 계층의 서비스는 IoT 솔루션 및 기존의 상업 애플리케이션을 통합하였고 기업 업무 공정 및 작업 공정에 연결하였다.

10.1.5 다음 단계

Azure IoT Hub는 IoT 솔루션 및 수천만 개의 디바이스 간의 안전하고 신뢰할 수 있는 양방향 통신을 제공하였다. IoT Hub를 사용하면 방안 백그라운드는 다음과 같은 기능들을 가진다.

① 여러 디바이스에서 측정 데이터를 동시에 받는다.

② 데이터를 디바이스에서 이벤트 스트림 처리기로 유도한다.

③ 디바이스에 파일은 업로드한다.

④ 정보를 특정 디바이스로 보낸다.

IoT Hub는 자신의 IoT 솔루션에도 사용될 수 있다. 또한, IoT Hub는 디바이스를 활성화하고 디바이스의 안전 증서를 저장하고 디바이스의 IoT Hub 액세스 권한을 정의할 수 있는 디바이스 신분 등록 서비스를 제공한다.

다음으로 IoT Hub를 중점적으로 소개한다.

비록 IoT 자체는 Keras와 직접적인 관련은 없지만, 사물 기반 인터넷(IoT)의 발전에 따라 IoT 디바이스는 점점 더 가치 있는 데이터를 제공하였으며 이러한 데이터는 수집, 저장 및 처리된 뒤에 Keras의 입력으로 사용된다. 그러므로 10장에서는 구체적인 예를 들어 이러한 공정을 소개하겠다. (10.1의 응용 Microsoft MSDN를 소개하는 문서: https://docs.microsoft.com/en-us/azure/iot-hub/iot-hub-what-is-azure-iot)

10.2 Azure IoT Hub 서비스

이번 섹션에서는 IoT 솔루션을 실현하기 위해 IoT Hub 서비스를 왜 사용해야 하는지를 소개한다. Azure IoT Hub는 【그림 10-2】에서 보여주는 구조를 가진 완전한 위탁관리 서비스이다.

① 단방향 정보, 파일 전송 및 요청-응답 방법을 포함한 디바이스와 클라우드 간의 여러 통신 옵션을 제공한다.

② 내장된 선언을 제공하는 메세지를 Azure 서비스로 라우팅한다.

③ 조회할 수 있는 저장 메타 데이터 및 동기화 상태 정보를 디바이스에 제공한다.

④ 안전 통신 및 액세스 제어는 각 디바이스별 특정 안전 암호 키 혹은 X.509 증서를 사용한다.

⑤ 디바이스 연결 및 디바이스 신분 관리 이벤트에 광범위한 검측 기능을 제공한다.

⑥ 디바이스 라이브러리는 널리 사용되는 언어 및 플랫폼을 지원한다.

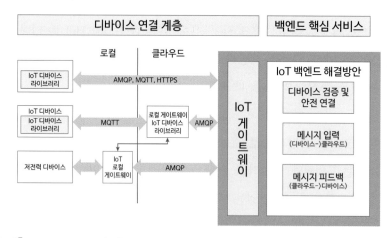

【그림 10-2】 Azure IoT Hub 구조(이미지 출처: https://docs.microsoft.com/en-us/azure/iot-hub/ media/ iot-hub-what-is-iot-hub/hubarchitecture.png)

10.2.1 Azure IoT Hub를 사용하는 이유

정보 전달, 파일 계산 및 요청 응답을 지원하는 것 외에도 IoT Hub는 디바이스 연결 문제를 해결한다.

① 디바이스 이중 시스템. 이중 시스템을 사용하여 디바이스 메타 데이터 및 상태 정보를 저장, 동기화 및 조회할 수 있다. 디바이스의 사본은 사실 디바이스 상태 정보(메타 데이터, 구성 및 조건)를 저장한 JSON 문서이다. IoT Hub는 각 디바이스를 위해 오랜 기간 유지되는 사본을 보류한다.

② 각 디바이스는 특정한 인증 및 안전 연결이 있다. 각 장비에 자체 안전 암호 키를 배치하여 IoT Hub로 연결되게 할 수 있다. IoT Hub 식별 레지스트리는 디바이스 솔루션에서 디바이스 식별 및 암호 키를 저장한다. 솔루션 백엔드는 허용 혹은 거부 목록에 단일 디바이스를 추가하여 디바이스 액세스의 완전한 제어를 실현할 수 있다.

③ 선언적 규칙을 기반으로 디바이스에서 클라우드까지의 메시지를 Azure 서비스로 라우팅한다. IoT Hub는 우리가 라우팅 규칙에 따라 메시지 라우팅을 정의하는 것이 가능하도록 하고, 디바이스에서 클라우드까지의 메시지의 목적지를 보내도록 Hub를 제어할 수 있다. 라우팅 규칙은 우리에게 어떠한 코드의 작성을 요구하지 않으며 자체 정의 post-ingestion 스케줄러를 대체할 수 있다.

④ 디바이스 연결 작업 감시. 디바이스 신분 관리 작업 및 디바이스 연결 이벤트와 관련된 자세한 작업 로그를 받을 수 있다. 이러한 감시 기능은 잘못된 근거로 연결하거나, 너무 자주 정보를 보내거나, 모든 클라우드에서 디바이스로 보내지는 정보를 거절하는 것과 같은 디바이스 연결 문제를 IoT 솔루션이 식별할 수 있도록 한다.

⑤ 포괄적인 디바이스 라이브러리 세트. Azure IoT는 다양한 언어 및 플랫폼에 쓰일 수 있는 SDK(다양한 Linux 배포 버전, Windows 운영 체제 및 다양한 실시간 운영 체제 등)를 제공한다. Azure IoT 디바이스 SDK는 또한 C#, Java 및 JavaScript와 같은 관리되는 언어(Managed Language)를 지원한다.

⑥ IoT 프로토콜 및 확장 가능성. 만약 우리의 솔루션이 디바이스 라이브러리를 사용

할 수 없다면 IoT Hub는 디바이스가 MQTT v3.1.1, HTTP 1.1 혹은 AMQP 1.0 프로토콜을 로컬에서 사용할 수 있도록 공개 프로토콜을 공개할 것이다. 또한, 다음의 방식을 통해 자체 정의 프로토콜을 지원하도록 IoT Hub를 확장할 수 있다.

- Azure IoT 게이트웨이 SDK를 사용하여 사용자 정의 프로토콜을 IoT Hub 서비스가 지원하는 세 종류의 프로토콜 중 하나로 변환시키는 필드 게이트웨이를 만든다.
- 클라우드에서 실행되는 오픈 소스 소프트웨어인 Azure IoT 프로토콜 게이트웨이를 자체 정의한다.
- Azure IoT 중심은 수백만 개의 동시 연결된 디바이스 및 초당 수백만 개의 이벤트로 확장된다.

10.2.2 게이트웨이

IoT 솔루션의 게이트웨이는 클라우드에 배치된 프로토콜 게이트웨이와 로컬로 배치되는 로컬 게이트웨이 이렇게 두 가지 형식이 있다. 프로토콜 게이트웨이 작업은 MQTT에서 AMQP로 전환하는 것과 같은 프로토콜 전환이다. 로컬 게이트웨이는 로컬에서 데이터를 분석하고 실시간 결정을 내리므로 클라우드에서 오고 갈 때의 지연 및 개인 정보 유출의 위험을 줄인다. 이 두 종류의 게이트웨이 모두 디바이스와 IoT Hub 사이에서의 매개체 역할을 한다. 솔루션은 프로토콜 게이트웨이와 로컬 게이트웨이를 모두 포함할 수 있다.

10.2.3 IoT Hub의 작동 원리

Azure IoT Hub는 Service-Assisted 통신 모드를 구현하여 디바이스와 방안 백엔드를 연결한다. Service-Assited 통신 모드의 목표는 제어 시스템과 특수한 목적의 디바이스

간의 상호 신뢰할 수 있는 양방향 통신을 구축하는 것이다. 이 통신 모드는 다음과 같은 원칙을 가지고 있다.

① 다른 모든 기능들보다 안전을 우선시한다.

② 디바이스는 주동적으로 명령을 받지 않는다. 만약 디바이스가 명령을 받길 원한다면 디바이스는 반드시 주기적으로 백엔드와 연결하여 실행해야 하는 명령이 있는지 확인해야 한다.

③ 디바이스는 오로지 디바이스와 대등한 IoT Hub와 같이 알려진 서비스의 경로만 만들거나 연결해야 한다.

④ 디바이스와 서비스 사이 혹은 디바이스와 게이트웨이 사이의 통신 경로는 응용 프로토콜 계층에서의 안전이 확보되어야 한다.

⑤ 시스템 레벨 권한 부여 및 신분 검증은 각 디바이스의 신분에 기반하므로 액세스 근거 및 권한은 거의 즉시 취소된다.

⑥ 전원 혹은 연결이 불안정한 디바이스의 양방향 통신에 도움이 되도록 명령과 디바이스 정보를 디바이스 연결이 받을 때까지 보관한다. IoT Hub는 각 디바이스를 위해 명령 대기 열을 유지한다.

⑦ 게이트웨이에서 특정 서비스까지의 보호되는 전송을 위해 응용 프로그램 페이로드 데이터는 개별적으로 보호된다. 모바일 산업에서는 이미 대규모로 Service-Assisted 통신 모드를 사용하여 Windows 푸시 알림 서비스, Google 클라우드 정보, Apple 푸시 알림 서비스와 같은 푸시 알림 서비스를 구현하였다.

10.2.4 다음 단계

다음으로 IoT Hub가 어떻게 원격 관리 배치 및 디바이스 갱신에 용이한 표준 기반의 디바이스 관리를 구현하는지 소개하겠다.

10.3 IoT Hub를 사용한 디바이스 관리 개요

10.3.1 소개

Azure IoT Hub는 디바이스 및 백엔드 개발자가 강력한 디바이스 관리 솔루션을 구축할 수 있는 기능 및 확장이 가능한 모델을 제공한다. 디바이스의 범위는 제한된 센서에서부터 단일 목적의 마이크로 컨트롤러, 그다음으로 디바이스 그룹 통신 경로를 위한 강력한 게이트웨이까지이다. 또한, IoT 운영 회사의 응용 시나리오 및 요구 사항은 각 산업마다 매우 다르다. 변경 사항이 있음에도 불구하고 IoT Hub 디바이스 관리가 제공하는 기능, 모드 및 코드 라이브러리를 사용하여 각종 디바이스 및 최종 사용자의 요구를 만족시킬 수 있다. 성공한 기업 IoT 솔루션 만들기의 핵심은 운영 회사가 어떻게 그들의 디바이스 집합의 지속 관리할지에 대한 전략을 제공하는 것이다. IoT 운영 회사는 그들이 더욱 전략적인 방면에 집중할 수 있도록 하는 신뢰할 수 있는 도구와 응용 프로그램을 봐야 한다. 이번 섹션은 주로 다음 내용을 포함한다.

① 디바이스 관리 방법에 대한 Azure IoT Hub의 간략한 개요
② 일반적인 디바이스 관리 원칙 소개
③ 디바이스 수명 주기 소개
④ 일반적인 디바이스 관리 모드 개요

10.3.2 디바이스 관리 원칙

IoT는 독특한 디바이스 관리 방법을 제공하며 【그림 10-3】과 같이 각 기업 레벨의 솔루션은 모두 반드시 다음의 원칙을 만족해야 한다.

【그림 10-3】 기업 레벨 솔루션이 반드시 지켜야 하는 원칙(이미지 출처: https://docs.microsoft.com/ en- us/azure/iot-hub/media/iot-hub-device-management-overview/image4.png)

① **규모 및 자동화**: IoT 솔루션은 일상적인 임무를 자동으로 수행하고 상대적으로 적은 운영자만으로 수백만 대의 디바이스를 관리할 수 있게 하는 간단한 도구가 필요하다. 평소에는 운영 회사가 원격으로 대량의 디바이스 작업을 처리하고 오직 그들이 직접적으로 주의를 해야 하는 문제가 발생했을 때만 경고하길 희망한다.

② **개방성 및 호환성**: 디바이스 생태계는 매우 다양하며 반드시 여러 종류의 디바이스, 플랫폼 및 프로토콜에 적합하도록 관리 도구를 지정해야 한다. 운영 회사는 반드시 가장 제한된 임베디드 단일 프로세스 칩에서 강력하고 완전한 기능을 가지는 컴퓨터에 이르기까지의 여러 유형의 디바이스를 지원할 수 있어야 한다.

③ **문맥 감지**: IoT 환경은 동적이며 끊임없이 변화하므로 서비스 신뢰성은 매우 중요하다. 디바이스 관리 작업은 반드시 SLA의 시간 요구 사항, 네트워크 및 전원 상태, 사용 조건 및 디바이스의 지리적 위치를 고려하여 유지관리에 필요한 시간이 중요한 업무 작업에 영향을 주거나 위험을 초래하지 않도록 보장해야 한다.

④ **여러 역할 서비스**: 독특한 작업 공정을 지원하는 것과 공정의 IoT 작업 역할이 매우 중요하다. 조작자는 반드시 내부 IT 부문의 지정된 제약 조건에 따른 조율 작업을 해야 하며 반드시 지속 가능한 방법을 찾아 관리자 및 기타 업무 관리 역할에 실시간 디바이스 작업 정보를 제공해야 한다.

10.3.3 디바이스 수명 주기

이것은 모든 기업 IoT 항목에 통용되는 디바이스 관리 단계들이다. Azure IoT에서 디바이스의 수명 주기는 5개의 단계가 있으며 완벽한 솔루션을 제공하기 위해 각 단계에서 아래의 몇 가지 디바이스 작업자의 요구를 만족해야 한다.

① 계획 : 운영상이 디바이스 메타 데이터를 만들 수 있도록 하여 그들이 쉽고 정확하게 조회하고 디바이스들의 대량 관리 작업을 진행할 수 있도록 한다. 디바이스 이중 시스템을 사용하여 태그 및 속성의 형식으로 이 디바이스의 메타 데이터를 저장할 수 있다.

② 활성화 : IoT Hub에서 안전하게 활성화하고 작업자가 즉시 디바이스 기능을 발견할 수 있도록 한다. IoT Hub 신분 레지스트리를 사용하여 유연한 디바이스 표식 및 근거를 만들고 작업을 사용하여 대량으로 이러한 조작을 실행한다. 각 디바이스의 듀얼 시스템이 저장한 디바이스 속성을 통해 디바이스의 기능 및 조건을 보고하는 보고서를 만든다.

③ 할당 : 디바이스의 일괄 할당 변경 및 펌웨어 업데이트가 편리하고 동시에 디바이스의 정상적인 작업 및 안전을 유지한다. 필요한 속성을 사용하거나 직접적인 방법 및 전파 작업을 사용하여 이러한 디바이스 관리 조작을 대량으로 실행한다.

④ 감시기 : 전체 디바이스 운행 상태 및 현재 진행 중인 조작의 상태를 감시하고 주의가 필요할 가능성이 있는 문제를 조작자에게 경고한다. 응용 디바이스 이중 시스템은 디바이스가 실시간 조작 조건을 보고하고 조작의 상태를 갱신할 수 있도록 한다. 디바이스 이중 조회를 사용하여 기능이 강력한 계기판 보고를 만들어 가장 중요한 문제를 보여주도록 한다.

⑤ 도태 : 고장이 발생하거나 업그레이드 주기 혹은 서비스 수명 주기가 끝난 뒤에는 디바이스를 갱신하거나 비활성화한다. 만약 물리적으로 디바이스가 변경 중에 있으면 디바이스 이중 시스템을 사용하여 디바이스 정보를 유지한다. 만약 변경이 완료되면 디바이스 이중 시스템을 사용하여 디바이스 정보의 분류 및 보존을 진행한다. IoT Hub 신분 레지스트리를 사용하여 안전하게 디바이스 표식 및 근거를 취소한다.

10.3.4 디바이스 관리 모드

IoT Hub는 다음의 디바이스 관리 모드를 지원한다.

① 디바이스 재부팅 : 백엔드 응용 프로그램은 직접적인 방법을 통해 디바이스가 이미 재부팅을 진행하였음을 있음을 알린다. 디바이스는 【그림 10-4】와 같이 보고의 속성을 사용하여 디바이스의 재부팅 상태를 업데이트한다.

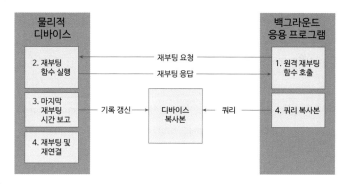

【그림 10-4】 디바이스의 재부팅 상태 업데이트(이미지 출처:https://docs.microsoft.com/en-us/azure/iot-hub/media/iot-hub-device-management-overview/reboot-pattern.png)

② 출하 설정 복원 : 백엔드 응용 프로그램은 직접적인 방법을 통해 디바이스가 이미 출하 설정을 복원했음을 알린다. 디바이스는 보고의 속성을 사용하여 디바이스의 출하 리셋 상태를 업데이트한다. 출하 설정 복원의 공정과 디바이스 재부팅의 공정은 동일하다.

③ 할당 : 백엔드 응용 프로그램은 필요한 속성을 사용하여 디바이스에서 실행 중인 소프트웨어를 할당한다. 디바이스는 보고의 속성을 사용하여 【그림 10-5】와 같이 디바이스의 할당 상태를 업데이트한다.

④ 펌웨어 업데이트 : 백엔드 응용 프로그램은 직접적인 방법을 통해 디바이스가 이미 펌웨어 업데이트를 시작했음을 알린다. 펌웨어 영상을 다운로드하고 펌웨어 영상을 적용한 뒤 마지막으로 IoT Hub 서비스에 다시 연결하기 위해 디바이스는 여러 단계의 프로세스를 시작한다.

⑤ 보고 진도 및 상태 : 솔루션 백엔드는 디바이스에서 진행 중인 조작 상태 및 진도를 보고하기 위해 디바이스 이중 조회를 실행하고 디바이스 그룹을 뛰어넘는다. 구체적인 플로차트는 비교적 복잡하므로 여기서는 소개하지 않겠다.

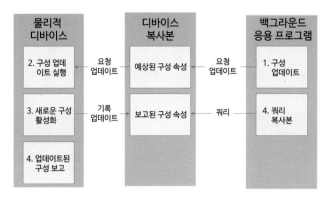

【그림 10-5】 **디바이스 할당 상태 업데이트**(이미지 출처 : https://docs.microsoft.com/en-us/azure/iot-hub/
media/iot-hub-device-management-overview/configuration-pattern.png)

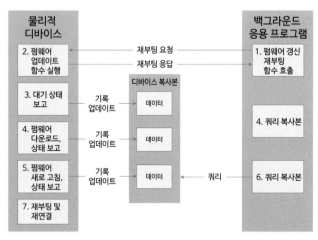

【그림 10-6】 **디바이스 업데이트 진도 및 상태**(이미지 출처 : https://docs.microsoft.com/en-us/azure/
iot- hub/media/iot-hub-device-management-overview/fwupdate-pattern.png)

다음 단계에선 IoT Hub가 제공하는 기능 디바이스 및 코드 라이브러리를 사용하여 기업 IoT 운영 회사가 요구 사항을 만족하는 IoT 응용 프로그램을 만든다.

10.4 / .NET을 사용한 IoT Hub로의 시뮬레이션 디바이스 연결

10.4.1 소개

Azure IoT Hub는 클라우드에서 호스팅되는 관리 서비스이며, IoT 응용 프로그램과 이를 통해 관리하는 디바이스 간의 안전한 양방향 통신을 위한 중앙 메시지 허브이다.

IoT 응용 프로그램의 가장 큰 문제는 어떻게 신뢰성 있고 안전한 통신을 IoT 디바이스와 클라우딩 호스팅 솔루션 백엔드로 연결하는지에 대한 것이다. 이러한 문제를 해결하기 위해 'IoT Hub'는 다음과 같은 특성을 가지고 있다.

① 신뢰할 수 있는 디바이스와 클라우드 간의 초대형 규모의 정보를 제공한다.

② 각 디바이스의 안전 근거 및 액세스 제어를 사용하여 안전한 통신을 활성화한다.

③ 가장 대중적인 언어 및 플랫폼의 디바이스 라이브러리를 포함한다.

다음으로 Azure에서 먼저 'IoT Hub'를 만들고, 이 'IoT Hub'에서 디바이스 신분을 만든 뒤, 시뮬레이션 디바이스 응용 프로그램을 만들어, 테스트 데이터를 솔루션 백엔드로 보내는 동시에 백엔드로부터 명령을 받는다.

이 명령을 수행하기 위해서는 Visual Studio 2015 및 Azure 계정이 필요하다.

10.4.2 IoT Hub 구축

① Auzre 포털 페이지 https://portal.azure.com에 로그인한다.

② 【그림 10-7】과 같이 '리소스 만들기' → '사물 인터넷' → 'IoT Hub'를 선택한다

【그림 10-7】 IoT Hub 새로 만들기

③ 'IoT Hub' 선택한 후 【그림 10-8】과 같이 다음의 설정들을 선택한다.

　'기본 사항(Basics)' 탭을 선택한다. '리소스 그룹'에서 새로운 리소스 그룹을 만들거나 기존의 등록된 '리소스 그룹'을 선택한다. '영역(Region)'은 '리소스 그룹'에서 리소스에 대한 메타데이터를 관리할 위치를 선택한다. 여기서는 '미국 서부'를 선택한다. 'IoT Hub 이름'에 이름을 입력한다. 만약 이름이 유효하지 않거나 등록되어 있다면 'IoT Hub 이름' 입력란에 밑에 적색으로 해당하는 내용이 표시된다.

　'크기 및 배율(Size and Scale)' 탭을 선택한다. '가격 및 크기 계층(Pricing and scale tier)'에서 'F1: 무료 계층'을 선택한다.

④ 'IoT Hub' 설정을 완료한 뒤 '검토＋만들기' 버튼을 클릭한다. 'IoT Hub'를 구축하는 과정은 대략 몇 분의 시간을 필요하다. 'IoT Hub'를 구축이 완료된 후 【그림 10-9】와 같이 '알림' 아이콘을 클릭하여 상태를 확인할 수 있다.

【그림 10-8】 IoT 매개 변수 창

【그림 10-9】 IoT 생성 성공 알림 창

⑤ 'IoT Hub'가 생성된 다음에 '모든 리소스'에서 새로 생성된 '리소스 이름'을 선택한다. 【그림 10-10】과 같이 '호스트 이름'을 복사한후 10.4.3에서 'CreateDeviceIdApp.cs'의 HostName에 붙여넣을 수 있다.

【그림 10-10】 IoT Hub 리소스 개요

⑥ 【그림 10-11】과 같이 '공유 액세스 정책(Shared access policies)'에서 'iothubowner' 정책(POLICY)을 클릭한 다음 'iotHubowner'의 '공유 액세스 키'의 '연결 문자열-보조키'를 복사한 다음 10.4.3에서 'CreateDeviceIdApp.cs'의 new CreateDeviceIdApp()의 두 번째 인자(HostName, SharedAccessKeyName, SharedAccessKey)로 붙여 넣는다.

【그림 10-11】 IoT Hub 공유 액세스 정책

다음으로 10.4.3절에서 복사해 둔 '호스트 이름(HostName)' 및 '공유 액세스 키 이름(SharedAccessKeyName)' '연결 문자열-보조키(SharedAccessKey)'를 사용한다.

10.4.3 디바이스 신분 생성

IoT Hub의 ID 레지스트리에서 디바이스 ID를 만드는 데 쓰이는 '.NET 콘솔 응용 프로그램'을 만든다. ID 레지스트리에 정보가 있을 때만 디바이스를 'IoT Hub'로 연결할 수 있다. 이 '콘솔 응용 프로그램'을 실행할 때 고유한 deviceId와 암호키를 생성하므로 당신의 디바이스가 정보를 'IoT Hub'로 보낼 때 자신을 식별해야 한다.

① Visual Studio에서 【그림 10-12】와 같이 프로젝트 이름이 CreateDeviceId인 Visual C# '콘솔 응용 프로젝트'를 만든다.

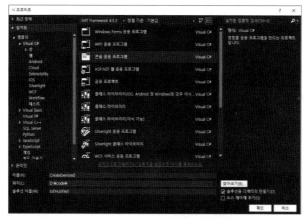

【그림 10-12】 Visual Studio 새 프로젝트 대화창

② 【그림 10-13】과 같이 NuGet에서 필요한 라이브러리를 설치한다.

솔루션 탐색기에서 'CreateDeviceId' 항목을 마우스 오른쪽 버튼으로 클릭하고, 팝업되는 바로 가기 메뉴에서 'Nuget 패키지 관리...(Manage Nuget Package...)' 옵션을 선택한다. 'Microsoft.azure.devices'를 검색하고 첫 번째로 검색된 'Microsoft.Azure. Devices(버전 1.18.1)'를 선택하고 '설치' 버튼을 클릭하여 설치한다. 만약 '라이선스 승인(Accept Licences)'이 필요하다는 대화창이 표시되면 '동의함(Accept)' 버튼을 클릭하면 된다.

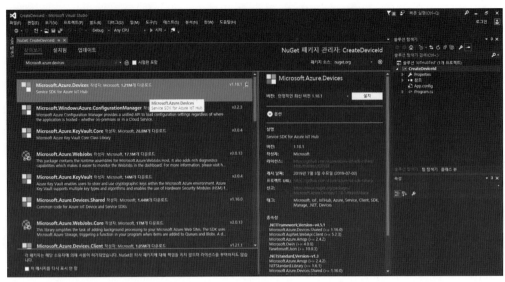

【그림 10-13】 NuGet 패키지 관리자에서 Micorsoft.Azure.Devices 설치

③ 'Program.cs'를 'CreateDeviceIdApp.cs' 파일로 수정한다. 이 파일을 다음과 같다.

```
1   using System;
2   using System.Threading.Tasks;
3   using Microsoft.Azure.Devices;
4   using Microsoft.Azure.Devices.Common.Exceptions;
5   using System.Diagnostics;
6
7   namespace IoTHub.CreateDeviceId
8   {
9       public class CreateDeviceIdApp
10      {
11          private readonly RegistryManager registryManager;
12          private readonly string connectionString;
13          private readonly string deviceId;
14
15          public CreateDeviceIdApp(string devicdId, string connectionString)
16          {
17              this.deviceId = "TestDevice1";
18              this.connectionString = connectionString;
19
```

```
20          this.registryManager = RegistryManager.
            CreateFromConnectionString(this.connectionString);
21      }

22

23      static void Main(string[] args)
24      {
25          TraceListener consoleTraceListener = new System.Diagnostics.
            ConsoleTraceListener();
26          Trace.Listeners.Add(consoleTraceListener);

27

28          CreateDeviceIdApp app = new CreateDeviceIdApp(
29              "TestDevice1",
30              "HostName=IoTHubTest201909.azure-devices.net;
                SharedAccessKeyName=iothubowner;SharedAccessKey=XqAynCA8zqDMDC9u
                hU8RIEfPyvzj98AKn4GWyb2ovDo=");

31

32          app.AddDeviceAsync().Wait();
33          Console.ReadKey();
34      }

35

36      private async Task AddDeviceAsync()
37      {
38          Device device = null;
39          try
40          {
41              device = await this.registryManager.AddDeviceAsync(new Device(
                this.deviceId));
42              Trace.WriteLine(string.Format("Generated device key: {0}",
                device.Authentication.SymmetricKey.PrimaryKey));
43          }
44          catch (DeviceAlreadyExistsException)
45          {
46              device = await this.registryManager.GetDeviceAsync(this. deviceId);
47              Trace.WriteLine(string.Format("Fetch existing device key: {0}",
                device.Authentication.SymmetricKey.PrimaryKey));
48          }
49          catch (Exception e)
50          {
51              Trace.WriteLine(string.Format("Unexpected exception {0}", e));
```

```
52              }
53          }
54      }
55  }
```

④ '디버깅하지 않고 시작(Ctrl+F5)'를 눌러 프로그램을 실행하면【그림 10-14】와 같이
출력하며, 이 디바이스의 키는 '9uowzkeH/5j9DaHUx7G/muzh0oQ2xmZe9wTI0+
NB838='이다(디바이스 키는 공유 엑세스 키와 쌍을 이루는 고유한 키이다). 10.4.4에서 VirtualDeviceApp.
cs의 VirtualDeviceApp()의 3번째 인자로 사용한다.

【그림 10-14】 IoT Hub에서 생성된 디바이스 키

10.4.4 가상 디바이스 만들기

디바이스에서 클라우드까지 정보를 보내는 것을 시뮬레이션하는 콘솔 응용 프로그
램 'VirtualDevice'를 추가한다. 프로그램을 생성하는 과정은 바로 이전의 프로젝트와 유
사하며【그림 10-15】와 같이 콘솔 응용 프로그램 'VirtualDevice'에 'NuGet 패키지 관리
자'를 사용해 'Microsoft.Azure.Devices.Client(버전 1.7.2)' 설치한다.

【그림 10-15】 NuGet 패키지 관리자에서 Micorsoft.Azure.Devices.Client 설치

'Program.cs'를 다음의 'VirtualDeviceApp.cs'로 수정한다.

```csharp
1   using System;
2   using System.Text;
3
4   using Microsoft.Azure.Devices.Client;
5   using Newtonsoft.Json;
6   using System.Diagnostics;
7
8   namespace IoTHub.VirtualDevice
9   {
10      public class VirtualDeviceApp
11      {
12          private static Random Rand = new Random();
13          private readonly DeviceClient deviceClient;
14          private string deviceId;
15          private string iotHubUri;
16          private string deviceKey;
17
18          public VirtualDeviceApp(string deviceId, string iotHubUri, string deviceKey)
19          {
20              this.deviceId = deviceId;
21              this.iotHubUri = iotHubUri;
22              this.deviceKey = deviceKey;
23              this.deviceClient = DeviceClient.Create(
24                  this.iotHubUri,
25                  new DeviceAuthenticationWithRegistrySymmetricKey(this.deviceId,
                        this.deviceKey), TransportType.Mqtt);
26          }
27
28          static void Main(string[] args)
29          {
30              TraceListener consoleTraceListener = new System.Diagnostics.
                    ConsoleTraceListener();
31              Trace.Listeners.Add(consoleTraceListener);
32
33              VirtualDeviceApp deviceApp = new VirtualDeviceApp(
34                  "TestDevice1",
```

```
35              "IoTHubTest201909.azure-devices.net",
36              "9uowzkeH/5j9DaHUx7G/muzhOoQ2xmZe9wTIO+NB838=");
37
38          Console.WriteLine("Virtual device is created.\n");
39          deviceApp.SendDevice2CloudMessagesAsync();
40          Console.ReadKey();
41
42      }
43
44      private async void SendDevice2CloudMessagesAsync()
45      {
46          double temperatureInCelSius = 30;
47          while (true)
48          {
49              double temperature = temperatureInCelSius + Rand.NextDouble () * 5;
50              var dataSample = new
51              {
52                  deviceId = this.deviceId,
53                  temperature = temperature,
54                  guid = Guid.NewGuid().ToString()
55              };
56
57              string messageString = JsonConvert.SerializeObject(dataSample);
58              Message message = new Message(Encoding.ASCII.GetBytes(
                    messageString));
59
60              await this.deviceClient.SendEventAsync(message);
61
62              Trace.WriteLine(string.Format("{0}, Sending message: {1}",
                    DateTime.Now, messageString));
63          }
64      }
65  }
66 }
```

10.4.5 디바이스에서 클라우드로 보낸 정보 받기

디바이스에서 클라우드로 보낸 정보를 IoT Hub에서 읽는 간단한 콘솔 응용 프로그램 'ReadDevice2CloudMessage'를 추가한다. 프로그램을 생성하는 과정은 바로 이전의 프로 젝트와 유사하며 【그림 10-16】과 같이 콘솔 응용 프로그램 'ReadDevice2CloudMessage'에 'NuGet 패키지 관리자'를 사용해 'MicrosoftAzure.Service(버전 5.2.0)'를 설치한다.

【그림 10-16】 NuGet 패키지 관리자에서 ReadDevice2CloudMessage 설치

'Program.cs'를 다음의 'ReadDevice2CloudMessageApp.cs'로 수정한다.

```
 1  using System;
 2  using System.Collections.Generic;
 3  using System.Text;
 4  using System.Threading.Tasks;
 5  using Microsoft.ServiceBus.Messaging;
 6  using System.Threading;
 7  using System.Diagnostics;
 8
 9  namespace IotHub.ReadDevice2CloudMessage
10  {
11      public class ReadDevice2CloudMessageApp
```

```
12     {
13         private readonly string connectionString;
14         private readonly string iotHubD2cEndpoint;
15         private readonly EventHubClient eventHubClient;
16
17         public ReadDevice2CloudMessageApp(string connectionString, string
           iotHubD2cEndpoint)
18         {
19             this.connectionString = connectionString;
20             this.iotHubD2cEndpoint = iotHubD2cEndpoint;
21             this.eventHubClient = EventHubClient.CreateFromConnectionString(
               this.connectionString, this.iotHubD2cEndpoint);
22         }
23
24         static void Main(string[] args)
25         {
26             TraceListener consoleTraceListener = new System.Diagnostics.
               ConsoleTraceListener();
27             Trace.Listeners.Add(consoleTraceListener);
28
29             ReadDevice2CloudMessageApp app = new ReadDevice2CloudMessageApp(
30                 "HostName=IoTHubTest201909.azure-devices.net;
                   SharedAccessKeyName=iothubowner;SharedAccessKey=XqAynCA8zqDMDC9u
                   hU8RIEfPyvzj98AKn4GWyb2ovDo=,
31                 "messages/events");
32
33             string[] d2cPartitions = app.eventHubClient.GetRuntimeInformation().
               PartitionIds;
34
35             CancellationTokenSource cts = new CancellationTokenSource();
36
37             List<Task> tasks = new List<Task>();
38             foreach (string partition in d2cPartitions)
39             {
40                 tasks.Add(app.ReceiveDevice2CloudMessagesAsync(partition,
                   cts.Token));
41             }
42             Task.WaitAll(tasks.ToArray());
43         }
```

```
44
45      private async Task ReceiveDevice2CloudMessagesAsync(string partition,
        CancellationToken ct)
46      {
47          EventHubReceiver eventHubReceiver = this.eventHubClient.
            GetDefaultConsumerGroup().CreateReceiver(partition, DateTime.UtcNow);
48          while (true)
49          {
50              if (ct.IsCancellationRequested) break;
51              EventData eventData = await eventHubReceiver.ReceiveAsync();
52              if (eventData == null) continue;
53
54              string data = Encoding.UTF8.GetString(eventData.GetBytes());
55              Trace.WriteLine(string.Format("Message received. Partition: {0}
                Data: '{1}'", partition, data));
56          }
57      }
58    }
59 }
```

10.4.6 프로그램 실행

이제 우리는 정보 보내기 프로그램과 정보 읽기 프로그램을 가지고 있으므로 이 두 개의 프로그램을 동시에 시작해야 한다.

'IoTHubTest' 솔루션을 마우스 오른쪽 단추로 클릭하고 【그림 10-17】과 같이 팝업된 '솔루션 속성 페이지' 대화창에서 'ReadDevice2CloudMessage'와 'VirtualDevice' 프로젝트를 시작(Start)으로 설정한다.

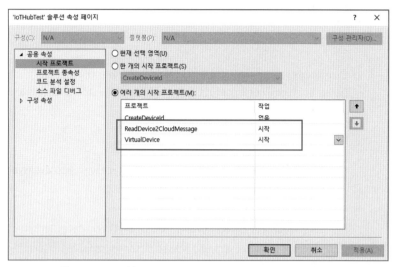

【그림 10-17】 IoTHubTest 솔루션 속성 페이지 설정

두 개의 프로젝트가 시작하도록 솔루션이 설정한 후 '디버깅 시작(F5)'을 실행하면 두 개의 콘솔 창이 생성된다. 'VirtualDevice' 창은 디바이스에서 IoT Hub로 보낸 정보를 보여주고, 'ReadDevice2cloudMessage' 창은(【그림 10-18】 참조) IoTHub에서 받은 정보를 보여준다.

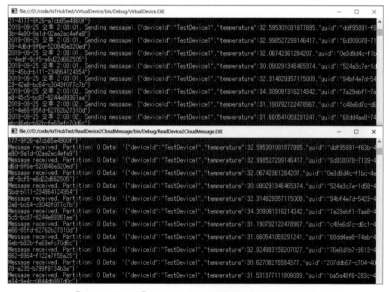

【그림 10-18】 IoT Hub로 정보 보내기 및 받기

또한, Azure 포털에서 이 IoT Hub의 트래픽 사용 상황을 볼 수 있다([그림 10-19] 참조).

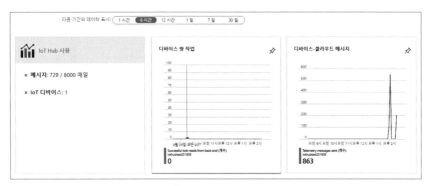

【그림 10-19】 IoT Hub 트래픽 사용 상황

10.4.7 Service Bus 캐시 명령 사용

'IoTHubTest' 프로그램에서 IoT Hub가 정보를 받은 이후에 캐시 또는 큐가 없이 즉시 읽히면 IoT Hub에 높은 처리량을 요구하기 때문에 대량의 디바이스 배치에 적합하지 않다. 이러한 시나리오에 대응하기 위해 Azure는 Service Bus 개념을 도입하였다.

다음으로 Service Bus의 예제 프로그램을 소개하겠다.

먼저 Azure Portal에서 Service Bus를 설치한다. Azure Potal에 로그인한 뒤 '리소스 만들기'를 클릭하고 【그림 10-20】과 같이 '통합(Intergration)'을 선택한 후 표시되는 오른쪽 드롭 다운 메뉴에서 'Service Bus'를 선택한다.

【그림 10-20】 Service Bus 옵션

【그림 10-21】과 같이 나타나는 인터페이스에서 매개변수를 채우고 '만들기' 버튼을 클릭하여 'TestNameSpace201909'를 만든 후 '대시보드에 블레이드 고정'을 선택하여 빠르게 접근할 수 있다.

【그림 10-21】 네임스페이스 만들기

새로 생성된 'TestNameSpace201909'를 열고 '공유 액세스 정책'을 클릭한 다음 "RootManageSharedAccessKey"를 클릭한 다음 내용을 복사한 후 'ServiceBusQueueTest. cs'의 connectionString에 붙여 넣는다.

【그림 10-22】 Service Bus 네임스페이스 공유 엑세스 정책

그 다음 큐(Queue)를 만든다. 【그림 10-23】와 같이 '큐' 옵션을 선택하고, '+ 큐' 클릭한 다음 오른쪽 '큐 만들기' 패널에 매개변수를 채우고 '만들기' 버튼을 클릭한다.

【그림 10-23】 큐 만들기

'SendServiceBusQueueTest' 콘솔 응용 프로그램을 작성하여 정보를 보낼 수 있다. 이전의 단계를 따라 '콘솔 응용 프로그램'을 만든 후에 'NuGet 패키지 관리자'를 사용해 'WindowsAzure.ServiceBus(버전 5.2.0)'를 설치한 다음 'ServiceBusQueueApp.cs'로 수정한다.

```
1  namespace SendServiceBusQueueTest
2  {
3      using System;
4      using Microsoft.ServiceBus.Messaging;
5
6      public class SendServiceBusQueueApp
7      {
8          static void Main(string[] args)
9          {
10             string connectionString = "Endpoint=sb://testnamespace201909.
               servicebus.windows.net/;SharedAccessKeyName=RootManageSharedAccessKe
               y;SharedAccessKey=OivG1k7HNtyp3sC7ee/ojZGTsTVDSoJnAuLJl2T84hU=";
11             string queueName = "TestQueue";
12
13             QueueClient client = QueueClient.CreateFromConnectionString(
               connectionString, queueName);
14             BrokeredMessage message = new BrokeredMessage("This is a test
               message!");
15             client.Send(message);
16
17             Console.ReadKey();
18         }
19     }
20 }
```

콘솔 응용 프로그램을 3번 실행한 다음 Auzre Portal에서 'testqueue' 큐의 정보를 새로 고침 하면 【그림 10-24】와 같이 '활성 메시지 수(Active message count)'는 3으로 갱신된다.

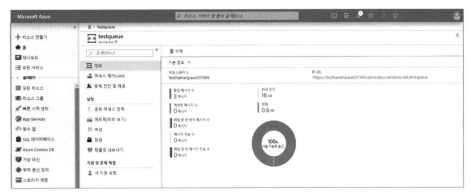

【그림 10-24】 활동 정보 개수

'ReadFromServiceBusQueueTest' 콘솔 응용 프로그램을 작성하여 큐에서 정보를 읽는
다. 'NuGet 패키지 관리자'를 사용해 'WindowsAzure.ServiceBus(버전 5.2.0)'를 설치한 다음
'ReadFromServiceBusQueueApp.cs'로 수정한다.

```
1  namespace ReadFromServiceBusQueueTest
2  {
3      using System;
4      using Microsoft.ServiceBus.Messaging;
5
6      public class ReadFromServiceBusQueueApp
7      {
8          public static void Main(string[] args)
9          {
10             string connectionString = "Endpoint=sb://testnamespace201909.
                servicebus.windows.net/;SharedAccessKeyName=RootManageSharedAccessKe
                y;SharedAccessKey=0ivG1k7HNtyp3sC7ee/ojZGTsTVDSoJnAuLJl2T84hU=";
11             string queueName = "TestQueue";
12
13             QueueClient client = QueueClient.CreateFromConnectionString(
                connectionString, queueName);
14
15             client.OnMessage(message =>
16             {
17                 Console.WriteLine($"Message id: {message.MessageId}");
```

```
18              Console.WriteLine($"Message body: {message.GetBody<String>()}");
19
20          });
21
22          Console.ReadKey();
23      }
24   }
25 }
```

콘솔 응용 프로그램을 실행하면 【그림 10-25】와 같이 콘솔은 3개의 정보를 출력한다.

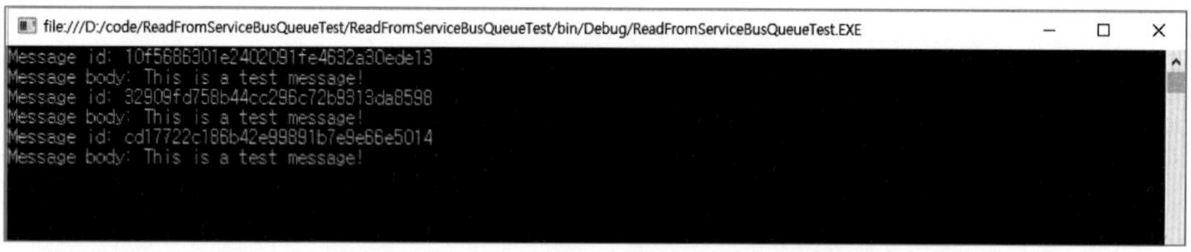

【그림 10-25】 콘솔 응용 프로그램 출력

콘솔 응용 프로그램을 실행한 다음 Auzre Portal에서 'testqueue' 큐의 정보를 새로 고침 하면 【그림 10-26】과 같이 '활성 메시지 수'가 0으로 변해 있음을 알 수 있다.

【그림 10-26】 큐 정보 개수

10.4.8 IoT Hub와 큐를 연결하기

지금까지 'IoT Hub'와 '큐'에 대한 각각의 프로그램을 소개하였다. 이제 특정 조건을 만족하는 정보를 '큐'에 보내는 프로그램을 작성한다.

① 이전에 만든 'VirtualDeviceApp.cs'에 의해 생성된 데이터 샘플에는 임의의 온도가 포함된다. 이제 여기에 온도의 높고 낮음을 나타내는 속성 'bucket'를 추가한다. 만약 온도가 33도를 초과하면 bucket = "high"이며 그렇지 않으면 bucket = "normal"이다. 구체적인 프로그램은 다음과 같다. (SendDevice2CloudMessagesAsync 함수 부분만 변경한다)

```
1    private async void SendDevice2CloudMessagesAsync()
2    {
3        double temperatureInCelSius = 30;
4
5        while (true)
6        {
7            double temperature = temperatureInCelSius + Rand.NextDouble () * 5;
8
9            var dataSample = new
10           {
11               deviceId = this.deviceId,
12               temperature = temperature,
13               guid = Guid.NewGuid().ToString()
14           };
15
16           string messageString = JsonConvert.SerializeObject( dataSample);
17           string bucket;
18           if (temperature > 33f)
19           {
20               messageString = "This is a high temperature";
21               bucket = "high";
22           }
23           else
24           {
```

```
25              bucket = "normal";
26          }
27
28          Message message = new Message(Encoding.ASCII.GetBytes(messageString));
29          message.Properties.Add("bucket", bucket);
30
31          await this.deviceClient.SendEventAsync(message);
32
33          Trace.WriteLine($"{DateTime.Now}, Sending message: {messageString}");
34      }
35  }
```

② Azure Portal에서 이전에 만든 'IoTHubTest201909'를 열고 '메시지 라우팅' 옵션을 클릭한 다음【그림 10-27】과 같이 '사용자 지정 엔드포인트'에 ' + 추가' 버튼을 클릭하여 'Service Bus 큐'를【그림 10-28】의 설정값으로 생성한다.

【그림 10-27】 Service Bus 큐 생성

【그림 10-28】 Service Bus 엔드포인트 추가

【그림 10-29】 Service Bus 큐 생성 결과

③【그림 10-30】과 같이 '메시지 라우팅'의 '경로' 옵션을 클릭하고 '+ 추가' 버튼을 클릭한다. '경로 추가' 옵션을【그림 10-31】과 같이 설정 후 저장한다.

【그림 10-30】 메시지 라우팅 경로 추가

【그림 10-31】 메시지 라우팅 경로 추가 설정

【그림 10-32】 메시지 라우팅 경로 추가 결과

④ 큐에서 정보를 읽는 간단한 콘솔 응용 프로그램 'ReadHighTemperatureQueue'를 'IoTHubTest' 솔루션에 추가한다. 프로그램을 생성하는 과정은 바로 이전의 프로젝트와 유사하며 콘솔 응용 프로그램 'ReadHighTemperatureQueue'에 'NuGet 패키지 관리자'를 사용해 'WindowsAzure.ServiceBus(버전 5.2.0)'를 설치한다.

```
1   namespace ReadHighTemperatureQueue
2   {
3       using System.IO;
4       using System;
5       using System.Text;
6
7       using Microsoft.ServiceBus.Messaging;
8
9       class ReadHighTemperatureQueueApp
10      {
11          static void Main(string[] args)
12          {
13              string connectionString = "Endpoint=sb://testnamespace201909.
                servicebus.windows.net/;SharedAccessKeyName=RootManageSharedAccessKe
                y;SharedAccessKey=OivG1k7HNtyp3sC7ee/ojZGTsTVDSoJnAuLJl2T84hU=";
14              string queueName = "TestQueue";
15
16              QueueClient client = QueueClient.CreateFromConnectionString(
                connectionString, queueName);
17
```

```
18          client.OnMessage(message =>
19          {
20              Stream stream = message.GetBody<Stream>();
21              StreamReader reader = new StreamReader(stream, Encoding.ASCII);
22              string s = reader.ReadToEnd();
23              Console.WriteLine($"Message id: {message.MessageId}");
24              Console.WriteLine($"Message body: {s}");
25
26          });
27
28          Console.ReadKey();
29      }
30  }
31 }
```

'IoTHubTest' 솔루션의 '시작 프로젝트 설정'에서 'VirtualDevice', 'ReadDevice2Cloud
Message' 및 'ReadHighTemperatureQueue'를 동시에 시작하도록 설정한다. 그 다음 '디버깅 시
작(F5)'을 실행한다. 【그림 10-33】과 같이 세 번째 콘솔 응용 프로그램(ReadHighTemperatureQueue)은
큐가 온도>33의 정보(This is a high temperature)를 받았음을 보여준다.

【그림 10-33】 동시에 실행된 3개의 프로그램의 출력 창

10.5 머신러닝 응용 사례

10.4절에서는 어떻게 IoT 데이터를 사용하는지 소개하였다. 이번 10.5절에서는 머신러닝을 사용하여 데이터에서 값을 얻어내는 방법을 소개한다. 우리는 Azure ML 스튜디오(Azure Machine Learning Studio)를 사용하여 이러한 작업을 실행한다.

먼저 Azure ML 스튜디오를 소개하겠다. 마이크로소프트의 Azure ML 스튜디오는 머신러닝 모델의 데이터 준비, 훈련, 테스트, 배포, 관리 및 추적에 사용할 수 있는 클라우드 기반 환경을 제공한다. 로컬 머신에서 학습을 시작한 다음, 클라우드로 확장할 수 있다. 반드시 프로그램 작성이 필요한 것은 아니며 대부분의 경우 오로지 데이터 세트와 모듈을 연결하는 시각적 인터페이스를 사용해 모델을 구축한다.

Azure ML의 링크 주소는 'https://studio.azureml.net/'이며 로그인한 후 왼쪽 메뉴에서 'PROJECTS'를 클릭하여 'IoT Test Project'라는 이름의 프로젝트를 생성하고 'EXPERIMENTS'를 클릭하여 'Temperature Anomaly Detection(온도 이상 검측)'이라는 이름의 '실험(experiment)'을 생성하고 실험을 프로젝트에 추가하면 【그림 10-34】와 같은 결과가 표시된다.

【그림 10-34】 Azure ML 스튜디오의 최종 결과 화면

이제 이 실험을 생성한다. 이 예제는 주로 어떻게 Azure ML을 사용하는지 설명하므로 IoT 센서에 입력된 온도를 사용하는 대신 IoT의 디바이스 온도가 'Time_Temperature.csv' 라는 excel 파일에 저장되어 있다고 가정한다. 총 1,440개의 데이터를 가지고 있으며 각각 의 데이터는 다음과 같이 시간(Time)과 온도(Temperature) 두 개의 컬럼(column)을 가진다. 새로 운 '실험'을 구성하기 전에 임의의 일부 데이터를 가진 'Time_Temperature.csv'를 '데이터 세트(DATASETS)'에서 'From Load File'을 선택해서 새로운 '데이터 세트'를 추가한다.

	Time	Temperature
0	2000-01-01 00:00:00+00:00	21.5
1	2000-01-02 00:00:00+00:00	27.4
2	2000-01-03 00:00:00+00:00	29.3
3	2000-01-04 00:00:00+00:00	35.0
4	2000-01-05 00:00:00+00:00	34.1
5	2000-01-06 00:00:00+00:00	30.3
6	2000-01-07 00:00:00+00:00	25.0
7	2000-01-08 00:00:00+00:00	24.6
8	2000-01-09 00:00:00+00:00	29.7
9	2000-01-10 00:00:00+00:00	25.3
10	2000-01-11 00:00:00+00:00	23.3
11	2000-01-12 00:00:00+00:00	24.7
...	...	...
1431	2003-12-02 00:00:00+00:00	25.1
1432	2003-12-03 00:00:00+00:00	28.2
1433	2003-12-04 00:00:00+00:00	22.9
1434	2003-12-05 00:00:00+00:00	22.0
1435	2003-12-06 00:00:00+00:00	31.5
1436	2003-12-07 00:00:00+00:00	33.8
1437	2003-12-08 00:00:00+00:00	31.1
1438	2003-12-09 00:00:00+00:00	25.4
1439	2003-12-10 00:00:00+00:00	33.6

'+ NEW'를 클릭한 후 표시되는 패널에서 'EXPERIMENTS'를 메뉴를 선택한 후 'Blank Experiments'를 선택해서 새로운 '실험'을 설정한다. 【그림 10-35】와 같이 왼쪽의 검색 창에서 3개의 모듈을 찾아 중앙으로 드래그한 다음 하나씩 연결한다.

중간의 'Excute Pyton Script'는 개발자가 작성한 것으로 이 예제에서 우리는 정규 분 포를 사용하여 온도의 분포를 시뮬레이션하고 3배의 표준 편차를 벗어난 온도를 이상 온도로 정의한다. 이 모듈을 클릭하면 오른쪽에 코드 편집 상자가 나타난다. 이 Python 프로그램은 다음과 같다.

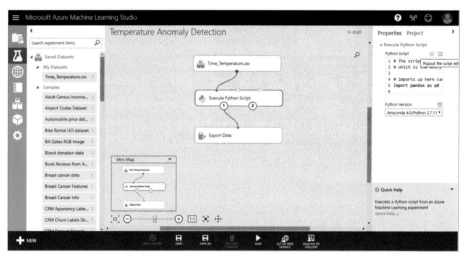

【그림 10-35】 AzureML Temperature Anomaly Delection 실험 구성하기

```
1   # The script MUST contain a function named azureml_main
2   # which is the entry point for this module.
3
4   # imports up here can be used to
5   import pandas as pd
6
7   # The entry point function can contain up to two input arguments:
8   # Param<dataframe1>: a pandas.DataFrame
```

```python
 9    # Param<dataframe2>: a pandas.DataFrame
10    def azureml_main(dataframe1 = None, dataframe2 = None):
11
12        # Execution logic goes here
13        print('Input pandas.DataFrame #1:\r\n\r\n\r\n{0}'.format(dataframe1))
14
15        # 표준 분포 데이터 샘플 크기
16        windowsize =120
17
18        # 3배의 sigma
19        multiplier = 3
20
21        # 주어진 샘플을 바탕으로 분산을 계산한다.
22        rollingstd = pd.rolling_std(dataframe1.Temperature, window=windowsize)
23
24        # 주어진 샘플을 바탕으로 기댓값을 계산한다
25        rollingmean = pd.rolling_mean(dataframe1.Temperature, window=windowsize)
26
27        # 이상 온도 구간이 아닌 부분을 계산한다.
28        ucl = rollingmean + multiplier*rollingstd
29        lcl = rollingmean - multiplier*rollingstd
30
31        # 온도의 이상 여부를 표기하기 (true는 정상을 나타내고 false 는 이상을 나타냄)
32        dataframe1["Alert"] = (dataframe1.Temperature > ucl) | (dataframe1.
        Temperature < lcl )
33
34        # If a zip file is connected to the third input port is connected,
35        # it is unzipped under ".\Script Bundle". This directory is added
36        # to sys.path. Therefore, if your zip file contains a Python file
37        # mymodule.py you can import it using:
38        # import mymodule
39
40        # 샘플의 출력, 입력된 샘플보다 열이 하나 더 많음
41        return dataframe1,
```

출력 csv 파일의 목적지를 할당해야 한다. 'Export Data' 모듈을 클릭하면 【그림 10-36】의 속성 패널이 나타난다. 【그림 10-36】과 같이 'Azure Blob storage' 저장하기로 선택한다.

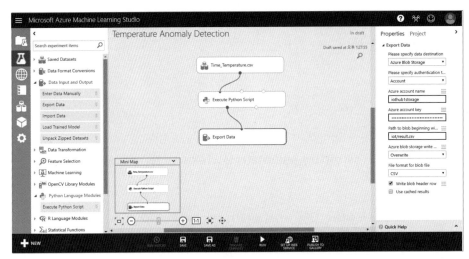

【그림 10-36】 Export Data 목적지 설정

Azure blob에 만들어질 csv 파일은 다음과 같이 Alert 열이 추가된 결과일 것이다.

	Time	Temperature	Alert
1	Time	Temperature	Alert
2	1/1/2000 0:00	21.5	FALSE
3	1/2/2000 0:00	27.4	FALSE
4	1/3/2000 0:00	29.3	FALSE
5	1/4/2000 0:00	35	FALSE
6	1/5/2000 0:00	34.1	FALSE
7	1/6/2000 0:00	30.3	FALSE
8	1/7/2000 0:00	25	FALSE
9	1/8/2000 0:00	24.6	FALSE
10	1/9/2000 0:00	29.7	FALSE
11	1/10/2000 0:00	25.3	FALSE
12	...	...	...
13	11/30/2003 0:00	31.1	FALSE
14	12/1/2003 0:00	26.2	FALSE

15	12/2/2003 0:00	25.1	FALSE
16	12/3/2003 0:00	28.2	FALSE
17	12/4/2003 0:00	22.9	FALSE
18	12/5/2003 0:00	22	FALSE
19	12/6/2003 0:00	31.5	FALSE
20	12/7/2003 0:00	33.8	FALSE
21	12/8/2003 0:00	31.1	FALSE
22	12/9/2003 0:00	25.4	FALSE
23	12/10/2003 0:00	33.6	FALSE

【그림 10-37】과 같이 Excel에서 기본으로 제공되는 그리기 도구로 데이터를 시각화하면 예상값 ±3 표준 편차를 벗어나는 점은 모두 이상 온도로 식별됨을 확인할 수 있을 것이다.

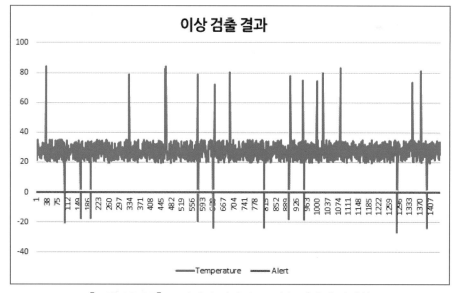

【그림 10-37】 Exel에서 이상 온도 검출 결과의 시각화

지금부터 어떻게 'IoT Hub'에서 데이터를 수집하여 저장하고 Azure ML 스튜디오로 전달하는지 설명한다.

① Azure의 스토리지 계정을 만든다.

② IoT Hub 연결을 위해 정보를 읽을 준비를 한다.

③ Azure의 함수 앱을 새로 만든다.

첫째, Azure 스토리지 계정을 만든다. 【그림 10-38】과 같이 Azure portal에서 '모든 서비스' '스토리지(Storage) 계정'을 선택하여 스토리지 계정을 만든다.

【그림 10-38】 스토리지 계정 만들기

둘째, 'IoT Hub' 연결을 위해 정보를 읽을 준비를 해야 한다. 'IoT Hub'에서 기본 제공되는 'Event Hub 호환 엔드포인트'로 IoT Hub의 정보를 읽을 수 있다. 동시에 이벤트는 '소비자 그룹(CONSUMER GROUPS)'을 사용하여 'IoT Hub'에서 정보를 읽는다.

먼저 IoT Hub 엔드포인트의 연결 문자열을 가져온다. IoT Hub을 열고 '기본 제공 엔드포인트'를 클릭하면 오른쪽에 【그림 10-39】와 같이 '이벤트(Events)'가 표시된다.

'Event Hubs 호환 이름'과 'Event Hub 호환 엔드포인트'는 다음과 같다

- Event Hubs 호환 이름: iothub-ehub-iothubtest-2207743-c74f04899f
- Event Hub 호환 엔드포인트: Endpoint=sb: //ihsuprodbyres040dednamespace. servicebus.windows.net/; SharedAccessKeyName=iothubowner; SharedAccessKey =j6585+8ZwgU91w8reRotWlfbDX5x+64RUZUYcUISPXk=; EntityPath=iothub-ehub-iothubtest-2207743-c74f04899f

'IoT Hub' 이벤트를 위한 '소비자 그룹'을 만든다. 【그림 10-39】과 같이 '새 소비자 그룹 만들기'에 'tempanomalydetgroup'를 입력하고 생성한다.

【그림 10-39】 IoT Hub 기본 제공 엔드포인트

IoT Hub 패널에서 '공유 액세스 정책' 옵션을 클릭하면 나타나는 오른쪽 페이지에서 'iothubowner' 옵션을 클릭한 다음 표시되는 오른쪽 패널에서 마스터키를 찾아 적어 둔다. 【그림 10-40】와 같이 마스터키는 'j6585+8ZwgU91w8reRotWlfbDX5x+64RUZUYcUISPXk='이다. 이 마스터키가 'Event Hub 호환 엔드포인트'의 'SharedAccessKey'와 일치하는지 확인해야 한다. 만약 일치하지 않으면 'Event Hub 호환 엔드포인트'의 'SharedAccessKey' 값을 'iothubowner'의 마스터키로 대치한다.

【그림 10-40】 공유 액세스 정책

다음에는 Azure 함수 앱을 만든다. 【그림 10-41】과 같이 Azure portal에서 '모든 서비스' – '계산' – '함수 앱'을 클릭한다. 【그림 10-42】의 '함수 앱'에서 '함수 만들기' 버튼을 클릭하거나 '+ 추가' 아이콘을 클릭한다.

【그림 10-41】 모든 서비스 함수 앱 만들기

【그림 10-42】 함수 앱 만들기

【그림 10-43】과 같이 앱 이름을 'iotHubtempconvert1909(azure 전체에서 유일한 이름 생성)'로 짓고 기존 리소스 그룹 'IotHubTest'를 선택하고 저장소 'iotHub1storage'를 설정한 후 '만들기' 버튼을 클릭한다.

【그림 10-43】 함수 기능 앱

새로운 함수 앱이 만들어지면【그림 10-44】과 같은 인터페이스가 나타나며 '함수' –
'+ 새 함수'를 선택해서 'IoT Hub(Event Hub)' 템플릿을 바탕으로 새 함수를 만든다. 함
수식의 이름은 'EventHubTriggerJS1'으로 하고【그림 10-45】와 같이 'IoT 허브 이름'(Event
Hub)에는 'iotHubTest201909'를 선택하고 '이벤트 IoT 허브 연결'(Event Hub connection)의 엔드포
인트는 '이벤트(기본 제공 엔드포인트)'를 선택한다. 다음으로 '만들기' 버튼을 클릭한다.

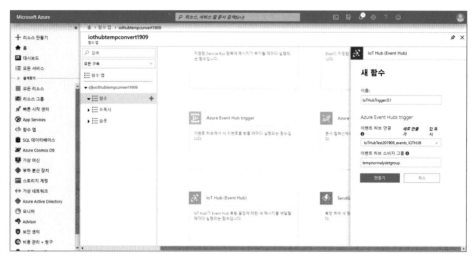

【그림 10-44】 새 함수 만들기

【그림 10-45】 IoT 허브 연결

만들기가 완료되면 '통합'을 클릭하고 열려 있는 오른쪽 화면에서 '+ 새 출력'을 선택하고 'Azure Table Storage'를 선택하고 '선택' 버튼을 클릭한다.

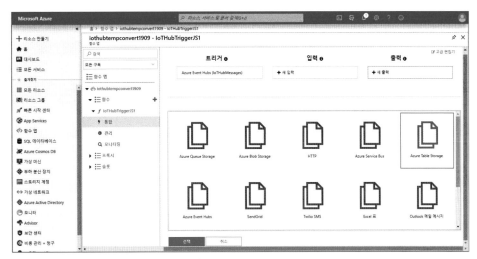

【그림 10-46】 Azure Table Storage 선택

코드에서 사용될 아래의 정보들을 입력하고 저장한다. (【그림 10-47】 참조)

- 테이블 매개 변수 이름(Table parameter name): outputTable
- 테이블 이름(Table name): temperatureData
- 저장소 계정 연결(Storage account connection): iotHub1storage1910_STORAGE

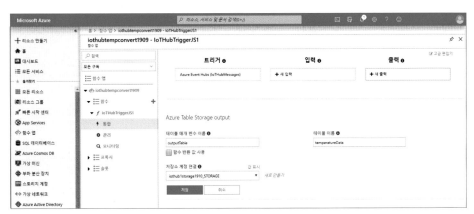

【그림 10-47】 Azure Table Storage output

Azure Event Hubs(IoTHubMessages) 트리거(Trigger)를 선택하고 【그림 10-48】의 정보를 입력한다. 여기서 '이벤트 허브 소비자 그룹'의 값은 이전에 만든 '소비자 그룹'임을 유의한다.

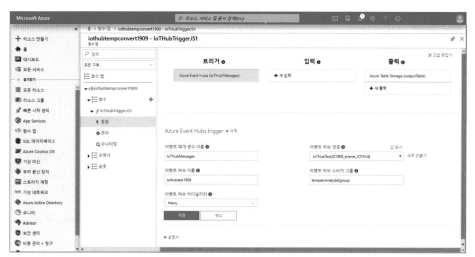

【그림 10-48】 Azure Event Hubs trigger

이제 JavaScript 코드 편집을 시작할 수 있다. 왼쪽 패널의 "EventHubTriggerJS1" 옵션을 클릭하여 코드 편집 창이 나타나면 아래의 코드를 입력한다.

```javascript
'use strict';

// This function is triggered each time a message is reviewed in the IoTHub.
// The message payload is persisted in an Azure Storage Table

module.exports = function (context, iotHubMessage) {
    context.log('Message received: ' + JSON.stringify(iotHubMessage));
    var date = Date.now();
    var partitionKey = Math.floor(date / (24 * 60 * 60 * 1000)) + '';
    var rowKey = date + '';

    context.bindings.outputTable = {
        "partitionKey": partitionKey,
```

```
14              "rowKey": rowKey,
15              "Temperature": iotHubMessage[0].temperature
16          }
17
18      context.done();
19  };
```

저장한 후 오른쪽의 테스트 창에 시뮬레이션된 IoTHub의 정보 하나를 입력한다

```
1  {"deviceId": "TestDevice1","temperature": 30.337316254310924,"guid": "566c8bad-
   325a-4cca-8a36-c204d322005f"}
```

'실행' 버튼을 클릭하면, 로그 창에서 함수 실행이 완료되었음을 결과 메시지로 확인할 수 있다. 이 시뮬레이션된 'IoT Hub'의 정보가 이전에 만든 스토리지 계정에 성공적으로 기록되었는지 확인하기 위해 http://storageexplorer.com/에서 Azure Storage Explorer 응용 프로그램을 설치('스토리지 계정/개요/탐색기에서 열기'에 다운로드 링크 있음)해야 한다. 설치 후 저장 계정 아이디 및 패스워드로 로그인하면 【그림 10-49】와 같이 하나의 기록이 이미 'iothub1storage1909' 계정 아래의 'Tables/temperatureData'에 있음을 알 수 있다.

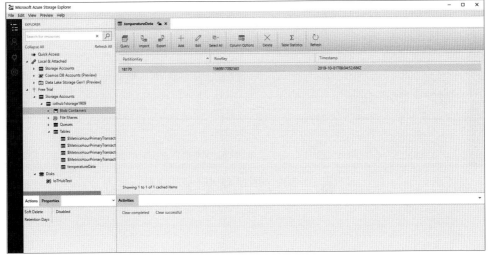

【그림 10-49】 Microsoft Azure Storage Explorer

이 기록을 보면 JavaScript 코드가 성공적으로 실행되었음을 알 수 있다. 다음으로 실제 IoT Hub의 정보로 테스트할 수 있다.

이전에 IoT Hub로 정보를 보내는 C# 프로그램 VirtualDeviceApp.cs를 작성하였다. 이 프로그램은 온도가 섭씨 33도 이상일 때 Json 객체 대신 "this is a high temperature" 라는 정보를 보냈으므로 다음과 같은 약간의 수정이 필요하다. 20번째 항을 주석 처리하고(// messageString = "This is a high temperature";) 섭씨 33도보다 높은 정보가 Servise Bus의 testQueue 큐로 전송되지 않도록 Iot Hub의 경로를 삭제해야 한다.

다시 컴파일 및 실행하여 Azure Storage Explorer 창을 보면 프로그램이 생성한 데이터는 대량의 새로운 데이터를 보여줌을 확인할 수 있다. 【그림 10-50】은 이러한 결과에 대한 예시를 보여준다.

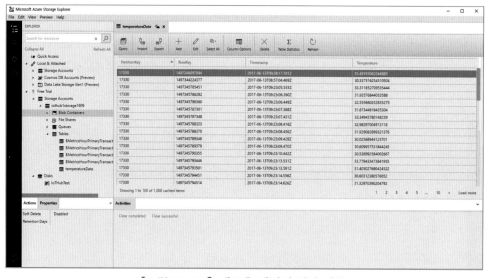

【그림 10-50】 새로운 데이터 결과 예시

Azure ML 스튜디오의 프로그램을 수정하고 【그림 10-51】와 같이 입력 데이터을 스토리지 계정에서 읽도록 수정한다.

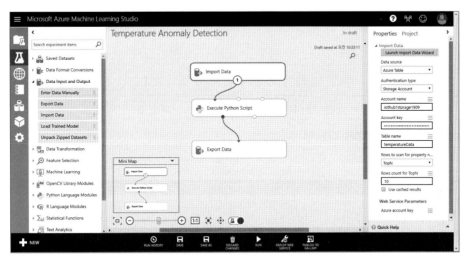

【그림 10-51】 Input Data를 스토리지 계정에서 읽도록 수정

'Export Data' 옵션을 클릭하여 학습 이후의 출력 경로를 설정한다. 이러한 설정은 결과가 'iotHub1storage1909'의 BLOB 컨테이너 /iot/result.csv에 저장되도록 한다. 실행한 결과 예시는 【그림 10-52】와 같다.

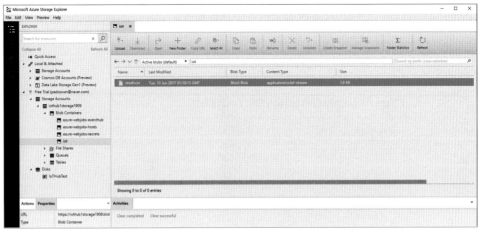

【그림 10-52】 Azure Storage Explore 창

result.csv 파일을 다운로드하고 Excel에서 그리기 도구를 사용하면 경고로 표시된 고온을 명확하게 확인할 수 있다.

마지막으로, 이 머신러닝의 기능을 네트워크 서비스로 게시한다. 위의 예제에서 입력과 출력은 모두 고정되어 있다. 이 기능을 네트워크 서비스로 만들려면 입력과 출력이 통용되도록 만들어야 한다. 따라서 아래와 같이 수정하고【그림 10-53】과 같이 웹페이지로 게시한다. 검증을 위해 게시된 웹페이지에서 csv 파일을 입력으로 선택하면【그림 10-54】과 같은 대화창이 나타난다.

Microsoft Azure Machine Learning Studio
Temperature Anomaly Detection
Web service input
Execute Python Script
Web service output
Properties Project

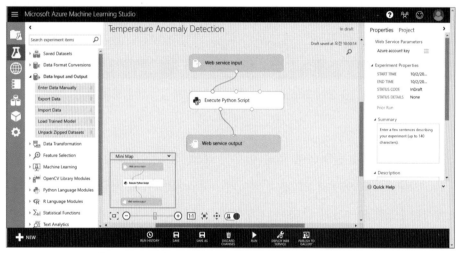

【그림 10-53】 웹페이지 게시에 필요한 서비스 구조

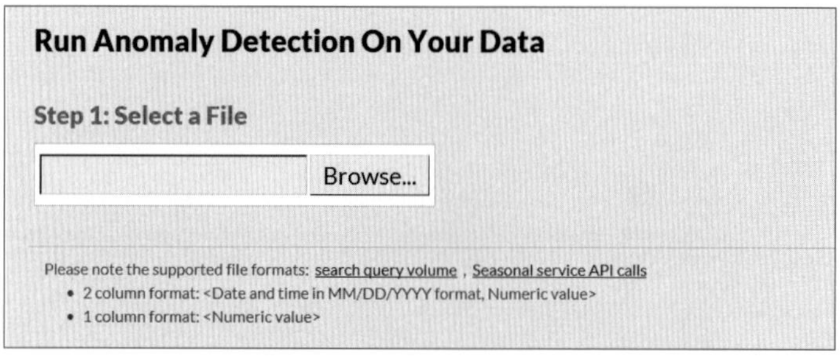

Run Anomaly Detection On Your Data
Step 1: Select a File
Browse...
Please note the supported file formats: search query volume , Seasonal service API calls
2 column format: <Date and time in MM/DD/YYYY format, Numeric value>
1 column format: <Numeric value>

【그림 10-54】 csv 입력 데이터 파일 선택 대화창

실행하면【그림 10-55】와 같은 예시가 나타난다. 3배 표준 편차를 벗어나는 점들은 모두 이상(검은색 점)으로 표시되었음을 확인할 수 있다.

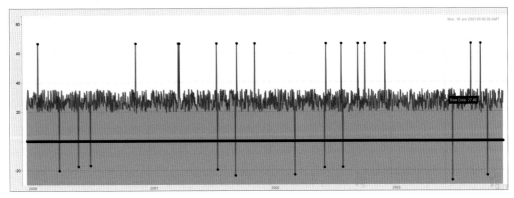

【그림 10-55】이상 검출 결과

■ 옮긴이

장우진
중국어 하는 개발자. 일찍이 중국에 유학하여 베이징의 화이러우 제1중학과 칭화대학 자동화과를 졸업하였으며, TensorFlow를 활용하여 작성한 졸업 논문, 〈표면 근전도 신호를 이용한 실시간 동작 인식 및 응용〉을 발표해 높은 평가를 받았다. 알파고와 인간의 바둑 대결 이후 딥러닝 분야에 관심을 갖고 중점적으로 학습하였으며, 《구글 딥러닝 프레임워크: 텐서플로우 실전》을 우리말로 옮겼다.

신종현
언어에 관심이 많아 중학교 1학년부터 중국 남경 유학을 시작하였고, 중국 칭화대 졸업까지 대략 10년 정도 중국에서 생활하였다. 미래에 인공지능 로봇을 만들고 싶다는 꿈을 가지고 대학에서 자동화(Automation)과를 전공하였으며, 학부 생활 동안 기계와 소통을 할 수 있게 해주는 컴퓨터 언어에 크게 흥미를 느끼고 관련 지식을 많이 쌓아왔다. 특히 사람이 볼 수 있는 한 Display의 분야는 끊임없이 연구되어야 한다는 생각에 관련 지식을 꾸준히 쌓았다. 졸업 후에는 LG Display에 취업하여 실무자로서 다양한 지식을 쌓아가고 있으며, 현재는 광학 소프트웨어 엔지니어로 프로그래밍을 통해 여러 광학 특성을 보상하는 업무를 하고 있다.

파이썬에 기반한
케라스 딥러닝 실전

| 2019년 10월 22일 | 1판 | 1쇄 | 인 쇄 |
| 2019년 10월 29일 | 1판 | 1쇄 | 발 행 |

지 은 이 : 씨에량(谢梁) · 루잉(鲁颖) · 라오훙란(劳虹岚)

옮 긴 이 : 장 우 진 · 신 종 현

펴 낸 이 : 박 정 태

펴 낸 곳 : **광 문 각**

10881
파주시 파주출판문화도시 광인사길 161
광문각 B/D 4층
등 록 : 1991. 5. 31 제12 - 484호
전 화(代) : 031-955-8787
팩 스 : 031-955-3730
E - mail : kwangmk7@hanmail.net
홈페이지 : www.kwangmoonkag.co.kr

ISBN : 978-89-7093-964-3 93560

값 : 27,000원